Mathematische Texte
Band 2

Mathematische Texte

Studienbücher zur Lehrerausbildung
und zum Studium von Anwendungsgebieten
der Mathematik

Herausgegeben von Norbert Knoche,
Universität Essen,
und Harald Scheid
Universität Wuppertal

Elemente der angewandten Mathematik

von
Prof. Dr. Jürgen Blankenagel
Bergische Universität –
Gesamthochschule Wuppertal

B·I·
Wissenschaftsverlag
Mannheim · Leipzig · Wien · Zürich

Die Deutsche Bibliothek – CIP-Einheitsaufnahme

Blankenagel, Jürgen:
Elemente der angewandten Mathematik /
von Jürgen Blankenagel. –
Mannheim; Leipzig; Wien; Zürich: BI-Wiss.-Verl., 1994
  (Mathematische Texte; Bd. 2)
  ISBN 3-411-14961-2
NE: GT

Gedruckt auf säurefreiem Papier
mit neutralem pH-Wert (bibliotheksfest)

© Bibliographisches Institut & F.A. Brockhaus AG, Mannheim 1994
Druck: Progressdruck GmbH, Speyer
Bindearbeit: Progressdruck GmbH, Speyer
Printed in Germany
ISBN 3-411-14961-2

Vorwort

Die Ausbildung von Lehrern in einem Unterrichtsfach umfaßt fachdidaktische und fachwissenschaftliche Anteile. Traditionsgemäß werden dabei in der Lehrerausbildung der unteren Schulstufen die fachdidaktischen Komponenten stärker betont. Dies kommt auch darin zum Ausdruck, daß die Inhalte des fachwissenschaftlichen Studienanteils in sehr enger Beziehung zu den Inhalten des Schulunterrichts stehen sollten. Es wird jedoch kaum ein adäquates Bild des betreffenden Faches zu gewinnen sein, wenn man die Studieninhalte zu eng an die aktuellen Unterrichtsinhalte anbindet. Urteils- und Kritikfähigkeit, wie sie beispielsweise bei curricularen Reformen vom Lehrer verlangt werden müssen, wachsen nur auf der Grundlage einer breiten und tiefen Kenntnis der Inhalte und Methoden des Faches. Und erst die eigene harte Arbeit an relevanten Themen des Faches versetzt den Studierenden in die Lage, Verständnis für die Probleme des Lernens und Lehrens in diesem Unterrichtsfach zu entwickeln. Vernünftigerweise wird man bei jeder fachwissenschaftlichen Ausbildung für das Lehramt einer bestimmten Schulstufe versuchen, dem künftigen Lehrer einen guten Einblick in die Inhalte der nächsthöheren Schulstufen zu vermitteln; denn der Lehrer muß stets im Auge behalten können, für welche Weiterführungen er das Fundament legt.

Im Fach Mathematik sollte der künftige Grundschullehrer im Laufe seines Studiums die Elemente der Arithmetik, der Algebra und der Geometrie kennenlernen. Dabei geben diese Gebiete nur dann ein angemessenes Bild der Mathematik, wenn auch die Anwendungen Berücksichtigung finden, wenn Mathematik auch als Teil unserer Auseinandersetzung mit der Wirklichkeit erfahren wird. Die ersten drei Bände der Reihe *Mathematische Texte* sind vorwiegend für diesen Bedarf konzipiert, richten sich aber auch an Studenten und Lehrer der Sekundarstufe. Es werden in diesen Bänden wesentlich mehr Themen angesprochen, als üblicherweise in den entsprechenden Lehrveranstaltungen zu bewältigen sind. Dies trägt der Tatsache Rechnung, daß in verschiedenen Veranstaltungen unterschiedliche Akzente gesetzt werden. Es schafft für interessierte Studenten ferner die Möglichkeit der selbständigen Weiterarbeit und weckt vielleicht den Wunsch, sich noch intensiver mit der Mathematik zu beschäftigen.

In jedem der drei genannten Bände werden die beiden anderen folgendermaßen zitiert:

[E1] Scheid, H., Elemente der Arithmetik und der Algebra

[E2] Blankenagel, J., Elemente der angewandten Mathematik

[E3] Scheid, H., Elemente der Geometrie

Die Titel der Bände 1 und 3 weisen mit „Arithmetik und Algebra" oder „Geometrie" deutlicher auf Standardgebiete der Mathematik hin. Der hier vorliegende Band rankt sich mit „Anwendungen" mehr um ein Prinzip. Das Anwendungsprinzip könnte bei allen mathematischen Themen verdeutlicht werden. Die hier ausgewählten erscheinen uns besonders geeignet.

Kapitel I behandelt *Gleichungen und Ungleichungen* (eigentlich ein Thema der Algebra) und deren Möglichkeiten, inner- und außerthematische Probleme zu beschreiben und zu lösen. In Kapitel II sollen die *reellen Zahlen*, für die Schule der letzte Schritt der Zahlenbereichserweiterungen, unter Anwendungsgesichtspunkten gesehen werden, etwa unter der Genauigkeitsfrage. Kapitel III befaßt sich mit Grundfragen des *Sachrechnens*, z.B. mit *Größenbereichen* als Grundlage des Sachrechnens. Für die Kapitel IV *Kombinatorik* und V *Wahrscheinlichkeitsrechnung und Statistik* braucht die Anwendungsnähe nicht gesondert betont zu werden.

Trotz des engen Zusammenhangs der drei Bände ist jeder einzelne Band unabhängig von den beiden anderen zu benutzen. Dadurch ergeben sich an einigen Stellen Doppelbehandlungen. So werden etwa Dezimalbrüche in Band 1 betrachtet im Zusammenhang der Zahlenbereichserweiterung zu den rationalen Zahlen $\mathbb{Q}$ und ebenfalls in Band 2 als Darstellungsmöglichkeit für die reellen Zahlen $\mathbb{R}$. Zählprobleme z.B. findet man in Band 1 bei der Behandlung von endlichen und unendlichen Mengen und natürlich auch in Band 2 im Kapitel „Kombinatorik". Voraussetzung für die erfolgreiche Arbeit mit diesen Büchern sind einige (geringe) Vorkenntnisse aus der Schulmathematik.

Einige Aufgaben sind mit einem Stern * gekennzeichnet. Für diese findet man Lösungen am Ende des Buches.

Frau Susanne Arnz danke ich für ihre lange und arbeitsreiche Unterstützung bei der VerTEXung des Manuskripts. Meinen Kollegen Dieter Kindinger und Harald Scheid bin ich für zahlreiche Hinweise und Verbesserungsvorschläge zu Dank verpflichtet.

Wuppertal, im Dezember 1993   Jürgen Blankenagel

Inhaltsverzeichnis

V Wahrscheinlichkeitsrechnung und Statistik

I Gleichungen und Ungleichungen

I.1 Einleitende Beispiele

Das in der Schule bereits behandelte Thema „Gleichungen und Ungleichungen"
soll hier erweitert und reflektiert werden. Dabei mag die Lösung einiger Aufgaben
zunächst bewußt machen, wie Gleichungen eingesetzt werden.

Beispiel 1: Wie groß ist die Seite eines Quadrates, dessen Diagonale 12 cm mißt ?

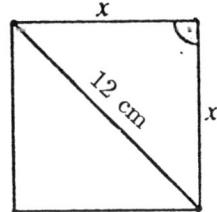

Lösung: Aufgrund des Lehrsatzes von Pythagoras gilt für die gesuchte Quadratseite

$$2x^2 = 144$$

oder

$$x^2 = 72.$$

Diese Gleichung hat die Lösungen $x_1 = \sqrt{72}$ und $x_2 = -\sqrt{72}$, von denen aber
nur der positive Wert als Lösung des Sachproblems in Frage kommt. Die gesuchte
Quadratseite ist also etwa 8,5 cm lang. □

Beispiel 2: Ein Stein fällt in einen Schacht. Den Aufprall hört man nach 5
Sekunden. Wie tief ist der Schacht ?

Lösung: Als physikalischen Hintergrund zur Beantwortung dieser Frage benötigt
man das Weg-Zeit-Gesetz für fallende Körper

$$s_1(t) = \frac{1}{2}gt^2$$

mit $g = 9,81 \text{m/sec}^2$ (Erdbeschleunigung) und das Gesetz über die Ausbreitung
des Schalls

$$s_2(\bar{t}) = v_s \cdot \bar{t}$$

mit $v_s = 340$ m/sec (Schallgeschwindigkeit). Die Variablen für die Zeit sind mit
Blick auf die weitere Lösung bewußt mit t bzw. $\bar{t}$ bezeichnet worden.

Die Aufgabenstellung liefert Gleichungen dadurch, daß der Stein die gleiche Strecke zurücklegt wie der Schall, also

$$s_1(t) = s_2(\bar{t}),$$

und daß beide Zeitspannen zusammen 5 Sekunden ergeben, also

$$t + \bar{t} = 5.$$

Damit erhält man für t die quadratische Gleichung

$$\frac{1}{2}gt^2 = v_s(5 - t)$$

oder

$$t^2 + \frac{2v_s}{g}t - \frac{10v_s}{g} = 0$$

und schließlich durch Einsetzen der Zahlenwerte

$$t^2 + 69,3t - 346,6 = 0.$$

Entsprechend der Lösungsformel

$$x_{1,2} = -\frac{p}{2} \pm \sqrt{\frac{p^2}{4} - q}$$

für quadratische Gleichungen der Form

$$x^2 + px + q = 0$$

ergibt das

$$t_{1,2} = -34,65 \pm \sqrt{1547,2}\,,$$

wobei nur der positive Wert $t_1 = 4,68$ sec zur Beantwortung der Sachfrage geeignet ist. Damit ergibt sich gemäß

$$s_1(t) = \frac{1}{2}gt^2$$

eine Tiefe des Schachts von etwa 108 m. □

Beispiel 3: In eine Renten-Kapital-Versicherung werden jährlich vorschüssig (d.h. jeweils am Anfang des Jahres) 1022,50 DM eingezahlt und zwar 30 Jahre lang. Die Versicherung zahlt
– einen gewissen Betrag im Todesfalle,
– eine gewisse monatliche Rente bei Berufsunfähigkeit oder
– 53.500 DM als Kapital nach Ablauf des Vertrages.
Welche Verzinsung bietet diese Versicherung, wenn man von den Risiken (Berufsunfähigkeit und Tod während der Laufzeit des Vertrags) absieht ?

Lösung: Es werden jährlich 1022,50 DM eingezahlt und mit dem Zinsfaktor $x = 1 + \frac{p}{100}$ verzinst. Da vorschüssig gezahlt wird, ist der erste Betrag also 30 mal zu verzinsen (mit Zinseszinsen). Die später eingezahlten Beträge werden entsprechend kürzer verzinst. Insgesamt entsteht dabei nach 30 Jahren ein Kapital von DM

$$1022,5x^{30} + 1022,5x^{29} + \cdots + 1022,5x.$$

Das ergibt eine Gleichung 30-ten Grades als Bestimmungsgleichung für den gesuchten Verzinsungsfaktor x, nämlich

$$1022,5x(x^{29} + x^{28} + \cdots + 1) = 53\,500.$$

Unter Ausnutzung der Summenformel für die geometrische Reihe

$$1 + p + \cdots + p^n = \frac{p^{n+1} - 1}{p - 1} \qquad (p \neq 1)$$

entsteht daraus für $x \neq 1$

$$x\frac{x^{30} - 1}{x - 1} = 52,32$$

und durch Multiplikation mit dem Term $x - 1$

(1) $$x^{31} - 53,32x + 52,32 = 0.$$

Durch die letzte Umformung ist $x = 1$ als Lösung der Gleichung hinzugekommen, die aber sicher keine Lösung unseres Sachproblems darstellt, denn eine Verzinsung mit 0 Prozent kommt nicht in Betracht. Gleichung (1) kann als Gleichung 31-ten Grades im Prinzip 31 Lösungen haben. Für die zur Beanwortung unserer Frage gesuchte kann man davon ausgehen, daß sie zwischen 1 und 1,1 liegt. Sie läßt sich nicht wie bei quadratischen Gleichungen mit Hilfe einer Lösungsformel bestimmen. Mit Näherungsverfahren (siehe Abschnitt I.5) erhält man $x_1 = 1,0338$. Die Versicherung bietet also für die eingezahlten Beiträge eine Verzinsung von 3,4%. □

Bei allen drei Beispielen wird das Problem zunächst allgemein durch Gleichungen mit Variablen beschrieben. Diese Gleichungen werden dann so umgeformt, daß man bessere Aussagen über die Lösungen machen kann. Dabei sind nur solche Umformungen geeignet, bei denen keine Lösungen hinzukommen bzw. verloren gehen oder bei denen kontrollierbar ist, welche das sind. Bei den beiden ersten Beispielen gelingt die Umformung mit Hilfe des allgemeinen Lösungsverfahrens für quadratische Gleichungen. Zur Gleichung von Beispiel 3 gibt es kein allgemeines Lösungsverfahren, wir müssen auf Näherungsverfahren zurückgreifen.

In jedem Falle beantworten nur gewisse Lösungen der jeweiligen Gleichung das Sachproblem. In den beiden ersten Beispielen ergeben die negativen Nullstellen keine sinnvolle Aussage. Bei Beispiel 3 wird benutzt, daß die gesuchte Lösung in einem vorgegebenen Intervall liegen muß.

In manchen Fällen interessiert man sich auch für *alle* Lösungen einer Gleichung. Als Beispiel dafür, wie dann mit den Gleichungen umgegangen wird, sei die Frage nach *allen* pythagoreischen Zahlentripeln betrachtet (siehe z.B. [E1]).

Beispiel 4: Gesucht sind alle Lösungen der Gleichung

(1) $x^2 + y^2 = z^2$ mit x, y aus $\mathbb{Z}$.

Lösung: Zunächst werden die gesuchten Lösungen in doppelter Hinsicht eingeschränkt. Einmal genügt es, positive Lösungen zu betrachten, denn mit dem Tripel (x, y, z) als Lösung von Gleichung (1) sind natürlich weitere gefunden, wenn ein Teil oder alle Komponenten negativ genommen werden. Ferner genügt es, die Lösungen mit $\mathrm{ggT}(x, y, z) = 1$ zu kennen, denn natürlich ist mit einem pythagoreischen Tripel (x_0, y_0, z_0) und einem beliebigen $t \in \mathbb{Z}$ auch (tx_0, ty_0, tz_0) eine Lösung von Gleichung (1).

Hier bedeutet aber $\mathrm{ggT}(x, y, z) = 1$, daß x, y und z paarweise teilerfremd sein müssen, also $\mathrm{ggT}(x, y) = \mathrm{ggT}(x, z) = \mathrm{ggT}(y, z) = 1$. Hätten nämlich z.B. x und y einen gemeinsamen Teiler, so wäre dieser wegen $x^2 + y^2 = z^2$ auch Teiler von z. Speziell folgt daraus, daß zwei der drei Zahlen x, y und z ungerade sein müssen, daß also nur entweder x oder y gerade sein wird. Wir wählen im folgenden y gerade. Die Zahl z kann nämlich nicht gerade sein, da sonst $4 \mid z^2$ gelten würde, $x^2 + y^2$ kann als Summe zweier ungerader Quadrate aber nicht durch 4 teilbar sein.

Die ursprüngliche Aufgabe ist damit reduziert auf die Suche nach *allen* teilerfremden Zahlentripeln (x, y, z) aus $\mathbb{N}^3$, die Gleichung (1) genügen und in denen nur y gerade ist. (Diese nennt man die *primitiven pythagoreischen* Zahlentripel). Damit kann man also mit u, v und w aus $\mathbb{N}$ setzen

$$x = 2u + 1; \quad y = 2v; \quad z = 2w + 1.$$

Um Bedingungen für u, v und w zu bekommen, ist es wichtig, daß man Gleichung (1) umformen kann zu

$$y^2 = z^2 - x^2 = (z + x)(z - x).$$

Daraus erhält man

(2) $4v^2 = (2w + 2u + 2)(2w - 2u) = 4(w + u + 1)(w - u).$

Nun müssen wegen $\mathrm{ggT}(x, z) = 1$ auch

$$w + u + 1 \quad \left(= \frac{z + x}{2}\right) \quad \text{und} \quad w - u \quad \left(= \frac{z - x}{2}\right)$$

teilerfremd sein. Denn aus

$$\frac{z + x}{2} = k_1 p \quad \text{und} \quad \frac{z - x}{2} = k_2 p \quad (k_1, k_2 \in \mathbb{Z})$$

würde durch Addition bzw. Subtraktion

$$z = (k_1 + k_2)p \quad \text{und} \quad x = (k_1 - k_2)p$$

folgen. Aufgrund der Teilerfremdheit von $w + u + 1$ und $w - u$ folgt dann aber mit Hilfe der umgeformten Gleichung (2)

(2') $$v^2 = (w + u + 1)(w - u),$$

daß $w + u + 1$ und $w - u$ beide Quadratzahlen sein müssen. Mit

$$w + u + 1 = a^2; \qquad w - u = b^2$$

(wobei wieder $\mathrm{ggT}(a, b) = 1$) erhält man zunächst

$$z + x = 2a^2; \qquad z - x = 2b^2$$

und damit

$$x = a^2 - b^2; \qquad y = 2ab; \qquad z = a^2 + b^2.$$

Nun gilt für Zahlentripel dieser Form auch stets

$$x^2 + y^2 = (a^2 - b^2)^2 + 4a^2b^2 = (a^2 + b^2)^2 = z^2.$$

Damit sind also durch

$$x = a^2 - b^2; \qquad y = 2ab; \qquad z = a^2 + b^2$$

mit a, b aus $\mathbb{N}$ und $\mathrm{ggT}(a, b) = 1$ und $2 \nmid a - b$ *alle* primitiven pythagoreischen Zahlentripel gegeben.

Aufgaben

1. Ein Langholzwagen durchfahre im Abstand von $a = 0,75$ m vom Fußweg eine Kurve. Ist a groß genug, um Personen nicht zu gefährden? (siehe linke Abbildung) Zur Vereinfachung sei angenommen: Das Fahrzeug bewege sich auf einer Kreisbahn ($R = 7,25$ m) durch die Kurve. Die Außenkante des Wagens und des Langholzes werde als Tangente an den Kreis angenommen (Länge des Langholzes $l = 3,65$ m).

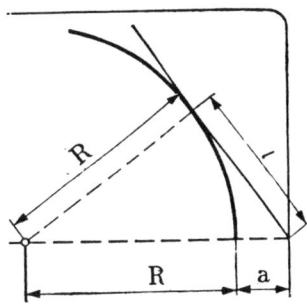
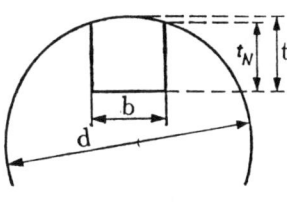

2. Der zylindrische Teil einer Welle mit dem Durchmesser $d = 72,8$ mm besitze eine Nut von der Breite $b = 3,6$ mm (siehe rechte Abbildung, letzte Seite). Wie groß ist der Fehler der Messung der Tiefe t der Nut, wenn man diese Tiefe näherungsweise an den Seitenwänden mißt? Ist diese Messung zulässig? (Man beachte die Meßgenauigkeit der anderen Maße!)

3. a) Wie weit kann man bei Windstille am Meeresufer das Meer überblicken? (Augenhöhe $h = 1,75$ m, Erdradius $r = 6370$ km, Sichtweite $s = ?$)
   b) Wieviel gewinnt man, wenn man sich auf die Zehenspitzen stellt? ($\Delta h = 6$ cm)

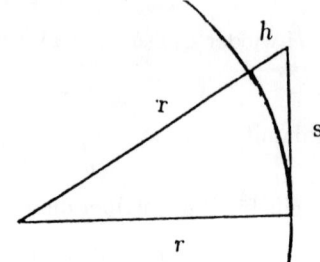

4. Bestimmen Sie *alle* Lösungen von

   a) $3x + 2y = 2$ b) $4x + 6y = 3$

   mit x, y aus $\mathbb{Z}$.

5. *Effektiver Zinssatz bei Kleinkrediten*

   Grundlegend für die Definition des effektiven Zinssatzes ist eine Gleichheitsforderung. Gesucht ist der Zinssatz, bei welchem die Leistung der Bank und die Leistung des Kunden gleich sind.

a) Bei einem Kredit von 10.000 DM sei eine Laufzeit von 5 Jahren und eine jährliche Rückzahlungsrate von 2500 DM vereinbart. Der Zinsfaktor $q = 1 + \frac{p}{100}$ des Effektivzinssatzes p ist dann bestimmt durch

   (1) $10000q^5 = 2500q^4 + 2500q^3 + 2500q^2 + 2500q + 2500.$

   Als Hintergrund zu dieser Gleichung kann man sich vorstellen, daß die Leistung der Bank und die Leistung des Kunden auf getrennten Konten mit gleichem Zinssatz geführt werden. Deren Kontostände müssen nach 5 Jahren übereinstimmen.

   Ebenso kann man sich vorstellen, daß die jährlichen Zahlungen des Kunden auf ein Konto der Bank geleitet werden, das zu Beginn der Laufzeit mit 10000 DM belastet war. Verzinst wird dann jeweils die Restschuld. Nach 5 Jahren muß die Restschuld zu Null werden, das Konto ausgeglichen sein. Der effektive Zinssatz ist bei dieser Vorstellung beschrieben durch die Gleichung

   (2) $(((((10000q - 2500)q - 2500)q - 2500)q - 2500)q - 2500 = 0.$

   α) Geben Sie eine genauere Herleitung der Gleichungen (1) und (2) an.

   β) Zeigen Sie, daß beide Gleichungen algebraisch äquivalent sind.

b) Bei Kleinkrediten wird üblicherweise eine monatliche Zahlungsweise vereinbart. Die monatlichen Zahlungen werden linear auf das Ende des jeweiligen Laufzeitjahres aufgezinst. Aus der Monatsrate R_m wird der sogenannte
Barwert der Zahlungen während eines Jahres, die Jahresrate R_j, ermittelt
gemäß

$$(3) \quad R_j = R_m + R_m \left(1 + \tfrac{q-1}{12}\right) + R_m \left(1 + 2\tfrac{q-1}{12}\right) + \cdots + R_m \left(1 + 11\tfrac{q-1}{12}\right)$$

$$= R_m \left(12 + \tfrac{11}{2}(q-1)\right).$$

Erstreckt sich die Laufzeit eines Kredits K über genau J Jahre, so erhält
man für den zum effektiven Zinssatz gehörigen Zinsfaktor q die Gleichung:

$$(4) \quad Kq^J = R_j + R_j q + R_j q^2 + \cdots + R_j q^{J-1}$$

$$= \tfrac{q^J-1}{q-1} R_m \left(12 + \tfrac{11}{2}(q-1)\right).$$

Für den Fall, daß sich die Laufzeit über J Jahre und M Monate erstreckt,
sind die Leistungen beider Seiten noch für diese M Monate zu verzinsen,
also mit dem Faktor $(1 + \tfrac{M}{12}(q-1))$ zu multiplizieren, und auf der Seite
des Kunden M noch der Barwert der M letzten Monatsraten (also diese
Raten und ihre Verzinsung bis zum Laufzeitende) zu addieren. Damit erhält
man als Gleichung für die Berechnung des effektiven Jahreszinssatzes bei
Kleinkrediten:

$$(5) \quad Kq^J \left(1 + \frac{M}{12}(q-1)\right) = \frac{q^J - 1}{q-1}\left(12 + \frac{11}{2}(q-1)\right)\left(1 + \frac{M}{12}(q-1)\right)$$

$$+ R_m + R_m\left(1 + \frac{q-1}{12}\right) + \cdots + R_m\left(1 + \frac{(M-1)}{12}(q-1)\right)$$

$$= \frac{q^J - 1}{q-1} R_m \left(12 + \frac{11}{2}(q-1)\right)\left(1 + \frac{M}{12}(q-1)\right)$$

$$+ R_m\left(M + \frac{M-1}{2}\frac{M}{12}(q-1)\right)$$

Man kann noch R_m auf der rechten Seite ausklammern und dann beide
Seiten der Gleichung durch R_m dividieren. Dadurch wird deutlich, daß die
Ermittlung von q nicht von der Höhe des Kredits K und der Monatsrate R_m
sondern nur vom Verhältnis $\frac{K}{R_m}$ abhängt.

α) Geben Sie für $K = 1000$; $J = 2$; $M = 6$; $R_m = 39$ die Gleichung zur
Bestimmung des effektiven Zinssatzes an.

β^*) Vereinfachen Sie diese Gleichung und rechnen Sie nach, daß 1,13365 eine
ziemlich genaue Lösung ist. (Eine Berechnung der hier angegebenen Lösungen erfolgt in I.5 mit Hilfe des Newton-Verfahrens, siehe S. 63 Aufgabe 11.)

I.2 Logische Grundlagen

Mit Blick auf das Operieren mit Gleichungen, aber auch allgemeiner um die Zulässigkeit von Herleitungen bewußter entscheiden zu können, ist hier einiges über Aussagen und Aussageformen zusammengestellt.

Der Begriff „Aussage" ist wie der Mengenbegriff ein mathematischer Grundbegriff. Er soll daher hier nicht definiert sondern nur beschrieben werden:
Eine **Aussage** ist ein „sprachliches Gebilde", bei dem sinnvoll zu fragen ist, ob diesem Wahrheit (w) oder Falschheit (f) zukommt.

Der Wahrheitswert muß feststehen, auch wenn man vielleicht selber nicht darüber entscheiden kann. Im Beispiel

$$\text{„Köln liegt am Rhein"} \quad (w)$$

ist die Wahrheit klar, bei

$$\text{„Der Fudschijama ist 3576 m hoch"} \quad (f)$$

dürften es die meisten Leser nicht selber entscheiden können, für die Aussage

$$\text{„}2^{99991} - 1 \text{ ist eine Primzahl"}$$

ist es bisher nicht einmal entschieden, ob diese wahr oder falsch ist.
Bei den sprachlichen Gebilden

$$\text{„Regnet es ?"; „Jawohl!" und „abakadabra"}$$

liegen keine Aussagen vor.

Argumentationen im täglichen Leben wie Herleitungen in der Mathematik beruhen darauf, daß ein Zusammenhang zwischen Aussagen hergestellt, daß Aussagen verknüpft werden. Die am meisten betrachteten **Aussageverknüpfungen** sind:

Konjunktion: $p \wedge q$ (lies: „p und q")
Disjunktion: $p \vee q$ (lies: „p oder q")
Subjunktion: $p \longrightarrow q$ (lies: „wenn p dann q")
Äquivalenz: $p \longleftrightarrow q$ (lies: „p gilt genau dann wenn q gilt")

Bei diesen Aussageverknüpfungen geht es nicht um einen inhaltlichen Zusammenhang der Aussagen. Bestimmt sind sie dadurch, welcher Wahrheitswert der zusammengesetzten Aussage für die verschiedenen Kombinationen von w und f für p und q zukommt. Die folgende **Wahrheitstafel** zeigt, wie die gerade genannten Aussageverknüpfungen demgemäß definiert sind:

p	q	$p \wedge q$	$p \vee q$	$p \longrightarrow q$	$p \longleftrightarrow q$
w	w	w	w	w	w
w	f	f	w	f	f
f	w	f	w	w	f
f	f	f	f	w	w

Die letzte Spalte bedeutet z.B. im Zusammenhang mit den beiden Eingangsspalten, daß zwei Aussagen „äquivalent" sind, d.h. daß die Aussage „p gilt genau dann, wenn q gilt" richtig ist, wenn p und q beide wahr oder beide falsch sind.

Bei den bisher betrachteten Aussagenverknüpfungen wurden stets zwei Aussagen miteinander verknüpft, man nennt diese *zweistellige* Aussagenverknüpfungen. Als *einstellige* Aussagenverknüpfung benötigt man die *Negation* $\neg p$, die durch die untenstehende Wahrheitstafel definiert ist.

p	$\neg p$
w	f
f	w

Für Herleitungen ist es häufig wichtig, daß aussagenlogische Verknüpfungen durch andere *logisch gleichwertig* (äquivalent) ersetzt werden können. Beim Alibi-Beweis vor Gericht benutzt man z.B. die Gleichwertigkeit der Aussagen

> „Wenn der Angeklagte die Tat begangen hat, ist der Angeklagte am Tatort gewesen."

und

> „Wenn der Angeklagte nicht am Tatort gewesen ist, dann hat der Angeklagte die Tat nicht begangen."

Die folgende Wahrheitswerttabelle zeigt, daß die Aussagenverknüpfungen „$p \longrightarrow q$" und „$\neg q \longrightarrow \neg p$" gleichwertig sind, unabhängig davon, was für p und q eingesetzt wird.

p	q	$p \longrightarrow q$	$\neg p$	$\neg q$	$\neg q \longrightarrow \neg p$	$(p \longrightarrow q) \longleftrightarrow (\neg q \longrightarrow \neg p)$
w	w	w	f	f	w	w
w	f	f	f	w	f	w
f	w	w	w	f	w	w
f	f	w	w	w	w	w

Eine Aussagenverknüpfung wie $(p \longrightarrow q) \longleftrightarrow (\neg q \longleftrightarrow \neg p)$, die bei allen Einsetzungen für p und q wahr wird, nennt man eine *Tautologie* oder ein *logisches Gesetz*. Tautologien stellen die „Rechenregeln" beim Arbeiten mit Aussagen dar. Die Äquivalenz „$\longleftrightarrow$" als Gleichwertigkeit übernimmt die Rolle der Gleichheit bei Zahlen. So ist es bei Beweisen manchmal günstig, „$p \longrightarrow q$" gleichwertig durch „$\neg q \longrightarrow \neg p$" zu ersetzen und die zweite Wenn-dann-Aussage zu beweisen (Beweis durch *Kontraposition*).

Einige andere Tautologien sind wichtig für Verneinungen von Aussagen, etwa die *Gesetze von de Morgan*

$$\neg(p \wedge q) \longleftrightarrow \neg p \vee \neg q$$

$$\neg(p \vee q) \longleftrightarrow \neg p \wedge \neg q.$$

Für die Verneinung einer „Wenn ..., dann ..."-Aussage ist wichtig, daß „$p \longrightarrow q$" gleichwertig durch eine Oder-Aussage ersetzt werden kann. Daß es sich bei

$$(p \longrightarrow q) \longleftrightarrow (\neg p \vee q)$$

tatsächlich um eine Tautologie handelt, läßt sich leicht anhand einer Wahrheitswerttabelle nachprüfen:

p	q	$p \longrightarrow q$	$\neg p$	$\neg p \vee q$	$(p \longrightarrow q) \longleftrightarrow (\neg p \vee q)$
w	w	w	f	w	w
w	f	f	f	f	w
f	w	w	w	w	w
f	f	w	w	w	w

Aufgrund des zweitgenannten Gesetzes von de Morgan weiß man damit auch

$$\neg(p \longrightarrow q) \longleftrightarrow (p \wedge \neg q).$$

Dies benutzt man z.B. beim Beweis für die Irrationalität von $\sqrt{5}$. Zu zeigen ist hier $p \longrightarrow q$ mit p: 5 ist Primzahl und q: $\sqrt{5}$ ist irrational.
Man nimmt nun das Gegenteil an: $p \wedge \neg q$

$$\text{(5 ist Primzahl)} \wedge (5 \text{ läßt sich darstellen als } \tfrac{r}{s})$$

Aus $5r^2 = s^2$ wird nun mit Hilfe der Eindeutigkeit der Primfaktorzerlegung ein Widerspruch hergeleitet und damit $p \wedge \neg q$ als falsch erwiesen. Also ist das Gegenteil $p \longrightarrow q$ richtig.

Bezüglich „$\wedge$" und „$\vee$" gelten zahlreiche Tautologien, die auffallende Ähnlichkeit zu den Gesetzen für das Operieren mit Mengen zeigen: Es gelten

Kommutativgesetze
$(p \wedge q) \longleftrightarrow (q \wedge p)$ $\qquad\qquad$ $(p \vee q) \longleftrightarrow (q \vee p)$
Assoziativgesetze
$(p \wedge q) \wedge r \longleftrightarrow p \wedge (q \wedge r)$ $\qquad$ $(p \vee q) \vee r \longleftrightarrow p \vee (q \vee r)$
Verschmelzungsgesetze
$p \wedge (p \vee q) \longleftrightarrow p$ $\qquad\qquad$ $p \vee (p \wedge q) \longleftrightarrow p$
Distributivgesetze
$p \wedge (q \vee r) \longleftrightarrow (p \wedge q) \vee (p \wedge r)$ $\qquad$ $p \vee (q \wedge r) \longleftrightarrow (p \vee q) \wedge (p \vee r)$

Insgesamt ließe sich mit Hilfe von Wahrheitswerttabellen zeigen, daß bzgl. „$\wedge$" und „$\vee$" alle Gesetze einer *Booleschen Algebra* (siehe z.B. [E1]) gelten. Dabei soll hier nicht näher untersucht werden, wie die Grundmenge A von Aussagen zu wählen ist, damit „$\wedge$" und „$\vee$" tatsächlich *abgeschlossene* Verknüpfungen im Sinne der Algebra sind.

Mit Aussagen im bisher beschriebenen Sinne sind nur Gleichungen der Form $3 + 5 = 7$ oder Ungleichungen der Form $3 + 8 < 9$ erfaßt. Es dürfen keine Variablen auftreten. Gleichungen und Ungleichungen werden aber gerade dadurch zu einem mächtigen Instrument, daß sich Sachverhalte allgemein mit Hilfe von Variablen beschreiben lassen. Dies verdeutlichen auch die Beispiele in Abschnitt 1. Bei Gleichungen mit Variablen wie

$$x^2 + y^2 = z^2$$

handelt es sich um *Aussageformen.* Allgemein spricht man bei Aussagefragmenten, die Variablen enthalten, von **Aussageformen**, wenn diese bei Ersetzen der Variablen durch Elemente einer **Grundmenge** in Aussagen übergehen. So ist z.B.

„...ist Stadt am Rhein"

eine Aussageform über einer Menge S von Städten. Die Gleichung

$$x^2 + 3x + 1 = 0$$

kann als Aussageform über $\mathbb{Q}$ oder über $\mathbb{R}$ betrachtet werden. Die Bestimmungsgleichung der pythagoreischen Zahlentripel ist eine Aussageform über $\mathbb{Z} \times \mathbb{Z} \times \mathbb{Z}$, eingesetzt werden ja Tripel.

Allgemein entsteht eine Gleichung, wenn zwischen zwei Terme T_1 und T_2 ein Gleichheitszeichen gesetzt wird. Die Menge G der Elemente (z.B. Zahlen, Zahlentripel), die man für die Variablen einsetzen kann, heißt **Definitionsmenge** der Gleichung. Diejenigen Elemente von G, bei deren Einsetzung für die Variablen die Gleichung zu einer wahren Aussage wird, heißen **Lösungen**. Die Menge aller Lösungen ist die **Lösungsmenge** der Gleichung.

Aussageformen und damit natürlich auch Gleichungen und Ungleichungen unterscheidet man nach der Anzahl der Lösungen als *allgemeingültig, teilgültig* bzw. *unerfüllbar.*

Allgemeingültige Gleichungen spielen als Rechengesetze eine große Rolle. Die Gleichung des Distributivgesetzes bezogen auf $\mathbb{R}$, also

$$x(y + z) = xy + xz,$$

wird bei jeder Ersetzung der Variablen durch Elemente von $\mathbb{R}$ zu einer wahren Aussage. Eine in $\mathbb{R}$ nicht erfüllbare Gleichung wie $x^2 + 1 = 0$ wird bei keiner Einsetzung für x mit x aus $\mathbb{R}$ zu einer wahren Aussage. Diese Unlösbarkeit kann man ja gerade als Grund für die Einführung der komplexen Zahlen betrachten. Am gebräuchlichsten bei Anwendungen sind teilgültige Gleichungen, die bei der Einsetzung einiger (aber nicht aller) Elemente der Grundmenge zu einer wahren Aussage werden. Um die Bestimmung dieser Lösungen geht es dann gerade.

Auch bei Aussageformen lassen sich mit Hilfe von Aussageverknüpfungen neue Aussageformen bilden. Spricht man von einem *Gleichungssystem,* z.B.

$$\begin{aligned} x + y &= 15 \\ 2x + 3y &= 17, \end{aligned}$$

so meint man ja gerade die Konjunktion der Gleichungen. Gesucht sind Paare (x, y) mit

$$(x + y = 15) \wedge (2x + 3y = 17).$$

Zur Lösung der Gleichung

$$x^2 - 5 = 0$$

kann man diese auffassen als

$$(x - \sqrt{5})(x + \sqrt{5}) = 0$$

und benutzt dann den Grundsatz (Nulllteilerfreiheit, siehe z.B. [E1]): „Ein Produkt ist Null, wenn einer der Faktoren Null ist.“ Damit erhält man

$$x - \sqrt{5} = 0 \ \lor \ x + \sqrt{5} = 0$$

oder

$$x = \sqrt{5} \ \lor \ x = -\sqrt{5} \,.$$

Die Gleichung hat also zwei Lösungen:

$$x_1 = \sqrt{5} \quad ; \quad x_2 = -\sqrt{5}.$$

Natürlich lassen sich Aussageformen auch im Sinne der Subjunktion „$\longrightarrow$“ oder der Bijunktion „$\longleftrightarrow$“ verknüpfen. Von besonderem Interesse sind dabei die Fälle, in denen die Verknüpfung für alle möglichen Einsetzungen aus der Grundmenge zu einer wahren Aussage führen, wie z.B.

„Für alle $a \in \mathbb{N}$ gilt: $a|6 \longrightarrow a|12$“

oder

„Für alle $x, y \in \mathbb{R}$ gilt: $x < y \longleftrightarrow x + 3 < y + 3$“.

Im Falle der allgemeingültigen Subjunktion spricht man von einer **Implikation** und schreibt dies kurz mit einem doppelten Pfeil

$$a|6 \Longrightarrow a|12 \quad \text{über } \mathbb{N}$$

oder auch einfach $a|6 \Longrightarrow a|12$, wenn aus dem Zusammenhang heraus klar ist, über welcher Menge die Allgemeingültigkeit gefordert wird.

Im Falle der allgemeingültigen Bijunktion spricht man von **Äquivalenz** der Aussageformen und schreibt dies ebenfalls kurz mit einem doppelten Pfeil

$$x < y \Longleftrightarrow x + 3 < y + 3.$$

Bei der Umformung von Gleichungen und Ungleichungen spielen gerade diese Äquivalenzen eine große Rolle. Für äquivalente Gleichungen (und Ungleichungen) weiß man nämlich, daß sie die gleiche Lösungsmenge besitzen.

Als letzte abkürzende Schreibweise im Rahmen dieser logischen Grundlagen seien die sogenannten **Quantoren** genannt. Die Aussage

„Für alle $x \in \mathbb{N}$ gilt: $x(x + 1)$ ist eine gerade Zahl“

schreibt man mit dem *Allquantor* „$\bigwedge$“ kurz als

$$\text{„} \bigwedge_{x \in \mathbb{N}} x(x + 1) \text{ ist eine gerade Zahl“.}$$

(Es handelt sich hier tatsächlich um eine Aussage, auch wenn in deren Formulierung eine Aussageform auftritt. Behauptet wird ja, daß $x(x+1)$ bei jeder Einsetzung 1,2,3 usw. für x zu einer geraden Zahl führt, was ja auch richtig ist. Es handelt sich also um eine wahre Aussage.)

Wenn man die Gültigkeit einer Allaussage bezweifelt, sucht man ein Gegenbeispiel. Die Verneinung einer Allaussage läßt sich als Existenzaussage formulieren, als Existenz eines Gegenbeispiels. Das Gegenteil der obigen Aussage wäre

„Es gibt ein $x \in \mathbb{N} : x(x+1)$ ist keine gerade Zahl",

was man mit dem *Existenzquantor* „$\bigvee$" kurz schreiben kann als

$$\underset{x \in \mathbb{N}}{\bigvee} \; x(x+1) \text{ ist keine gerade Zahl".}$$

Diese Aussage ist natürlich falsch. Die Gültigkeit einer Allaussage erfordert in der Regel mehr als die Gültigkeit der entsprechenden Existenzaussage. So ist

$$\underset{x \in \mathbb{R}}{\bigwedge} \; (x + x = x^2)$$

eine falsche Aussage, aber

$$\underset{x \in \mathbb{R}}{\bigvee} \; (x + x = x^2)$$

eine wahre Aussage, denn es gilt ja $2 + 2 = 2^2 = 4$.

Aufgaben

1. Schreiben Sie folgende Sätze mit Hilfe der Zeichen für Aussageverknüpfungen:

    a) Wenn 2 kleiner als 3 und 5 nicht kleiner als 3 ist, dann ist 2 kleiner als 5.

    b) 17 ist eine Primzahl und gerade, oder 17 ist keine Primzahl und auch nicht gerade.

    c) Wenn 2 gleich 2 ist und 18 durch 5 teilbar ist, dann ist 4 kleiner als 3 und 28 durch 7 teilbar.

    Entscheiden Sie bei jedem der drei Sätze über den Wahrheitswert.

2. Eine zweistellige Aussagenverknüpfung „$*$" ist bestimmt durch die Verteilung von „w" und „f" in der rechten Spalte.

p	q	$p * q$
w	w	
w	f	
f	w	
f	f	

a) Oben wurde das *einschließende* Oder „∨" behandelt. Die Aussage „$p \vee q$" wird auch wahr, wenn p *und* q wahr sind. Beschreiben Sie das „Entweder – Oder", das *ausschließende* Oder durch seine Wahrheitswertverteilung.

b) Drücken Sie das „Entweder – Oder" gleichwertig durch „∨" und „∧" aus.

c) Wie viele verschiedene zweistellige Aussageverknüpfungen gibt es insgesamt?

3. Bestätigen Sie mit Hilfe einer Wahrheitstafel die folgenden Äquivalenzen

   a) $\neg(\neg p \vee q) \iff (p \wedge \neg q)$

   b) $[(p \longrightarrow q) \wedge (q \longrightarrow p)] \iff (p \longleftrightarrow q)$

   c) $(p \longrightarrow q) \iff [(p \vee q) \longleftrightarrow q]$

   d) $[(p \longrightarrow q) \wedge \neg q] \implies \neg p$

   e) $[(p \longleftrightarrow q) \wedge (q \longleftrightarrow r)] \iff (p \longleftrightarrow r)$

4. Welche der folgenden Verbindungen von Aussagenvariablen sind Tautologien?

   a) $(p \longrightarrow q) \vee (q \longrightarrow p)$

   b) $\neg(p \longrightarrow \neg q) \longrightarrow (q \longrightarrow p)$

   c) $((p \longrightarrow q) \longrightarrow p) \longrightarrow r$

   d) $(p \longrightarrow q) \vee p$

5. Welchen Wahrheitswert haben folgende Aussagen? Begründen Sie ihre Antwort.

   a) Es gibt genau zwei reelle Zahlen, die gleich ihrem Quadrat sind.

   b) Jede gerade Zahl ist nicht Primzahl.

   c) Jede negative Zahl ist kleiner als ihre Hälfte.

   d) 3 ist genau dann Teiler von 8, wenn 14 Primzahl ist.

   e) $\bigwedge\limits_{x \in \mathbf{R}} [(x + 1)^2 = x^2 + 2x + 1]$

   f) $\bigvee\limits_{x \in \mathbf{R}} [(x + 1)^2 = x^2 + 2x + 1]$

   g) $\bigwedge\limits_{x \in M} [x^3 - 3x^2 + 2x = 0]$, wobei $M = \{0, 1, 2\}$

6. Bestimmen Sie für die folgenden Aussageformen jeweils eine Grundmenge G so, daß die Aussageform 1. allgemeingültig, 2. teilgültig und 3. unerfüllbar über G ist.

   a) x ist Teiler von 28   b) $x^2 - \frac{1}{4} = 0$ c) $|x^2 - \frac{1}{4}| > 0$

7. Verneinen Sie folgende Aussagen.

   a) Alle Quadratzahlen sind gerade.

   b) Wenn es regnet, wird die Straße naß.

   c) In der Ebene gibt es zu je zwei Punkten P, Q stets eine Gerade, die durch P und Q geht.

   d) In der Ebene gibt es zu jeder Geraden g und jedem nicht auf ihr liegenden Punkt Q genau eine Gerade h, die durch Q geht und parallel zu g liegt.

   e) Es gibt quadratische Gleichungen mit mehr als zwei Lösungen.

   f) Alle spitzwinkligen Dreiecke sind gleichschenklig.

   Prüfen Sie den Wahrheitswert dieser Aussagen.

8. Begründen Sie:

   a) $(x - 1 > 0) \implies (x + 1 > 0)$ über $\mathbb{N}$

   b) $x|16 \iff x|28$ über $M = \{1, 2, 3, 4, 5\}$

   c) $50 - x > x^2 \iff x < 10$ über $M = \{1, 2, 3, 4, 5, 6, 7\}$

9. Welche Tautologie liegt dem folgenden Schluß zugrunde:
   Wenn die Bücher (der Bibliothek von Alexandria) dem Koran entsprechen, so (sind sie überflüssig) können sie verbrannt werden, und wenn sie dem Koran nicht entsprechen, so (sind sie schädlich) können sie ebenfalls verbrannt werden. Also, die Bücher können verbrannt werden. (Kalif Omar)

10. Aus Berichten von Augenzeugen geht hervor:

    a) Wenn der Täter ein Mann ist, so ist er von kleinem Wuchs.

    b) Der Täter ist entweder ziemlich groß oder er hat graues Haar.

    c) Wenn der Täter mit dem Auto wegfuhr, so hat er kein graues Haar.

    d) Der Täter ist ein Mann.

    Ist der Täter mit dem Auto entkommen ?

I. 3 Lineare Gleichungen und Ungleichungen

Gleichungen (und Ungleichungen) sind Aussageformen, die entstehen, wenn zwischen zwei Terme T_1 und T_2 ein Gleichheitszeichen (bzw. ein Ungleichheitszeichen) gesetzt wird. Lösen von Gleichungen/Ungleichungen bedeutet Bestimmen der Lösungsmenge.

Gleichungen (und Ungleichungen) werden nach verschiedenen Merkmalen eingestuft, z.B. nach der *Anzahl der Variablen* oder nach der *Art der zugelassenen Terme*.

Es gibt Gleichungen mit einer Variablen wie $x^3 - 27 = 0$ und Gleichungen mit mehreren Variablen wie $x^2 + y^2 = z^2$.

Bei der Art der zugelassenen Terme kann man grob unterscheiden zwischen **algebraischen** Gleichungen und **transzendenten** Gleichungen. Bei algebraischen Gleichungen werden auf die Gleichungsvariable(n) nur die vier Grundrechenarten sowie das Radizieren und Verbindungen davon angewandt. Darunter fallen u.a. *Polynomgleichungen*, *Bruchgleichungen* und *Wurzelgleichungen*. Transzendente Gleichungen enthalten auch *transzendente Funktionen* der Variablen, z.B. $\sin x$, $\cos x$, 2^x.

Lineare Gleichungen und Ungleichungen sind, was die auftretenden Terme angeht, der einfachste Fall. Es sind Polynomgleichungen, in denen die Variablen nur in der ersten Potenz auftreten.

Lineare Gleichungen mit *einer Variablen*

$$ax + b = 0 \qquad (a \neq 0)$$

sind in $\mathbb{R}$ (und in $\mathbb{Q}$) stets lösbar mit $x = -\frac{b}{a}$. In $\mathbb{Z}$ muß eine solche Gleichung nicht immer eine Lösung besitzen, z.B. $3x - 2 = 0$. Ja, man kann die Erweiterung des Zahlenbereichs von $\mathbb{Z}$ nach $\mathbb{Q}$ gerade dadurch beschreiben, daß Gleichungen der Form $ax + b = 0$ stets lösbar werden.

Lineare Gleichungen mit zwei Variablen

$$ax + by + c = 0 \qquad (a \neq 0 \lor b \neq 0)$$

besitzen in $\mathbb{R} \times \mathbb{R}$ stets unendlich viele Lösungen. Man kann ja eine Variable frei wählen. Nimmt man in

$$2x + y - 2 = 0$$

etwa $y = 1$, dann ist x hier eindeutig bestimmt durch

$$2x - 1 = 0.$$

Graphisch gesehen ergibt die Lösungsmenge einer linearen Gleichung

$$ax + by + c = 0$$

eine Gerade in der Ebene. Eine lineare Gleichung mit drei Variablen

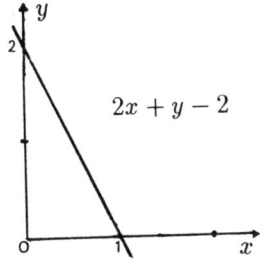

$2x + y - 2$

$$ax + by + cz + d = 0 \qquad (a \neq 0 \vee b \neq 0 \vee c \neq 0)$$

beschreibt analog eine Ebene im $\mathbb{R}^3$.

Bei einer linearen Gleichung mit n Variablen der Gestalt

$$a_1 x_1 + a_2 x_2 + \cdots + a_n x_n + b = 0 \qquad (a_i, b \in \mathbb{R})$$

kann man für $a_1 \neq 0$ die Werte der Variablen x_2 bis x_n frei wählen und x_1 dann so bestimmen, daß die Gleichung erfüllt wird.

Sind m lineare Gleichungen gleichzeitig zu erfüllen, dann erhält man ein *lineares Gleichungssystem* mit m Gleichungen und n Variablen:

$$
\begin{array}{ccccccccc}
a_{11}x_1 & + & a_{12}x_2 & + & \cdots & + & a_{1n}x_n & = & b_1 \\
a_{21}x_1 & + & a_{22}x_2 & + & \cdots & + & a_{2n}x_n & = & b_2 \\
& & \vdots & & & & & & \\
a_{m1}x_1 & + & a_{m2}x_2 & + & \cdots & + & a_{mn}x_n & = & b_n.
\end{array}
$$

Dabei sind die a_{ij}, b_i reelle Zahlen ($i = 1, \ldots, m$; $j = 1, \ldots, n$). Das Gleichungssystem heißt *homogen*, wenn $b_1 = b_2 = \cdots = b_m = 0$; andernfalls heißt es *inhomogen*.

Zur Lösung linearer Gleichungssysteme benutzt man (auch auf Rechenanlagen) meist das *Gaußsche Additionsverfahren* (nach CARL FRIEDRICH GAUSS, 1777 – 1855). Dieses beruht darauf, daß sich die Lösungsmenge eines linearen Gleichungssystems nicht ändert,

– wenn man eine Gleichung mit einer von 0 verschiedenen Zahl multipliziert

– wenn man eine Gleichung durch die Summe dieser Gleichung und einer anderen Gleichung des Gleichungssystems ersetzt

– wenn man zwei Gleichungen vertauscht.

Wie diese Äquivalenzumformungen zur Lösung führen, sei zunächst an einer Anwendungsaufgabe erläutert.

Beispiel 5: Zur Herstellung von drei Produkten P_1, P_2 und P_3 werden zwei Ausgangsmaterialien M_1 und M_2 benötigt. Der Materialverbrauch je Produkt, die zur Verfügung stehenden Materialmengen und die für die Produkte zu erzielenden Preise sind der folgenden Tabelle zu entnehmen.

Materialien	Materialverbrauch je Stück			verfügbare Materialmenge
	P_1	P_2	P_3	
M_1	5	3	6	269
M_2	7	8	2	336
Preis je Stück in DM	30	20	45	

Wie viele Einheiten von jedem Produkt werden hergestellt, wenn die zur Verfügung stehenden Materialmengen restlos verbraucht und eine Preissumme von 1840 DM erzielt wird ?

Lösung: Zeilenweise ergibt die Tabelle das Gleichungssystem:

$$
\begin{aligned}
5x &+ 3y &+ 6z &= 269 \quad \cdot(-\tfrac{7}{5}) \quad \cdot(-6) \\
7x &+ 8y &+ 2z &= 336 \quad + \\
30x &+ 20y &+ 45z &= 1840 \quad +
\end{aligned}
$$

Die rechts eingezeichneten Pfeile deuten an, welche Umformungen mit der zweiten und der dritten Gleichung vorgenommen werden sollen. So soll das (-6)-fache der ersten Gleichung zur dritten Gleichung addiert werden. Damit erhält man

$$
\begin{aligned}
5x &+ 3y &+ 6z &= 269 \\
 & \tfrac{19}{5}y &- \tfrac{32}{5}z &= -\tfrac{203}{5} \\
 & 2y &+ 9z &= 226
\end{aligned}
$$

Für die zweite Gleichung bietet sich noch Multiplikation mit 5 an. Dann wird das $(-\tfrac{2}{19})$-fache der zweiten Gleichung zur dritten addiert:

$$
\begin{aligned}
5x &+ 3y &+ 6z &= 269 \\
 & 19y &- 32z &= -203 \quad \cdot(-\tfrac{2}{19}) \\
 & 2y &+ 9z &= 226 \quad +
\end{aligned}
$$

$$
\begin{aligned}
5x &+ 3y &+ 6z &= 269 \\
 & 19y &- 32z &= -203 \\
 & & \tfrac{235}{19}z &= \tfrac{4700}{19}
\end{aligned}
$$

Dabei kann man die letzte Gleichung noch mit 19 multiplizieren und hat so das „gestaffelte" Gleichungssystem

$$
\begin{aligned}
5x &+ 3y &+ 6z &= 269 \\
 & 19y &- 32z &= -203 \\
 & & 235z &= 4700
\end{aligned}
$$

Dieses läßt sich von unten nach oben schrittweise nach den Variablen z, y, x auflösen und ergibt $z = 20$; $y = 23$; $x = 16$. Von den Produkten P_1, P_2 und P_3 müssen also 16, 23 bzw. 20 Einheiten hergestellt werden, um den in der obigen Tabelle aufgeführten Bedingungen zu genügen. $\square$

Allgemein ist es wie im Beispiel möglich, mit Hilfe des Gaußschen Additionsverfahrens ein Gleichungssystem aus n Gleichungen mit n Variablen

$$
\begin{aligned}
a_{11}x_1 + \cdots + a_{1n}x_n &= b_1 \\
&\vdots \\
a_{n1}x_1 + \cdots + a_{nn}x_n &= b_n
\end{aligned}
$$

so umzuformen, daß es Dreiecksgestalt erhält

$$
\begin{aligned}
a'_{11}x_1 + \dots\dots\dots\dots\dots\dots + a'_{1n}x_n &= b'_1 \\
a'_{22}x_2 + \dots\dots\dots\dots + a'_{2n}x_n &= b'_2 \\
\ddots \qquad\qquad \vdots \quad &\ \ \vdots \\
a'_{rr}x_r + \dots\dots + a'_{rn}x_n &= b'_r \\
0x_{r+1} + \cdots + \quad 0x_n &= b'_{r+1} \\
\ddots \qquad\qquad &\ \ \vdots \\
0x_n &= b'_n,
\end{aligned}
$$

wobei die Diagonalkoeffizienten $a'_{11}, a'_{22}, \dots a'_{rr}$ von Null verschieden sind. Daraus lassen sich folgende Aussagen ablesen:

(1) Ist $r = n$, so ist das System *eindeutig lösbar*, von unten nach oben lassen sich schrittweise $x_n, x_{n-1}, \dots, x_1$ bestimmen.

(2) Ist $r < n$ und $b'_{r+1} = \cdots = b'_n = 0$, so ist das System lösbar, aber *nicht eindeutig*. Bei der Lösung kann man $n - r$ der Variablen (etwa $x_{r-n}, \dots, x_n$) frei wählen und die übrigen Variablen daraus berechnen.

(3) Ist $r < n$ und eine der Zahlen $b'_{r+1}, \dots, b'_n$ von Null verschieden, so ist das System *nicht lösbar*.

Die Fälle eines nichtlösbaren Gleichungssystems und eine in manchen Fällen notwendige Modifikation bei den Umformungen seien an Beispielen erläutert.

Beispiel 6:   a) $(n = 3, r = 2, \text{unlösbar})$

$$
\begin{array}{rcrcrcrl}
x_1 & + & x_2 & + & x_3 & = & 5 & \cdot(-2)\!\rceil\,\cdot(-3)\!\rceil \\
2x_1 & + & 3x_2 & + & 4x_3 & = & 12 & +\!\leftarrow\!\rfloor \\
3x_1 & + & 4x_2 & + & 5x_3 & = & 3 & +\!\leftarrow
\end{array}
$$

$$
\begin{array}{rcrcrcrl}
x_1 & + & x_2 & + & x_3 & = & 5 & \\
 & & x_2 & + & 2x_3 & = & 2 & \cdot(-1)\!\rceil \\
 & & x_2 & + & 2x_3 & = & -12 & +\!\leftarrow\!\rfloor
\end{array}
$$

$$
\begin{array}{rcrcrcr}
x_1 & + & x_2 & + & x_3 & = & 5 \\
 & & x_2 & + & 2x_3 & = & 2 \\
 & & & & 0x_3 & = & -14
\end{array}
$$

Die letzte Gleichung ist unerfüllbar; also ist das System unlösbar.

b) $(n = 4,\ r = 3, \text{unendlich viele Lösungen})$

$$
\begin{array}{rcrcrcrcrl}
x_1 & + & 3x_2 & - & 2x_3 & + & 4x_4 & = & 1 & \!\rceil\,\cdot(-2)\!\rceil\,\cdot(-1)\!\rceil \\
-x_1 & - & x_2 & + & 5x_3 & - & 9x_4 & = & 1 & +\!\leftarrow\!\rfloor \\
2x_1 & & & - & 13x_3 & + & 23x_4 & = & -4 & +\!\leftarrow\!\rfloor \\
x_1 & + & 5x_2 & + & x_3 & - & 2x_4 & = & 1 & +\!\leftarrow
\end{array}
$$

$$
\begin{array}{rcrcrcrcrl}
x_1 & + & 3x_2 & - & 2x_3 & + & 4x_4 & = & 1 & \\
 & & 2x_2 & + & 3x_3 & - & 5x_4 & = & 2 & \cdot3\!\rceil\,\cdot(-1)\!\rceil \\
 & - & 6x_2 & - & 9x_3 & + & 15x_4 & = & -6 & +\!\leftarrow\!\rfloor \\
 & & 2x_2 & + & 3x_3 & - & 6x_4 & = & 0 & +\!\leftarrow
\end{array}
$$

$$
\begin{array}{rcrcrcrcr}
x_1 & + & 3x_2 & - & 2x_3 & + & 4x_4 & = & 1 \\
 & & 2x_2 & + & 3x_3 & - & 5x_4 & = & 2 \\
 & & & & & & 0 & = & 0 \\
 & & & & & & -x_4 & = & -2
\end{array}
$$

Die sich anbietenden Umformungen ergeben hier zwar Dreiecksgestalt, x_3, x_2 und x_1 lassen sich aber nicht wie in Beispiel 5 durch schrittweises Einsetzen bestimmen. In der dritten Gleichung kommt nämlich x_3 gar nicht vor, es läßt sich also auch nicht aus dieser Gleichung bestimmen. Man kann x_3 in diesem Falle frei wählen $(x_3 = t)$ und erhält dann

$$
\begin{aligned}
x_4 &= 2 \\
x_3 &= t \\
x_2 &= 6 - \frac{3}{2}t \\
x_1 &= -25 + \frac{13}{2}t
\end{aligned}
$$

Die oben genannte Bedingung, daß nach Umformung auf Dreiecksgestalt die ersten r Diagonalkoeffizienten $a'_{11}, \ldots, a'_{rr}$ von Null verschieden sind und die verschwindenden Diagonalkoeffizienten am Schluß erscheinen ($a'_{r+1\,r+1} = \cdots = a'_{nn} = 0$), ist hier nicht erfüllt. Sie läßt sich durch Vertauschen von Gleichungen und Änderungen in der Reihenfolge der Variablen aber stets erreichen. Hier erhält man durch Vertauschen der beiden letzten Gleichungen und Vertauschen der Variablen x_3 und x_4 die geforderte Gestalt

$$
\begin{aligned}
x_1 + 3x_2 + 4x_4 - 2x_3 &= 1 \\
2x_2 - 5x_4 + 3x_3 &= 2 \\
-x_4 &= -2 \\
0x_3 &= 0
\end{aligned}
$$

Jetzt steht die frei zu wählende Variable am Schluß und man erhält die anderen durch schrittweises Ersetzen, wie sie oben angegeben sind. □

Ist die Zahl der Gleichungen (m) verschieden von der Zahl der Variablen (n), dann erhält man nach dem Gaußschen Verfahren auf der linken Seite eine Koeffizientenmatrix mit *Staffelgestalt* gemäß nebenstehender Abbildung. Stets ergibt sich $r \leq \min(m, n)$ und es gelten zu (2) und (3) analoge Aussagen.

Der Fall eines mehrdeutig lösbaren Gleichungssystems mit $m < n$ sei noch als Beispiel behandelt.

Beispiel 7: ($m = 3$, $n = 5$, unendlich viele Lösungen)

$$
\begin{aligned}
4x_1 + 2x_2 - 1x_3 + 2x_4 - 3x_5 &= 4 \\
2x_1 - 1x_2 + 1x_3 - 5x_4 + 2x_5 &= 3 \\
1x_1 + 25x_2 - 2x_3 + 4x_4 - 4x_5 &= 0
\end{aligned}
$$

$$
\begin{aligned}
4x_1 + 2x_2 - 1x_3 + 2x_4 - 3x_5 &= 4 \\
- 2x_2 + 1{,}5x_3 - 6x_4 + 3{,}5x_5 &= 1 \\
2x_2 - 1{,}75x_3 + 3{,}5x_4 - 3{,}25x_5 &= -1
\end{aligned}
$$

$$
\begin{aligned}
4x_1 + 2x_2 - 1x_3 + 2x_4 - 3x_5 &= 4 \\
- 2x_2 + 1{,}5x_3 - 6x_4 + 3{,}5x_5 &= 1 \\
- 0{,}25x_3 - 2{,}5x_4 + 0{,}25x_5 &= 0
\end{aligned}
$$

Zwei Variablen kann man frei wählen. Wir setzen daher $x_5 = t$ und $x_4 = s$. Damit ergibt sich aus von unten nach oben nacheinander

$$
\begin{aligned}
x_3 &= -10s + t \\
x_2 &= -10,5s + 2,5t - 0,5 \\
x_1 &= 2,25s - 0,25t + 1,25.
\end{aligned}
$$

Es gibt also unendlich viele Lösungen, denn die Parameter s und t sind frei wählbar. □

Die Lösungsmengen von linearen Gleichungen in zwei Variablen lassen sich graphisch als Geraden in der Ebene darstellen.

Lineare Gleichungen in drei Variablen beschreiben analog Ebenen im Raum. Mit Hilfe der graphischen Darstellung lassen sich auch Lösbarkeitsaussagen beschreiben. Ein lineares Gleichungssystem aus drei Gleichungen mit drei Variablen beschreibt drei Ebenen im $\mathbb{R}^3$. Diese können sehr verschiedene Lagen zueinander einnehmen;

sie können z.B. eine Gerade gemeinsam haben (unendlich viele Lösungen),

sie können sich in einem Punkt schneiden (eindeutige Lösbarkeit),

oder es können auch zwei dieser Ebenen parallel liegen (keine Lösung).

Die graphische Darstellung erlaubt ferner, gewisse Probleme, welche auch im Falle der Lösbarkeit beim tatsächlichen Lösen von Gleichungssystemen auftreten können, zu veranschaulichen. Ein solches behandelt das folgende Beispiel.

Beispiel 8: Bei Gleichungssystemen mit zwei Variablen können die zugehörigen Geraden fast parallel verlaufen. Dann können kleine Änderungen in den Koeffizienten, wie sie bei Sachfragen schon durch Runden der Ausgangswerte entstehen können, relativ große Änderungen bei den Lösungen bewirken. So hat das Gleichungssystem

$$
(1) \qquad \begin{cases} 3,3x_1 + 1,2x_2 &= 1,1 \\ 6,9x_1 + 2,5x_2 &= 2,7 \end{cases}
$$

die Lösung: $x_1 = \frac{49}{3} = 16,3$; $x_2 = -44$. Eine sehr geringe Änderung des Koeffizienten a_{11} um 0,01 hat eine ungleich stärkere Änderung bei der Lösung zur Folge:

Das Gleichungssystem

$$(2) \quad \begin{cases} 3,31x_1 + 1,2x_2 = 1,1 \\ 6,9x_1 + 2,5x_2 = 2,7 \end{cases}$$

hat die Lösungen $x_1 = 58$; $x_2 = 269,4$.

Die graphische Darstellung des Gleichungssystems (1), das man auch schreiben kann als

$$x_1 = -0,36\overline{36}x_2 + 0,3\overline{3}$$
$$x_1 = -0,36232x_2 + 0,39$$

zeigt die folgende Abbildung.

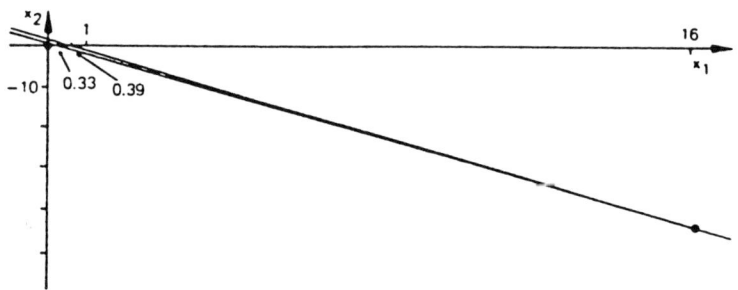

Es ist verständlich, daß eine kleine Änderung des Anstiegs der ersten Gleichung eine starke Änderung der Lage des Schnittpunktes bewirken kann.

Dieses Problem läßt sich nicht durch einen Wechsel des Rechenverfahrens beheben. Man nennt solche Gleichungssysteme *schlecht konditioniert.* □

Die bisherigen Lösbarkeitsüberlegungen für lineare Gleichungen bezogen sich auf $\mathbb{R}$, hätten aber ebenso für $\mathbb{Q}$ formuliert werden können. In $\mathbb{Z}$ ist Lösbarkeit schon bei linearen Gleichungen in einer Variablen nicht allgemein gegeben. Man denke etwa an $3x - 1 = 0$. Dabei ist die Suche nach Lösungen in $\mathbb{Z}$ durchaus nicht künstlich. Es gibt zahlreiche Fragestellungen, bei denen diese interessant ist.

Beispiel 9:

272 DM sollen an zwei Gruppen von 8 bzw. 10 Personen aufgeteilt werden, wobei die Personen einer Gruppe jeweils den gleichen Betrag erhalten. Welche Möglichkeiten der Verteilung bestehen?

Dabei werden hier, wie häufig bei solchen Fragestellungen, Lösungen in $\mathbb{N}$ gesucht.

Lineare Gleichungen der Form

$$a_1x_1 + a_2x_2 + \cdots a_nx_n = b \quad \text{mit } a_1, \ldots, a_n, b \in \mathbb{Z},$$

für die auch Lösungen $x_1, \ldots, x_n \in \mathbb{Z}$ gesucht werden, heißen **lineare diophantische Gleichungen**, nach DIOPHANTOS VON ALEXANDRIA (3. Jahrhundert n. Chr.). Wir beschränken uns im folgenden auf lineare diophantische Gleichungen mit 2 Variablen

$$ax + by = c \quad \text{mit } a, b \in \mathbb{Z}, \ c \in \mathbb{N}.$$

Es gilt folgende Lösbarkeitsaussage

Satz 1: Die lineare diophantische Gleichung $ax + by = c$ ist genau dann lösbar, wenn $\mathrm{ggT}(a, b)|c$.

Beweis: Gibt es ein Lösungspaar (x, y), dann ist jeder gemeinsame Teiler von a und b auch Teiler von $ax + by$, also von c. Im Falle der Lösbarkeit der Gleichung gilt also $\mathrm{ggT}(a, b)|c$. Nun sei umgekehrt $\mathrm{ggT}(a, b)|c$, etwa $c = k \cdot \mathrm{ggT}(a, b)$. Der *euklidische Algorithmus* gestattet es, $\mathrm{ggT}(a, b)$ zu berechnen (siehe z.B. [E1]), er liefert aber auch Werte $x_0, y_0 \in \mathbb{Z}$, um $\mathrm{ggT}(a, b)$ als **Vielfachensumme** von a und b darzustellen, also eine Lösung der Gleichung

$$ax + by = \mathrm{ggT}(a, b).$$

Damit findet man natürlich auch Lösungen der Gleichung $ax + by = k \cdot \mathrm{ggT}(a, b)$, nämlich kx_0, ky_0. $\square$

Das Vorgehen sei anhand eines Zahlenbeispiels erläutert. Gesucht seien $x, y \in \mathbb{Z}$ mit $3x + 5y = 13$. Der euklidische Algorithmus liefert:

$$\begin{aligned}
5 &= 1 \cdot 3 + 2 \\
3 &= 1 \cdot 2 + 1 \\
2 &= 2 \cdot 1 + 0.
\end{aligned}$$

Also gilt $\mathrm{ggT}(5, 3) = 1$. Indem man die Gleichungen nach den Resten auflöst und von unten her ineinander einsetzt, erhält man:

$$\begin{aligned}
2 &= 5 - 1 \cdot 3 \\
1 &= 3 - 1 \cdot 2
\end{aligned}$$

und eingesetzt

$$1 = 3 - 1(5 - 1 \cdot 3) = 2 \cdot 3 + (-1)5.$$

Durch Multiplikation mit 13 erhält man eine Lösung der ursprünglichen Gleichung, nämlich

$$26 \cdot 3 + (-13) \cdot 5 = 13.$$

Für $a, b \in \mathbb{N}$ liefert der euklidische Algorithmus stets Lösungspaare, in denen eine der Komponenten negativ ist. Häufig sind aber, wie in Beispiel 8, Lösungen in $\mathbb{N}$ gefragt. Es ist daher von Interesse, alle möglichen Lösungen von $ax + by = c$ zu kennen. Es gilt

Satz 2: Es sei (x_0, y_0) eine Lösung der linearen diophantischen Gleichung $ax + by = c$. Dann erhält man alle Lösungspaare in der Form

$$x = x_0 + \frac{b}{\text{ggT}(a,b)}t \; ; \; y = y_0 - \frac{a}{\text{ggT}(a,b)}t \quad \text{mit } t \in \mathbb{Z} .$$

Beweis: Durch Einsetzen überprüft man für beliebiges $t \in \mathbb{Z}$

$$a\left(x_0 + \frac{b}{\text{ggT}(a,b)}t\right) + b\left(y - \frac{a}{\text{ggT}(a,b)}t\right) = 0 .$$

Die notierten Paare gehören also alle zur Lösungsmenge. Außer diesen Paaren gibt es keine weiteren Lösungen. Denn ist neben (x_0, y_0) das Paar (x_1, y_1) eine weitere Lösung, dann erhält man durch Subtraktion der Gleichungen $ax_1 + by_1 = c$ und $ax_0 + by_1 = c$ die Gleichung

$$a(x_1 - x_0) + b(y_1 - y_0) = 0$$

und weiter

(1) $$\frac{a}{\text{ggT}(a,b)}(x_1 - x_0) = \frac{b}{\text{ggT}(a,b)}(y_0 - y_1).$$

Da $\dfrac{a}{\text{ggT}(a,b)}$ und $\dfrac{b}{\text{ggT}(a,b)}$ teilerfremd sind, folgt aus dieser Gleichung

$$\frac{a}{\text{ggT}(a,b)} \mid y_0 - y_1 .$$

Damit existiert ein $t \in \mathbb{Z}$ mit $t\dfrac{a}{\text{ggT}(a,b)} = y_0 - y_1$, und eingesetzt in Gleichung (1) entsteht

$$\frac{a}{\text{ggT}(a,b)}(x_1 - x_0) = \frac{b}{\text{ggT}(a,b)} \frac{a}{\text{ggT}(a,b)}t$$

oder

$$x_1 - x_0 = \frac{b}{\text{ggT}(a,b)}t.$$

Also gilt für das Lösungspaar (x_1, y_1)

$$x_1 = x_0 + \frac{b}{\text{ggT}(a,b)}t \; ; \quad y_1 = y_0 - \frac{a}{\text{ggT}(a,b)}t .$$

Folglich sind alle Lösungspaare von dieser Gestalt. $\square$

Mit der Aussage dieses Satzes gelingt nun auch die

Lösung von Beispiel 9: Gesucht sind die Lösungen der Gleichung

$$8x + 10y = 272$$

mit $x, y \in \mathbb{N}$. Eine spezielle Lösung von

$$8x + 10y = 2$$

liest man mit $x_0 = -1$ und $y_0 = 1$ direkt ab. Damit liefert $x_0 = -136$, $y_0 = 136$ eine spezielle Lösung der Ausgangsggleichung und folglich

$$x = -136 + 5t \; ; \; y = 136 - 4t \quad (t \in \mathbb{Z})$$

die allgemeine Lösung. Gesucht sind also Werte von t so, daß $-136 + 5t$ positiv wird und $136 - 4t$ positiv bleibt. Beginnend mit $t = 28$ erhält man die folgenden Lösungen:

t	28	29	30	31	32	33	34
x	4	9	14	19	24	29	34
y	24	20	16	12	8	4	0

In vielen Situationen bieten **Ungleichungen** die geeignete mathematische Beschreibung für Sachsituationen, ja Ungleichungen sind eigentlich häufiger angemessen als Gleichungen. *Lineare Ungleichungen* benutzt man z.B. bei Aussagen über gerundete Zahlen. Einwohnerzahlen wie

$$x = 350.000 \quad y = 480.000 \quad \text{(auf Zehntausender genau)}$$

bedeuten, daß die vier letzten Nullen durch Runden auf Zehntausender entstanden sind oder anders ausgedrückt

$$345\,000 \; \leq \; x \; < \; 354\,999$$
$$475\,000 \; \leq \; y \; < \; 484\,999.$$

Für die Einwohnerzahlen beider Städte zusammen gilt dann

$$820\,000 \leq x + y < 839\,998.$$

Auch Taschenrechnerergebnisse wie $\sqrt{5} = 2{,}236068$ bedeuten häufig, daß der angezeigte Wert durch Runden, hier auf die 6-te Stelle nach dem Komma, entstanden ist. (In manchen Taschenrechnern entstehen die Werte auch, indem die folgenden Stellen einfach abgeschnitten (vergessen) werden). Es gilt also

$$2{,}2360675 \leq \sqrt{5} < 2{,}2360685.$$

Der Fehler beträgt somit höchstens $0{,}000\,000\,5$. Häufig drückt man dies auch als *Betragsungleichung* aus

$$|\sqrt{5} - 2{,}236068| \leq 0{,}000\,000\,5.$$

Anschaulich bedeutet das: $\sqrt{5}$ liegt im Intervall um 2,236068, dessen Breite nach beiden Seiten $0{,}000\,000\,5$ beträgt.

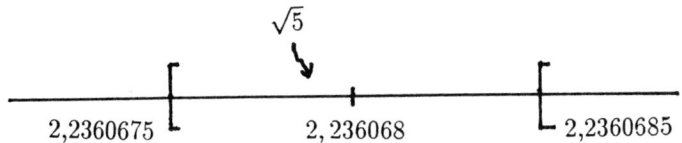

Auch zur Lösung von Ungleichungen versucht man diese äquivalent umzuformen, so daß die Lösungen besser abzulesen sind. Dabei sind die Möglichkeiten gegenüber denen bei Gleichungen etwas eingeschränkt. Natürlich kann man wieder einen Term durch einen äquivalenten ersetzen. Daneben darf man:

– auf beiden Seiten der Ungleichung den gleichen Term addieren,

– auf beiden Seiten der Ungleichung mit der gleichen *positiven* Zahl c ($c \in \mathbb{R}^+$) oder einem Term, der nur positive Werte annimmt, multiplizieren. (Bei Gleichungen waren auch negative Zahlen, Elemente von $\mathbb{R}^-$, zugelassen.)

Beide Umformungsmöglichkeiten sind Folgerungen aus den für reelle Zahlen gültigen *Monotoniegesetzen*:

  – Für $a, b, c \in \mathbb{R}$ gilt: $a < b \iff a + c < b + c$

  – Für $a, b \in \mathbb{R}$ und $c \in \mathbb{R}^+$ gilt: $a < b \iff a \cdot c < b \cdot c$
  (für $c \in \mathbb{R}^-$ gilt: $a < b \iff a \cdot c > b \cdot c$)

Genauer untersucht werden im folgenden nur *lineare Ungleichungen in zwei Variablen*, weil sich deren Lösungsmöglichkeiten gut graphisch veranschaulichen lassen. Eine lineare Ungleichung in zwei Variablen beschreibt eine *Halbebene*. Betrachtet sei die Ungleichung

$$3x - 2y + 6 > 0.$$

Die zugehörige Gerade

$$3x - 2y + 6 = 0$$

wird als *Trägergerade* dieser Halbebene bezeichnet. Löst man die Gleichung und die Ungleichung nach y auf, so erhält man $y = \frac{3}{2}x + 3$ bzw. $y < \frac{3}{2}x + 3$.

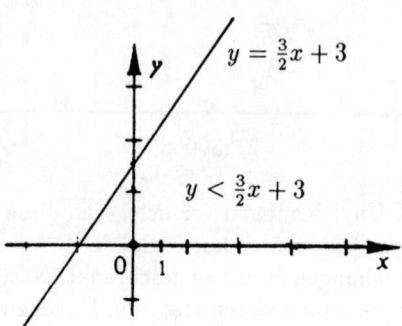

Hält man x fest, so wird also die Ungleichung von allen Paaren (x, y) erfüllt, deren y-Werte kleiner als der y-Wert des Gleichungspunktes sind, die also unterhalb der Trägergeraden liegen.

Die Lösungen eines linearen Ungleichungssystems müssen allen Ungleichungen genügen. Ein Ungleichungssystem in zwei Variablen beschreibt also die Schnittmenge von Halbebenen. Betrachtet seien die Ungleichungen

$$y \geq 0, \quad y \leq x, \quad y \leq -x + 5.$$

Die zugehörigen Trägergeraden besitzen die Gleichungen

$$y = 0, \quad y = x, \quad y = -x + 5$$

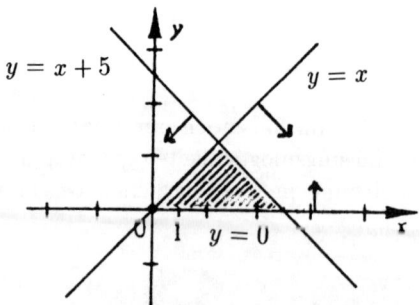

Als Lösungsmenge dieses Systems ergibt sich graphisch gesehen ein Dreieck. Wegen der „$\leq$"-Zeichen gehören in diesem Falle die Seiten des Dreiecks zur Lösungsmenge hinzu.

Eine wichtige Anwendung linearer Ungleichungssysteme stellt die *lineare Optimierung* dar. Dabei ist der Wert einer linearen Funktion, der sogenannten *Zielfunktion*,

$$Z(x_1, x_2, \ldots, x_n) = a_1 x_1 + a_2 x_2 + \cdots + a_n x_n$$

zu maximieren (oder minimieren), wobei die Variablen gewissen *Nebenbedingungen* genügen müssen. Diese Nebenbedingungen sind lineare Ungleichungen in den Variablen $x_1, \ldots, x_n$. Für den Fall zweier Variablen gibt es für solche Probleme eine graphische Lösungsmöglichkeit, die im folgenden anhand eines Beispiels erläutert werden soll.

Beispiel 10:

> Ein Landwirt möchte auf höchstens 40 ha seines Landes Weizen und Zuckerrüben anbauen. Das erfordert 4 Tage Arbeitsaufwand pro Hektar Weizen und 8 Tage pro Hektar Zuckerrüben. Er hat höchstens 220 Arbeitstage im Jahr zur Verfügung. Ferner kostet der Anbau von Weizen 320 DM pro Hektar und der von Zuckerrüben 425 DM pro Hektar. Dabei stehen dem Landwirt höchstens 13 600 DM an Kapital zur Verfügung. Wieviel Weizen und wieviel Zuckerrüben sollte er anbauen, wenn er beim Verkauf seiner Erzeugnisse einen Reinerlös von 1800 DM pro Hektar Weizen und 2100 DM pro Hektar Zuckerrüben erzielt?

Lösung: Es seien x Hektar mit Weizen bepflanzt und y Hektar mit Zuckerrüben. Dann gilt natürlich

(1) $x \geq 0$ und $y \geq 0$

Die im Text angegebenen Bedingungen ergeben folgende Ungleichungen:

(2) $x + y \leq 40$

(3) $4x + 8y \leq 220$

(4) $320x + 425y \leq 13\,600$

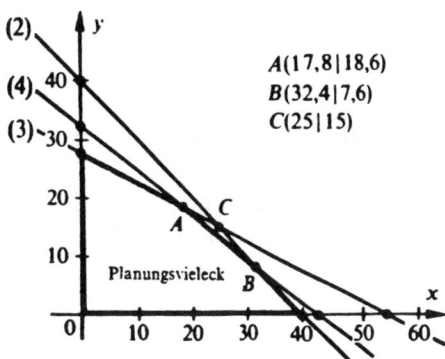

$A(17,8 | 18,6)$
$B(32,4 | 7,6)$
$C(25 | 15)$

Die Lösungsmenge des Ungleichungssystems ist ein Vieleck, das sogenannte *Planungsvieleck*. Nur die Punkte im Inneren oder auf dem Rand des Planungsvielecks kommen als mögliche Lösungen in Betracht.

Da der Landwirt 1800 DM pro Hektar Weizen und 2100 DM pro Hektar

Zuckerrüben an Gewinn erzielt, ergibt sich die Zielfunktion

$$Z(x,y) = 1800x + 2100y.$$

Im Planungsvieleck wird nun der Punkt gesucht, für den Z seinen größtmöglichen Wert annimmt. Dazu suchen wir aus der Parallelenschar $1800x + 2100y = a$ mit $a \in \mathbb{R}$ diejenige mit dem größten Wert für a heraus, welche noch einen Punkt mit dem Planungsvieleck (siehe obige Abbildung) gemeinsam hat. Diese muß durch einen der Schnittpunkte der durch (2), (3) und (4) bestimmten Trägergeraden gehen. Es ist $A = (17,8|18,6)$, $B = (32,4|7,6)$ und $C = (25|15)$. Im vorliegenden Falle verläuft die gesuchte Parallele durch den Punkt B, wie die folgende Skizze zeigt.

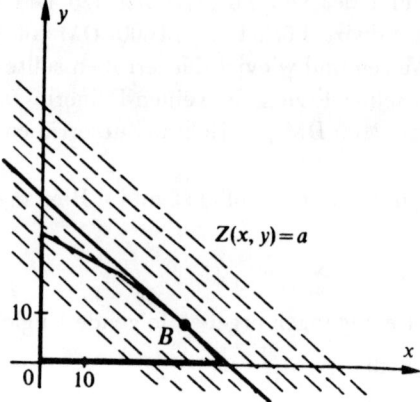

B ist der Schnittpunkt der Geraden $x + y = 40$ und $320x + 425y = 13600$, woraus $B = (32,4|7,6)$ errechnet worden ist. Der Landwirt sollte also $32,4$ ha Weizen und $7,6$ ha Zuckerrüben anbauen. Der in diesem Falle maximale Reinerlös beim Verkauf der Produkte beträgt

$$Z(32,4|7,6) = 1800 \cdot 32,4 + 2100 \cdot 7,6 = 74\,280. \ \square$$

Das Vorgehen zur graphischen Lösung von linearen Optimierungsproblemen in zwei Variablen läßt sich allgemein durch folgende Schritte beschreiben:

1. *Aufstellen des Ungleichungssystems* (der Nebenbedingungen) und der Zielfunktion.

2. *Bestimmen des Planungsvielecks* durch Lösen des Ungleichungssystems, d.h. Darstellen der Trägergeraden und Bestimmen der zu den einzelnen Ungleichungen gehörenden Halbebenen; Bestimmem der Schnittmenge der einzelnen Halbebenen.

3. *Bestimmen der optimalen Lösung*, d.h. Darstellen der Zielfunktion $Z_0 = 0$ und Parallelverschiebung dieser Geraden bis zur Grenze des Planungsvielecks; Bestimmen eines Punktes, durch den die optimale Gerade verläuft.

Aufgaben

1. Lösen Sie folgende Gleichungen/Ungleichungen in der Grungmenge $\mathbb{N}_0$:

a) $x - x = 0$ e) $x + x - x = x$ i) $x + x \leq x$
b) $x - x = 3$ f) $x + 15674 = 2$ j) $x - x \geq x$
c) $x + x = x$ g) $x - x < 5$ k) $x + 1 > x$
d) $x - x = x$ h) $x - x > 5$ l) $1 - x \leq 1$

2. In einem Knobelbuch steht folgende Aufgabe:
„A und B haben zusammen weniger Geld als C und D zusammen,
B und D haben zusammen weniger Geld als A und C zusammen,
A und D haben zusammen weniger Geld als B und C zusammen.
Wer hat dabei das meiste Geld ?"
Begründen Sie mit Hilfe von Ungleichungen, daß C der Reichste ist.

3. Lösen Sie die folgenden linearen Gleichungssysteme:

a)
$$\begin{aligned} x_1 + 3x_2 + x_3 &= 19 \\ -x_1 + x_2 - x_3 &= -7 \\ 2x_1 + 2x_2 + x_3 &= 18 \end{aligned}$$
b)
$$\begin{aligned} 2x_1 - 3x_2 + 4x_3 &= 1 \\ 3x_1 + x_2 - 5x_3 &= 7 \\ 7x_1 - 5x_2 + 3x_3 &= 9 \end{aligned}$$

c)
$$\begin{aligned} x_1 - x_2 &= -1 \\ x_1 - x_2 + x_3 &= 2 \\ x_1 - x_2 - x_3 &= 0 \end{aligned}$$
d)
$$\begin{aligned} 2x_2 - 6x_3 &= 1 \\ x_1 + x_2 &= 4 \\ 4x_2 &= 10 \end{aligned}$$

e)
$$\begin{aligned} x_1 + x_2 + x_3 &= 0 \\ 2x_1 + 4x_2 + 3x_3 &= 0 \\ 4x_2 + 4x_3 &= 0 \end{aligned}$$

f)
$$\begin{aligned} 2x_1 + 2x_2 + 4x_3 + 4x_4 &= 326 \\ 3x_2 + 3x_3 + 2x_4 &= 219 \\ 8x_1 + 4x_2 + 3x_3 &= 372 \\ x_1 + 2x_2 + 4x_3 + 3x_4 &= 276 \end{aligned}$$

g)
$$\begin{aligned} 2x_1 + 2x_2 + x_3 + 2x_4 &= 0 \\ 6x_1 + 6x_2 + 2x_3 + 20x_4 &= 12 \\ x_1 + 2x_2 + \tfrac{1}{2}x_3 &= -4 \\ 2x_1 + 4x_2 \phantom{+ \tfrac{1}{2}x_3} + 14x_4 &= 4 \end{aligned}$$

h) $\begin{aligned}
2x_1 - 2x_2 + 4x_3 &= 1 \\
2x_1 + 7x_3 &= 1 \\
x_1 - x_2 + 6x_3 &= 1,5 \\
2x_2 + 6x_3 &= 2 \\
4x_1 - 3x_2 + 12x_3 &= 15
\end{aligned}$

i) $\begin{aligned}
\frac{1}{y} + \frac{1}{z} &= 7 + \frac{1}{x} \\
\frac{1}{z} + \frac{1}{x} &= 3 + \frac{1}{y} \\
\frac{1}{x} + \frac{1}{y} &= 1 + \frac{1}{z}
\end{aligned}$

j) $\begin{aligned}
4,17x_1 - 2,13x_2 + 1,17x_3 &= -2,55 \\
-1,03x_1 + 3,71x_2 + 0,65x_3 &= -1,15 \\
1,32x_1 - 1,06x_2 + 4,58x_3 &= 2,11
\end{aligned}$

4. a) Beschreiben Sie alle möglichen Lagen, welche drei Ebenen im Raum zueinander einnehmen können
   b) Erläutern Sie die Lösbarkeitsbedingung des zugehörigen linearen Gleichungssystems.

5. Lösen Sie die folgenden Systeme graphisch. Welche Probleme treten auf ?

   a) $\begin{aligned} x - 3y &= 12 \\ 2x + 4y &= 90 \end{aligned}$ b) $\begin{aligned} -25x + 4y + 1 &= 0 \\ 31x - 5y - 16 &= 0 \end{aligned}$

6. Ein Betrieb produziert mit drei Maschinen M_1, M_2 und M_3 vier Produkte P_1 bis P_4. Dabei werden pro Produkteinheit gewisse Einheiten an Rohstoffen benötigt. Die Werte sind aus der folgenden Aufstellung ersichtlich:

	Produkte				Kapazitäten
	P_1	P_2	P_3	P_4	
M_1	10	3	—	1	600
M_2	11	5	2	1	710
M_3	7	2	—	1	430
Einheiten benötigter Rohstoffe	6	1	$-1^{*)}$	1	350 Gesamtvorrat

$^{*)}$ (-1) bedeutet, daß ein anderer Rohstoff verarbeitet wird und bei der Herstellung je Produkteinheit eine Rohstoffeinheit als Nebenprodukt abfällt.

Wie viele Einheiten der Produkte P_1 bis P_4 werden hergestellt, wenn die Maschinen voll ausgelastet sind und die verfügbaren Rohstoffe aufgebraucht werden ?

7. Bestimmen Sie in folgenden chemischen Reaktionsgleichungen die Parameter $x_1, x_2, \ldots$.

a) $x_1 \text{FeS}_2 + x_2 \text{O}_2 \longrightarrow x_3 \text{Fe}_2\text{O}_3 + x_4 \text{SO}_2$
(Beim Erhitzen von Pyrit entsteht Schwefeldioxid.)

b) $x_1 \text{Na}_2\text{CO}_3 + x_2 \text{HCl} \longrightarrow x_3 \text{Na Cl} + x_4 \text{H}_2\text{CO}_3$
(Soda verwandelt sich unter der Einwirkung von Salzsäure in Kochsalz und Kohlensäure.)

Hinweis: Vergleichen Sie die Atomsorten auf jeder Seite; die gesuchten Parameter bilden die „kleinste" Lösung des erhaltenen Gleichungssystems im Bereich der natürlichen Zahlen.

8. Ein Versandhaus verschickt für vier Sonderangebote S_1, S_2, S_3 und S_4 normierte Bestellformulare. Die Bestellungen von vier Kunden hatten folgendes Aussehen:

Kunde	Bestellung	Rechnungsbetrag
K_1	(2|3|2|1)	29 DM
K_2	(2|2|1|2)	26 DM
K_3	(4|1|3|2)	42 DM
K_4	(6|4|5|3)	71 DM

a) Stellen Sie ein Gleichungssystem für die Stückpreise x_i $(i = 1, 2, 3, 4)$ auf und bestimmen Sie alle Lösungen dieses Gleichungssystems.

b) Als Stückpreise kommen sinnvollerweise nur positive Zahlen in Betracht. Die Preise seien sogar volle DM-Beträge. Zeigen Sie, daß dann eine eindeutige Lösung existiert. Geben Sie diese an.

c*) Die Preise für die Sonderangebote wurden noch einmal herabgesetzt. Die Kunden sollten nun folgende Rechnungsbeträge bezahlen:
$K_1 : 21$ DM; K_2: 19 DM; K_3: 32 DM; K_4: 71 DM.
Begründen Sie, daß bei der Rechnungsstellung ein Fehler unterlaufen sein muß. Korrigieren Sie die neuen Rechnungen durch Abändern eines der vier Einzelbeträge so, daß dadurch eine sinnvolle Rechnung entsteht.

9. Für welchen Wert des Parameters c hat das Gleichungssystem genau eine Lösung, keine Lösung, unendlich viele Lösungen ?

a)
$$\begin{aligned}
x_1 + 3x_2 - x_3 &= 1 \\
2x_1 - 5x_2 + 3x_3 &= 3 \\
3x_1 - 2x_2 + cx_3 &= 4
\end{aligned}$$

b)
$$\begin{aligned}
2x_1 + 4x_2 - 2x_3 &= -4 \\
11x_1 + 18x_2 + 2x_3 &= -6 \\
x_1 + cx_2 + 4x_3 &= c
\end{aligned}$$

10. Mit Briefmarken zu 10 Pf, 20 Pf, 30 Pf und 50 Pf soll ein Portobetrag von 3 DM zusammengestellt werden. Wie ist dies mit genau 10 Briefmarken zu erreichen ?

11. Lösen Sie die diophantischen Gleichungen:

a) $7x + 8y = 9$ b) $9x + 16y = 35$ c) $2x + 6y = 19$

12. Geben Sie zwei Beispiele für lösbare und unlösbare diophantische Gleichungen mit 2 Variablen an.

13. Eine Firma will für 1000 DM 2 Arten von Werbegeschenken kaufen. Die eine Sorte kostet je Stück 13,-DM, die andere 19,-DM. Wie viele Werbegeschenke kann Sie von den einzelnen Sorten einkaufen?

14. Aus der „Vollständigen Anleitung zur Algebra" von LEONHARD EULER (1707–1783):
„Eine Gesellschaft von Männern und Frauen sind in einem Wirtshaus. Jeder Mann gibt 25 Groschen, jede Frau aber 16 Groschen aus, und es stellt sich heraus, daß sämtliche Frauen einen Groschen mehr ausgegeben haben als die Männer. Wie viele Männer und Frauen sind es gewesen ?"

15. An einem zweiseitigen Hebel wirkt auf der einen Seite eine Kraft F_1 im Abstand 9 cm vom Drehpunkt. Sie wird durch zwei Kräfte F_2 und F_3, die im Abstand von 2 cm bzw. 4 cm vom Drehpunkt angreifen, im Gleichgewicht gehalten. F_1 ist um 17 Einheiten kleiner als F_2 und F_3 zusammen. Wie groß können die Kräfte sein, wenn die Differenz zwischen F_2 und F_3 möglichst klein gehalten wird ? (Die Kräfte werden durch ganzzahlige Gewichte erzeugt.)

16. Lösen Sie graphisch die Ungleichungssysteme:

a)
$$-x + 2y \leq 2$$
$$x - y \leq 3$$
$$x + y \geq 1$$

b)
$$2x + 3y \geq 6$$
$$-x + 3y \leq -3$$
$$3x + y < -1$$

17. Jemand kauft Pferde und Ochsen, zahlt für ein Pferd 31 Taler und für einen Ochsen 20 Taler, dabei kosten ihn aber die Ochsen insgesamt 7 Taler mehr als die Pferde. Wie viele Pferde und Ochsen kann er im einzelnen gekauft haben, wenn er höchstens 3000 Taler ausgegeben hat ?

18. Bestimmen Sie die Lösung zur Fragestellung in Beispiel 10 mit folgender Variation:

a) Der Arbeitsaufwand pro Hektar Weizen betrage 4 Tage, der pro Hektar Zuckerrüben betrage 6 Tage.

b) Der Reinerlös pro Hektar Weizen betrage 1800 DM, der pro Hektar Zuckerrüben betrage 2400 DM.

19. Für die Herstellung von zwei Produkten P_1 und P_2 werden drei verschiedene Materialien A, B und C benötigt. Der Materialverbrauch im Einzelnen und der zu erzielende Gewinn pro Einheit der Produkte geht aus der folgenden

Tabelle hervor

	Produkt P_1 (E)	Produkt P_2 (E)	Materialbestand (E)
Material A	5	—	50
Material B	—	6	72
Material C	3	2	40
Gewinn in DM pro E	60	40	

Welche Stückzahlen von P_1 und P_2 muß man produzieren, um *maximalen* Gewinn zu erzielen ?

20. In einem neuen Gebäude soll eine Bodenfläche von mindestens 6000 m² mit einem Kunststoffbelag versehen werden. Die Sorte A kostet 20 DM pro m², die Sorte B kostet 48 DM pro m². Eine Fläche von mindestens 600 m² soll mit der Sorte B belegt werden. Für die Anschaffung stehen 240 000 DM zur Verfügung. Die jährlichen Reinigungskosten betragen 13 DM für die Sorte A und 6 DM für die Sorte B jeweils pro m². Wie muß man die Sorten A und B wählen, damit die Reinigungskosten *minimal* werden ?

21*. Aus zwei Sorten weißer Farbe, die sich in ihrer Qualität hinsichtlich des Leimanteils, der Luftdurchlässigkeit und des Helligkeitsgrades unterscheiden, soll ein neuer Anstrich gemischt werden.

	Leimanteil (in %)	Luftdurchlässigkeit (in %)	Helligkeitsgrad (in Punkten)	Preis (in DM/kg)
Farbsorte I	15	50	3	6
Farbsorte II	60	15	9	4
Mindestanforderung	30	25	4	

Gesucht ist eine Mischung, die den aufgeführten Mindestanforderungen bzgl. der genannten Kriterien genügt und möglichst billig ist.

I.4 Algebraische Gleichungen

Bei *algebraischen Gleichungen* dürfen auf die Gleichungsvariablen nur die vier Grundrechenarten, das Wurzelziehen und Verbindungen davon angewandt werden. Wir betrachten im folgenden *Polynomgleichungen, Bruchgleichungen* und *Wurzelgleichungen.*

Die einfachsten Polynomgleichungen nach den linearen sind die Gleichungen zweiten Grades oder **quadratischen Gleichungen**. Zur Lösung geht man in der Regel von der Normalform

$$x^2 + px + q = 0 \quad (p, q \in \mathbb{R})$$

aus. Dann beinhaltet das Verfahren der „quadratischen Ergänzung" folgende Äquivalenzumformungen in $\mathbb{R}$:

$$
\begin{aligned}
x^2 + px + q &= 0 &&\Longleftrightarrow \\
x^2 + px &= -q &&\Longleftrightarrow \\
x^2 + px + \left(\tfrac{p}{2}\right)^2 &= \left(\tfrac{p}{2}\right)^2 - q &&\Longleftrightarrow \\
\left(x + \tfrac{p}{2}\right)^2 &= \left(\tfrac{p}{2}\right)^2 - q &&\Longleftrightarrow
\end{aligned}
$$

$$x + \frac{p}{2} = \sqrt{\left(\frac{p}{2}\right)^2 - q} \quad \lor \quad x + \frac{p}{2} = -\sqrt{\left(\frac{p}{2}\right)^2 - q}.$$

Damit hat man allgemein die Lösungen

$$x_1 = -\frac{p}{2} + \sqrt{\left(\frac{p}{2}\right)^2 - q} \;;\; x_2 = -\frac{p}{2} - \sqrt{\left(\frac{p}{2}\right)^2 - q}.$$

Zur letzten Äquivalenzumformung sei bemerkt, daß es eigentlich nicht die Wurzel ist, die positiv oder negativ werden kann, wie es die bekannte Lösungsformel in der Form

$$x_{1,2} = -\frac{p}{2} \pm \sqrt{\left(\frac{p}{2}\right)^2 - q}$$

vielleicht nahezulegen scheint. Die Wurzel aus einer Zahl a $(a > 0,\ a \in \mathbb{R})$ ist nach Definition die *positive* Zahl b mit $b^2 = a$. Das Minuszeichen im zweiten Teil der Oder-Aussage bedeutet, daß auch $\left(-\sqrt{\left(\tfrac{p}{2}\right)^2 - q}\right)^2 = \left(\tfrac{p}{2}\right)^2 - q$ gilt. Klarer wird das bei rein-quadratischen Gleichungen $x^2 - q = 0$. Diese lassen sich im Sinne der dritten binomischen Formel überführen in $\left(x - \sqrt{q}\right)\left(x + \sqrt{q}\right) = 0$ und ergeben damit $x_1 = \sqrt{q}$, $x_2 = -\sqrt{q}$.

Eine quadratische Gleichung muß nicht notwendig zwei verschiedene reelle Lösungen haben. Die oben allgemein angegebenen Lösungen können auch zusammenfallen oder komplexe Zahlen ergeben (siehe z.B. [E1]). Über die Art der Lösungen entscheidet der Term unter der Wurzel, die sogenannte *Diskriminante*

$$D = \left(\frac{p}{2}\right)^2 - q.$$

$D > 0$ bedeutet: zwei verschiedene Lösungen.
$D = 0$ bedeutet: eine reelle Lösung („Doppellösung").
$D < 0$ bedeutet: keine reelle Lösung.

Das Lösen von quadratischen Gleichungen $x^2 + px + q = 0$ läßt sich auffassen als die Suche nach Nullstellen der Funktion

$$x \mapsto x^2 + px + q,$$

deren Graph in diesem Falle eine Parabel darstellt. Mit Hilfe des Verfahrens der quadratischen Ergänzung

$$x^2 + px + q = \left(x + \frac{p}{2}\right)^2 + \left(q - \left(\frac{p}{2}\right)^2\right)$$

läßt sich der Scheitel S dieser Parabel unmittelbar ablesen, nämlich

$$S = \left(-\frac{p}{2} \mid q - \left(\frac{p}{2}\right)^2\right).$$

Zur graphischen Lösung der quadratischen Gleichung zeichnet man also eine Normalparabel mit Scheitelpunkt S in ein Koordinatensystem und liest die Nullstellen ab (siehe Abbildung).

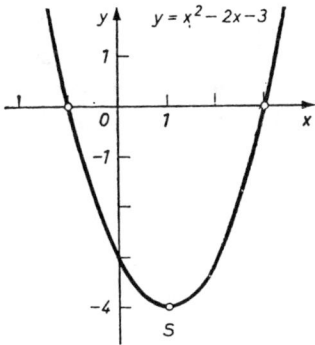

Damit sind im übrigen auch die Lösungen der Ungleichungen $x^2 + px + q > 0$ und $x^2 + px + q < 0$ abzulesen. Die erste (zweite) Ungleichung wird nämlich erfüllt durch die x-Werte, für welche die Parabel oberhalb (unterhalb) der x-Achse verläuft.

Eine weitere Möglichkeit der graphischen Lösung erhält man, wenn man die quadratische Gleichung schreibt als

$$x^2 = -px - q.$$

Gesucht werden jetzt die Schnittpunkte der Normalparabel mit $x \mapsto x^2$ mit Scheitel im Nullpunkt und der Geraden mit der Gleichung $y = -px - q$ (siehe Abbildung).

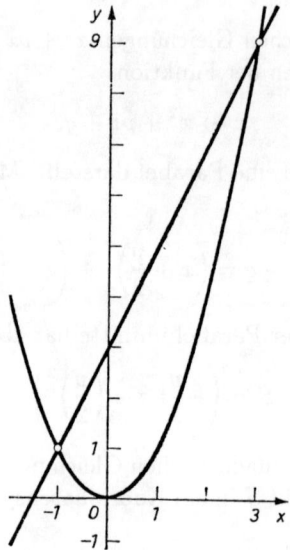

Die graphische Betrachtung quadratischer Gleichungen erlaubt noch, ein allgemeineres, mit quadratischen Gleichungen zusammenhängendes Problem verständlich zu machen, nämlich die Frage, welche Größen sich mit Zirkel und Lineal konstruieren lassen: Geraden werden beschrieben durch lineare Gleichungen der Form

$$ax + by + c = 0 \qquad (a \neq 0 \vee b \neq 0),$$

ein Kreis um den Punkt $(x_0; y_0)$ mit dem Radius r wird beschrieben durch die Gleichung

$$(x - x_0)^2 + (y - y_0)^2 = r^2.$$

Die Bestimmung der Schnittpunkte von Geraden, von Gerade und Kreis und von Kreisen (im Sinne der analytischen Geometrie) führt also auf Gleichungen höchstens zweiten Grades. Die Lösungen solcher Gleichungen lassen sich allein mit Hilfe der Grundrechenarten und Quadratwurzeln durch die Ausgangswerte darstellen.

Auch der Abstand zwischen zwei
Punkten (x_p, y_p) und (x_q, x_q) läßt
sich mit dieser Methode beschreiben:

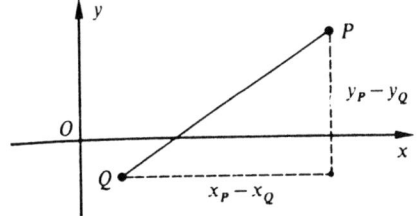

$$d = \sqrt{(x_q - x_p)^2 + (y_q - y_p)^2}.$$

Daher ist die folgende Aussage der sogenannten Galoistheorie (nach EVARI-
STE GALOIS, 1811 – 1832) verständlich (auch wenn wir diese hier nicht beweisen
können): Eine Größe x ist nur dann mit Zirkel und Lineal konstruierbar, wenn
die algebraische Gleichung niedrigsten Grades für x zweiten Grades ist oder eine
Potenz von zwei als Grad besitzt wie x^4 oder x^{16}. (Die Koeffizienten dieser algebraischen Gleichung dürfen dabei aus den Ausgangswerten allein mit Hilfe der
vier Grundrechenarten gebildet werden.)

So ist die Quadratwurzel aus einer Zahl a bestimmt durch die
Gleichung $x^2 = a$. Eine Konstruk-
tionsmöglichkeit liefert der *Ka-
thetensatz* (siehe z.B. [E3]):

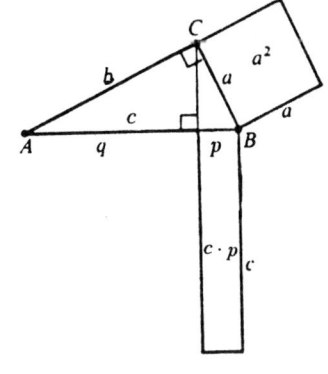

Im rechtwinkligen Dreieck ist das
Quadrat über einer Kathete flächengleich dem Rechteck aus der
Hypotenuse und dem Hypotenu-
senabschnitt, welcher der Kathete
anliegt

$$a^2 = c \cdot p.$$

Zur Konstruktion von $\sqrt{12}$ kann
man also z.B. von einer Hypotenuse der Länge 4 cm ausgehen, die
in 1 cm und 3 cm unterteilt ist.
Dann ist $c \cdot p = 12$. Im Sinne der
nebenstehenden Abbildung erhält
man dann mit Hilfe eines Tha-
leskreises ein rechtwinkliges Dreieck mit einer Kathete a der Länge
$\sqrt{12}$ cm.

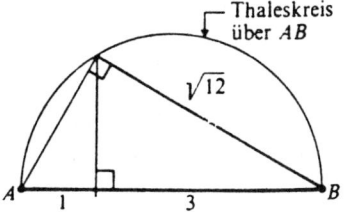

Das sogenannte *Delische Problem*, zu einem Würfel mit gegebenem Volumen
$V = a^3$ die Länge der Kante eines Würfels mit doppeltem Volumen zu konstruieren, erweist sich dagegen mit Zirkel und Lineal als unlösbar. Die beschreibende

Gleichung wäre $x^3 = 2a^3$, also dritten Grades.

GAUSS beschreibt in seiner *Kreisteilungstheorie* die Frage, welche regelmäßigen n-Ecke sich mit Zirkel und Lineal konstruieren lassen. Er fand z.B., daß sich das 17-Eck konstruieren läßt. Aus diesem Grunde findet man auf dem Sockel des Gauß-Denkmals in Braunschweig einen 17-strahligen Stern eingraviert.

Sind x_1 und x_2 die Lösungen der quadratischen Gleichung

$$x^2 + px + q = 0,$$

dann gilt

$$(x - x_1)(x - x_2) = x^2 + (-x_1 - x_2)x + x_1 x_2 = x^2 + px + q = 0.$$

Koeffizientenvergleich in der hinteren Gleichung ergibt die Aussagen des *Vietaschen Wurzelsatzes* (nach FRANÇOIS VIÈTE, 1540 – 1603) für quadratische Gleichungen:

$$x_1 + x_2 = -p \quad \text{und} \quad x_1 x_2 = q.$$

Entsprechende Beziehungen zwischen den Lösungen und den Koeffizienten bestehen natürlich auch bei *kubischen Gleichungen* (Normalform: $x^3 + ax^2 + bx + c = 0$) und *Gleichungen vierten Grades* (Normalform: $x^4 + ax^3 + bx^2 + cx + d = 0$). Auch für diese Gleichungen gibt es Lösungsformeln, die sogenannten *Cardanischen Formeln*, die hier aber nicht betrachtet werden sollen. Für Gleichungen höheren Grades ($n > 4$) existieren keine allgemeinen Lösungsformeln. Hier muß man Näherungsverfahren einsetzen, wie sie im nächsten Abschnitt behandelt werden.

In manchen Fällen kann man Gleichungen höheren Grades noch lösen, indem man Lösungen durch Probieren bestimmt und die Gleichung dann durch *Polynomdivision* zu einer Gleichung geringeren Grades macht.

Beispiel 11: $x^3 + 6x^2 - x - 30 = 0$

Durch Probieren findet man $x_1 = 2$ als Lösung. Es gilt nämlich

$$8 + 24 - 2 - 30 = 0$$

Die Division durch den Linearfaktor $x - x_1$, in diesem Falle also $x - 2$, reduziert den Grad der Gleichung um 1:

$$
\begin{array}{l}
(x^3 + 6x^2 - x - 30) : (x - 2) = x^2 + 8x + 15 \\
\underline{x^3 - 2x^2} \\
\quad\quad 8x^2 - x \\
\quad\quad \underline{8x^2 - 16x} \\
\quad\quad\quad\quad 15x - 30 \\
\quad\quad\quad\quad \underline{15x - 30} \\
\quad\quad\quad\quad\quad\quad 0
\end{array}
$$

Die Lösungen der entstehenden quadratischen Gleichung

$$x^2 + 8x + 15 = 0$$

lassen sich gut mit Hilfe der Aussagen des Vietaschen Wurzelsatzes bestimmen. Man sucht Zahlen x_2, x_3 so, daß gilt

$$x_2 + x_3 = -8 \quad \text{und} \quad x_2 \cdot x_3 = 15.$$

Prüft man die Zerlegungen von 15 in ganzzahlige Teiler

$$15 = 1 \cdot 15 = 3 \cdot 5 = (-1)(-15) = (-3)(-5),$$

so ist leicht zu erkennen, daß -3 und -5 auch die andere Gleichung erfüllen, also $x_2 = -3$, $x_3 = -5$.
Insgesamt hat man damit

$$x_1 = 2, \quad x_2 = -3, \quad x_3 = -5. \;\Box$$

Die Suche nach speziellen Lösungen bei Polynomgleichungen mit *ganzzahligen* Koeffizienten wird häufig erleichtert (wie in Beispiel 11) durch den folgenden *Satz von Gauß*

Satz 3: Gegeben sei eine Polynomgleichung in Normalform

$$x^n + a_{n-1}x^{n-1} + \cdots + a_1 x + a_0 = 0$$

mit $a_i \in \mathbb{Z}$ für $i = 1, \ldots, n-1$. Dann sind alle rationalen Lösungen x sogar ganzzahlig und Teiler des absoluten Gliedes a_0.

Beweis: Sei x_1 eine rationale Lösung. Es gilt also $x_1 = \frac{p}{q}$, wobei $p \in \mathbb{Z}$, $q \in \mathbb{N}$ und $\text{ggT}(p,q) = 1$ angenommen werden kann. Damit erhält man nacheinander

$$(*) \qquad \left(\tfrac{p}{q}\right)^n + a_{n-1}\left(\tfrac{p}{q}\right)^{n-1} + \cdots + a_1 \tfrac{p}{q} + a_0 = 0$$
$$p^n + a_{n-1}p^{n-1}q + \cdots + a_1 p q^{n-1} + a_0 q^n = 0$$
$$p^n + q\left(a_{n-1}p^{n-1} + \cdots + a_1 p q^{n-2} + a_0 q^{n-1}\right) = 0.$$

Daraus folgt $q|p^n$, und wegen $\text{ggT}(p,q) = 1$ dann $q = 1$, also $x_1 = p$ mit $p \in \mathbb{Z}$. Gleichung $(*)$ erhält nun die Gestalt

$$p\left(p^{n-1} + a_{n-1}p^{n-2} + \cdots + a_1\right) + a_0 = 0$$

und liefert damit $p|a_0$ als zweiten Teil der Behauptung. $\Box$

Als rationale Lösungen der Gleichung

$$x^2 - 7x + 6 = 0$$

kommen nur die Teiler von 6, also $\pm 1, \pm 2, \pm 3$ und ± 6, in Frage. Im Sinne der Aussagen des Vietaschen Wurzelsatzes

$$x_1 \cdot x_2 = 6, \quad x_1 + x_2 = 7$$

kommt dann aber nur das Paar $x_1 = 1$, $x_2 = 6$ als Lösungen in Frage.

Allgemein wird die Möglichkeit, ein gegebenes Polynom eindeutig in Linearfaktoren zu zerlegen, durch den *Fundamentalsatz der Algebra* garantiert, für den wir hier allerdings keinen Beweis angeben können.

Satz 4: (Fundamentalsatz der Algebra)

Ein Polynom

$$p_n(x) = a_n x^n + a_{n-1} x^{n-1} + \cdots + a_1 x + a_0$$

mit $a_i \in \mathbb{R}$ für $i = 0, \ldots, n$ läßt sich bis auf die Reihenfolge eindeutig als Produkt von linearen Faktoren $(x - x_i)$ und quadratischen Faktoren $(x^2 + b_j x + c_j)$ mit reellen Koeffizienten schreiben. (Die quadratischen Faktoren lassen sich im Bereich der komplexen Zahlen wieder in Linearfaktoren zerlegen.)

Damit folgt auch, daß eine Polynomgleichung n-ten Grades mit reellen Koeffizienten genau n Nullstellen (reelle oder komplexe) besitzt, wobei die Nullstelle x_i jeweils so oft gezählt wird, wie der jeweilige Linearfaktor $x - x_i$ vorkommt. So läßt sich z.B.

$$x^7 + 2x^6 + 5x^5 + 2x^4 - 5x^3 - 2x^2 - 33x + 30 = 0$$

schreiben als

$$(x - 1)^2 (x + 2)(x^2 + 3)(x^2 + 2x + 5) = 0$$

oder mit der komplexen Zahl i als

$$(x - 1)^2 (x + 2) \left(x + i\sqrt{3} \right) \left(x - i\sqrt{3} \right) (x - 2 + i)(x - 2 - i) = 0 \,.$$

Die komplexen Nullstellen treten, wie auch das Beispiel zeigt, jeweils paarweise auf. Sie ergeben zusammen einen quadratischen Linearfaktor $x^2 + b_j x + c_j$ mit b_j, c_j aus $\mathbb{R}$. Damit besitzt jedes Polynom *ungeraden* Grades mindestens eine *reelle* Nullstelle, d.h. der Graph schneidet die x-Achse mindestens einmal.

Für diese Aussage benötigt man nicht den Fundamentalsatz der Algebra. Es gilt nämlich

Satz 5: Ist bei einem Polynom ungeraden Grades

$$p(x) = a_{2k+1}x^{2k+1} + a_{2k}x^{2k} + \cdots + a_1 x + a_0$$

der führende Koeffizient $a_{2k+1} > 0$, dann werden die Werte von $p(x)$ für hinreichend große x schließlich positiv und für hinreichend kleine x schließlich negativ. Genauer zeigen wir

(1) $\quad p(x) > 0 \quad$ für $\quad x > 1 + \dfrac{|a_{2k}| + \cdots + |a_1| + |a_0|}{a_{2k+1}}$

und

(2) $\quad p(x) < 0 \quad$ für $\quad x < -\left(1 + \dfrac{|a_{2k}| + \cdots + |a_1| + |a_0|}{a_{2k+1}}\right).$

(Für $a_{2k+1} < 0$ gilt eine entsprechende Aussage mit $p(x) < 0 \ (> 0)$ für hinreichend große (kleine) x-Werte.)

Beweis: Multipliziert man die rechte Ungleichung in (1) mit $a_{2k+1}x^{2k}$, so erhält man

$$a_{2k+1}x^{2k+1} > (|a_{2k}| + \cdots + |a_1| + |a_0|)\, x^{2k},$$

und wegen $x > 1$ dann weiter

$$a_{2k+1}x^{2k+1} > |a_{2k}|x^{2k} + \cdots + |a_1|x + |a_0|$$

oder

$$a_{2k+1}x^{2k+1} - |a_{2k}|x^{2k} - \cdots - |a_1|x - |a_0| > 0.$$

Dann gilt aber erst recht

$$p(x) = a_{2k+1}x^{2k+1} + a_{2k}x^{2k} + \cdots + a_1 x + a_0 > 0.$$

Aussage (2) beweist man entsprechend. $\square$

Polynome ungeraden Grades nehmen also stets positive und negative Werte an. Da Polynome stetige Funktionen sind, folgt dann aber aufgrund des *Zwischenwertsatzes*, daß auch der Wert 0 als Zwischenwert angenommen werden muß (siehe nebenstehende Abbildung).

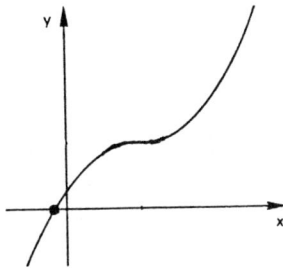

Gemäß der Abschätzungen (1) und (2) von Satz 5 weiß man sogar, in welchem Intervall eine Nullstelle liegen muß. Für das Polynom

$$p(x) = 4x^5 - 6x^4 + 2x^? + 4$$

etwa liegt eine Nullstelle zwischen -4 und 4, denn $1 + \frac{6+2+4}{4} = 4$.

Zur Lösung von *Bruchgleichungen/Ungleichungen* und *Wurzelgleichungen* versucht man, diese auf Polynomgleichungen zurückzuführen. Dabei kommt man nicht mit Äquivalenzumformungen aus. Damit muß stets beachtet werden, ob nicht Lösungen hinzukommen oder verlorengehen. Das Vorgehen sei an Beispielen näher erläutert.

Beispiel 12: Als *Bruchgleichung* sei betrachtet

$$\frac{3x-4}{x-6} = \frac{3x+5}{x+3}.$$

Die Terme sind nicht auf ganz $\mathbb{R}$ definiert, nämlich nicht für -3 und $+6$. Die Definitionsmenge der Gleichung ist $D = \mathbb{R}\setminus\{-3,6\}$. Der erste Schritt zur Lösung besteht darin, die Gleichung durch Multiplikation mit dem Hauptnenner $(x-6)(x+3)$ in eine Polynomgleichung zu überführen. Dabei könnten allerdings -3 und 6 als zusätzliche Lösungen auftreten, die als Lösungen der ursprünglichen Gleichung nicht in Frage kommen. Hier ergibt sich

$$(3x-4)(x+3) = (3x+5)(x-6)$$

und daraus durch Äquivalenzumformungen

$$3x^2 + 5x + 12 \;=\; 3x^2 - 13x - 30$$
$$18x \;=\; -18.$$

Damit ist $x = -1$ die einzige Lösung. $\square$

Beispiel 13: Bei *Bruchungleichungen* wie

$$\frac{3}{x} < \frac{2}{x+1}$$

tritt die zusätzliche Schwierigkeit auf, daß bei Multiplikation mit dem Hauptnenner $x(x+1)$ unterschieden werden muß, ob dieser Term positiv bzw. negativ ist. Die Definitionsmenge der Ungleichung ist $D = \mathbb{R}\setminus\{0,1\}$; sie zerfällt in die drei Bereiche

$$D_1 = \mathbb{R}^+; \quad D_2 = \{x \in \mathbb{R}\mid -1 < x < 0\}; \quad D_3 = \{x \in \mathbb{R}\mid x < 1\}.$$

In D_1 ist der Hauptnenner der Bruchterme $x(x+1)$ positiv; die Multiplikation der Bruchgleichung mit $x(x+1)$ ist also eine Äquivalenzumformung. Man erhält

$$\frac{3}{x} < \frac{2}{x+1} \iff 3x + 3 < 2x \iff x < -3.$$

In D_1 findet man also keine Lösungen, denn es gibt kein $x \in \mathbb{R}$ mit $x < -3$ *und* $x > 0$: $L_1 = \emptyset$.

In D_2 ist der Hauptnenner $x(x+1)$ der Bruchterme negativ. In D_2 gilt also

$$\frac{3}{x} < \frac{2}{x+1} \iff 3x + 3 > 2x \iff x > -3.$$

D_2 gehört also voll zur Lösungsmenge: $L_2 = D_2$.
In D_3 ist der Hauptnenner $x(x + 1)$ wieder positiv, es gilt

$$\frac{3}{x} < \frac{2}{x + 1} \iff x < -3.$$

Damit erhält man als dritten Beitrag zur Lösungsmenge

$$L_3 = \{x \in \mathbb{R} | x < -3\}.$$

Die Lösungsmenge der Bruchungleichung ist $L = L_1 \cup L_2 \cup L_3$, also

$$L = \{x \in \mathbb{R} | {-1} < x < 0 \lor x < -3\}.$$

In der Abbildung sind diese Bereiche der Zahlengeraden, in denen $y = \frac{2}{x+1}$ oberhalb von $y = \frac{3}{x}$ verläuft, hervorgehoben. $\square$

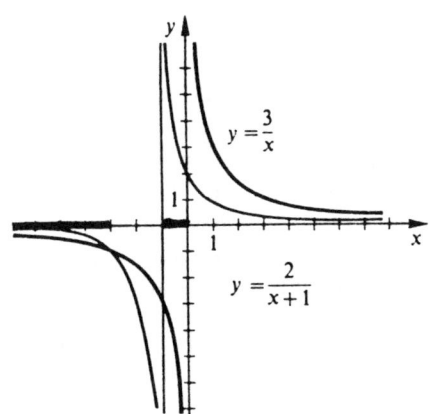

Beispiel 14: Bei *Wurzelgleichungen* wie

$$\sqrt{3x + 7} - \sqrt{3x + 15} = 4$$

gilt es zunächst die Definitionsmenge zu bestimmen, da die beiden Wurzelterme nur für $3x + 7 \geq 0$ und $3x + 15 \geq 0$ definiert sind. Das ergibt für die Gleichung die Definitionsmenge $D = \{x \in \mathbb{R} | x \geq -\frac{7}{3}\}$. Der erste Schritt zur Lösung besteht wieder darin, die Gleichung durch Quadrieren in eine Polynomgleichung zu überführen. Quadrieren beider Seiten der Gleichung ist allerdings keine Äquivalenzumformung, sondern eine „Gewinnumformung". Es können Lösungen hinzukommen, da Terme, die sich nur im Vorzeichen unterscheiden, beim Quadrieren gleich werden. Bei Wurzelgleichungen ist also die Probe unerläßlich. Hier formt man um gemäß

$$
\begin{aligned}
& \sqrt{3x + 7} \;-\; \sqrt{3x + 15} = 4 \\
\iff\quad & \sqrt{3x + 7} = 4 + \sqrt{3x + 15} \\
\implies\quad & 3x + 7 = 16 + 8\sqrt{3x + 15} + 3x + 15 \\
\iff\quad & -24 = 8\sqrt{3x + 15} \iff -3 = \sqrt{3x + 15} \\
\implies\quad & 9 = 3x + 15 \iff x = -2
\end{aligned}
$$

Obwohl $x = -2$ in der Definitionsmenge enthalten ist, zeigt die Probe, daß es keine Lösung ist:

$$\sqrt{-6 + 7} - \sqrt{-6 + 15} = 1 - 3 \neq 4.$$

Die Lösungsmenge ist also leer; es handelt sich um eine unerfüllbare Gleichung. □

Aufgaben

1. Lösen Sie graphisch (zwei Möglichkeiten):

   a) $x^2 + \frac{3}{2}x - 1 = 0$ b) $32x^2 - 8x + \frac{1}{2} = 0$

2. Ein Zug, der die Hälfte seiner Gesamtstrecke von 120 km zurückgelegt hat, hat dort einen unvorhergesehenen Aufenthalt von 10 min. Der Lokführer erhöht auf dem zweiten Streckenabschnitt die Geschwindigkeit um 12 km/h, so daß der Zug pünktlich das Fahrtziel erreicht. Wie hoch war die Durchschnittsgeschwindigkeit auf dem ersten Streckenabschnitt? Ist die Erhöhung der Geschwindigkeit zulässig, wenn auf der Strecke eine Höchstgeschwindigkeit von 80 km/h vorgeschrieben ist? Fertigen Sie zunächst eine Skizze an!

3. Suchen Sie den Fehler in den folgenden Rechnungen

   a) $9 - 21 = 16 - 28 \iff 9 - 21 + \frac{49}{4} = 16 - 28 + \frac{49}{4} \iff$
   $\left(3 - \frac{7}{2}\right)^2 = \left(4 - \frac{7}{2}\right)^2 \iff 3 - \frac{7}{2} = 4 - \frac{7}{2} \iff 3 = 4$

   b) $x^2 - 3x + 2 = 0 \iff x(x - 3 + \frac{2}{x}) = 0 \iff x_1 = 0,\ x_2 = 1,\ x_3 = 2$

4. Bestimmen Sie die Lösungsmengen folgender Gleichungen in $\mathbb{Q}$:

   a) $x^2 - 5x + 6 = 0$ b) $x^2 - 15x - 76 = 0$
   c) $x^4 - 25x^2 + 144 = 0$ d) $x^2 + 7x + 20 = 0$
   e) $x^4 - 4x^3 + 6x^2 - x - 2 = 0$

5. Formulieren und begründen Sie die Vietaschen Wurzelsätze für Gleichungen dritten Grades.

6. Lösen Sie folgende quadratische Ungleichungen:

   a) $x^2 + 2x - 3 \le 0$ b) $2x^2 - x - 10 \le 0$

7. Bestimmen Sie zwei Zahlen, deren Differenz und Quotient beide den Wert 5 haben.

8. Es sind zwei Zahlen zu bestimmen, deren Summe, Differenz und Produkt sich wie 5 : 1 : 8 verhalten.

9. Welche Zahl ist um 1 größer als ihr Kehrwert?

10. Man suche zwei von Null verschiedene Zahlen deren Summe gleich ihrem Produkt und gleich der Differenz ihrer Quadrate ist.

11. Zwei Zahlen mit der Summe 12 sollen so gewählt werden, daß die Summe ihrer Quadrate minimal wird (ohne Analysis zu lösen!).

12. Gesucht ist eine zweiziffrige Zahl mit folgenden Eigenschaften:

    Dividiert man die Zahl durch ihre Quersumme 10, ergibt sich 6 Rest 1. Subtrahiert man von der Zahl ihre Spiegelzahl, so erhält man 18.

13. In einem rechtwinkligen Dreieck mit dem Umfang 30 cm ist eine Kathete 7 cm länger als die andere Kathete. Berechne die Seitenlängen und den Flächeninhalt.

14. Ein Schwimmbecken kann durch zwei Zuflußhähne gefüllt werden. Sind beide geöffnet, so dauert die Füllung 6 Stunden. Der zweite Hahn würde allein zur Füllung 16 Stunden mehr benötigen als der erste. Wieviele Stunden braucht jeder Hahn allein ?

15. Um 7 Uhr fährt ein Radfahrer von A zum 146 km entfernten B ab; um 8 Uhr startet ein Mopedfahrer von B nach A. Der Mopedfahrer legt in der Stunde 20 km mehr zurück als der Radfahrer. Sie treffen sich in 90 km Entfernung von B. Welche Geschwindigkeit hat jeder und wann treffen sie sich ?

16. Wann überholt nach 16.00 Uhr erstmals der große Zeiger einer Uhr den kleineren ?

17. In welchem Intervall liegen mögliche Nullstellen der Funktion

    a) $x \mapsto x^3 + 3x^2 - 6x + 3$

    b) $x \mapsto x^5 - x^4 + 2x + 11$?

18. Begründen Sie, daß folgende Gleichungen unlösbar sind:

    a) $\dfrac{x}{x+2} + \dfrac{2}{x+1} = 1$ b) $\dfrac{1}{x+1} + \dfrac{x}{x+2} + \dfrac{1}{x+3} = 1$

19. Konstruieren Sie mit Zirkel und Lineal:

    a) $\sqrt{8}$ b) $\sqrt{15}$ c) $\sqrt{5}$

20. Schätzen Sie allein mit Hilfe der Polynomkoeffizienten ab, in welchem Intervall eine Nullstelle der folgenden Polynome liegt:

    a) $p(x) = 6x^3 - x^2 + x + 1$

    b) $p(x) = 2x^5 - x^4 + 2x^3 - x + 3$

    c) $p(x) = 3x^5 + 2x^3 + 3x + 1$ (Hier weiß man mehr !)

21*. Zeigen Sie: Besitzt eine Polynomfunktion $x \mapsto p(x)$ mit $p(x) = x^n + a_{n-1}x^{n-1} + \cdots + a_1 x + a_0$ Nullstellen, dann liegen diese im Intervall $[-M; M]$. Dabei ist $M = 1 + \max(|a_0|, \ldots, |a_{n-1}|)$.
    (Hinweis: Für eine Nullstelle x_0 gilt

$$x_0^n = -a_{n-1}x_0^{n-1} - \cdots - a_1 x_0 - a_0 \, .$$

Ersetzen Sie die Koeffizienten durch a^* mit $a^* = \max(|a_0|, \ldots, |a_{n-1}|)$ und formen Sie die entstehende Ungleichung um.)

22. Lösen Sie:

    a) $3x + \sqrt{8x^2 - 9x - 20} = 4$

    b) $\sqrt{2x + 7} + \dfrac{9}{\sqrt{2x + 3}} = \sqrt{2x + 3}$

    c) $\dfrac{8}{\sqrt{17 - x} - 1} = \sqrt{\dfrac{17 + x}{17 - x}}$

23. Welcher Bedingung muß die Zahl b genügen, damit die Gleichung $x + b = \sqrt{x}$
    a) keine   b) genau eine   c) zwei

    reelle Lösungen besitzt ? Veranschaulichen Sie das Problem graphisch.

24. Sei $\overline{AB}$ eine Strecke der Länge a. Ein Punkt S von $\overline{AB}$ teilt diese im *goldenen Schnitt*, wenn sich die größere Teilstrecke (Major, Länge M) zur kleineren (Minor, Länge m) verhält, wie die Gesamtstrecke zum größeren Teil.

S teilt also $\overline{AB}$ im goldenen Schnitt, wenn $\frac{a}{M} = \frac{M}{m}$ gilt.

    a) Zeigen Sie, daß $x = \frac{M}{m}$ der quadratischen Gleichung

    $$x^2 - x - 1 = 0$$

    genügt und bestimmen Sie dieses Teilungsverhältnis. (Hinweis: Benutzen Sie $a = M + m$.)

    b) Begründen Sie, daß die zweite Lösung dieser quadratischen Gleichung gerade das Verhältnis $\frac{m}{M}$ beschreibt.

    c) Der goldene Schnitt taucht in der Natur und der Kunst an vielen Stellen auf. Er gilt als besonders natürliches oder harmonisches Maßverhältnis. So teilt der Bauchnabel die Körpergröße eines Menschen (etwa) im goldenen Schnitt. Beim Parthenon-Tempel in Athen stehen die Breite und die Höhe der Vorderfront im goldenen Schnitt. Nennen Sie weitere Maßverhältnisse, in denen der goldene Schnitt auftritt. (Hinweis: Beutelspacher/Petri: Der goldene Schnitt. Mannheim 1988)

I. 5 Näherungsweises Lösen von Gleichungen

Wie bereits angesprochen lassen sich nicht bei allen Arten von Gleichungen Lösungsformeln wie bei quadratischen Gleichungen angeben. Bei Gleichungen höheren Grades ist es im allgemeinen auch nicht möglich, Lösungen durch Probieren zu finden. In solchen Fällen und ebenso bei transzendenten Gleichungen benötigt man Methoden, um Lösungen angenähert zu berechnen.

Beispiel 15: Wie tief sinkt eine Eisenkugel von 20 cm Durchmesser in Quecksilber ein ?

Das spezifische Gewicht von Eisen ist $\rho_{\text{Eisen}} = 7{,}6$ g/cm^3, das von Quecksilber $\rho_{\text{Quecksilber}} = 11{,}45$ g/cm^3.

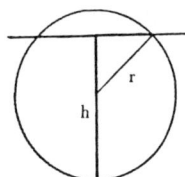

Lösung: Die oberhalb und unterhalb der Flüssikeitsoberfläche liegenden Teile der Kugel sind Kugelkappen (siehe z.B. [E3]). Diese haben ein Volumen V von

$$V = \frac{\pi}{3} h^2 (3r - h).$$

Das vom unteren Teil der Eisenkugel verdrängte Quecksilber ist so schwer wie die gesamte Eisenkugel. Damit hat man

$$\frac{4}{3}\pi r^3 \, \rho_{\text{Eisen}} = \frac{\pi}{3} h^2 (3r - h) \, \rho_{\text{Quecksilber}}$$

und als Gleichung für h

$$h^3 - 30h^2 + 2620 = 0.$$

Eine Lösung zu raten, dürfte auch mit systematischem Probieren kaum möglich sein. Man erkennt aber, daß eine Lösung zwischen $h = 10$ und $h = 20$ liegen muß, denn für die Funktion f mit der Gleichung $f(h) = h^3 - 30h^2 + 2620$ findet man bei $h = 10$ einen positiven Wert ($f(10) = 620$) und bei $h = 20$ einen negativen Wert ($f(20) = -1380$). Der Wert in der Mitte des Intervalls $[10, 20]$ ist ebenfalls negativ ($f(15) = -755$). Also liegt eine Nullstelle von f sogar im Intervall $[10, 15]$. Entsprechend weiterrechnend erhält man die Werte der folgenden Tabelle:

h_1	h_2	$m = \frac{h_1 + h_2}{2}$	$f(m)$
10	20	15	-755
10	15	12, 5	$-114{,}375$
10	12, 5	11, 25	$-246{,}953125$
11, 25	12, 5	11, 875	$64{,}0917967$
11, 875	12, 5	12, 1875	$-25{,}7824707$
11, 875	12, 1875	12, 03125	$19{,}0058899$
12, 03125	12, 1875	12, 109375	$-3{,}4269142$
12, 03125	12, 109375	$-\,-$	$-\,-$

Die Tiefe, bis zu der die Eisenkugel eintaucht, liegt also zwischen 12,03 cm und 12,11 cm. □

Das Vorgehen, nach welchem bei diesem Beispiel die Nullstelle der Funktion angenähert wurde, heißt **Intervallhalbierungsverfahren**. Es funktioniert nach folgendem Muster: Vorausgesetzt ist eine stetige Funktion f, für die Werte $f(a)$ und $f(b)$ mit verschiedenen Vorzeichen bekannt sind. Man betrachtet den Funktionswert bei $m = \frac{a+b}{2}$, also in der Intervallmitte. Nun ersetzt man $[a, b]$ durch das Intervall $[a, m]$, falls $f(a)$ und $f(m)$ verschiedene Vorzeichen haben und durch $[m, b]$, falls $f(a)$ und $f(m)$ gleiche Vorzeichen haben. Wiederholung dieses Schrittes liefert eine Folge von jeweils in der Länge halbierten Intervallen, in denen stets die gesuchte Nullstelle liegt, eine Intervallschachtelung.

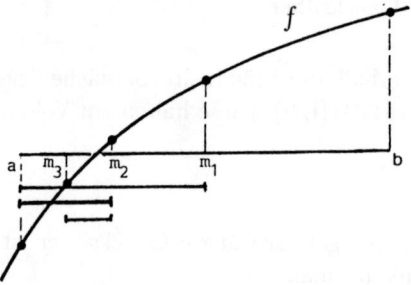

Der Rechenaufwand bei einer solchen näherungsweisen Bestimmung der Nullstelle ist recht groß. Hier bietet sich der Einsatz eines Rechners an. Die nächste Seite zeigt ein Ablaufdiagramm, das als Grundlage für ein Rechnerprogramm zum Intervallhalbierungsverfahren dienen kann. Gerechnet wird bis zu einer vorher eingegebenen Genauigkeitsgrenze G. Die Rechnung endet, wenn $x_b - x_a < G$, wenn also eine Intervalllänge kleiner als G erreicht ist.

Im folgenden sind ferner Programmbeispiele in BASIC, in LOGO und in PASCAL für das Intervallhalbierungsverfahren in Anlehnung an nachstehendes Ablaufdiagramm angegeben. Diese haben nicht alle den gleichen Standard, was Absicherung fehlerhafter Eingaben und auch die Ausgabe der Daten angeht. Die Programme sind geschrieben für den Atari ST und mögen Anreiz sein, Programmierkenntnisse zu aktivieren. Eine Anpassung an den Dialekt eines anderen Rechners müßte unproblematisch sein. Abwandlungen, um Programme für die beiden im folgenden behandelten Näherungsverfahren zu erhalten, könnten eine reizvolle Aufgabe sein.

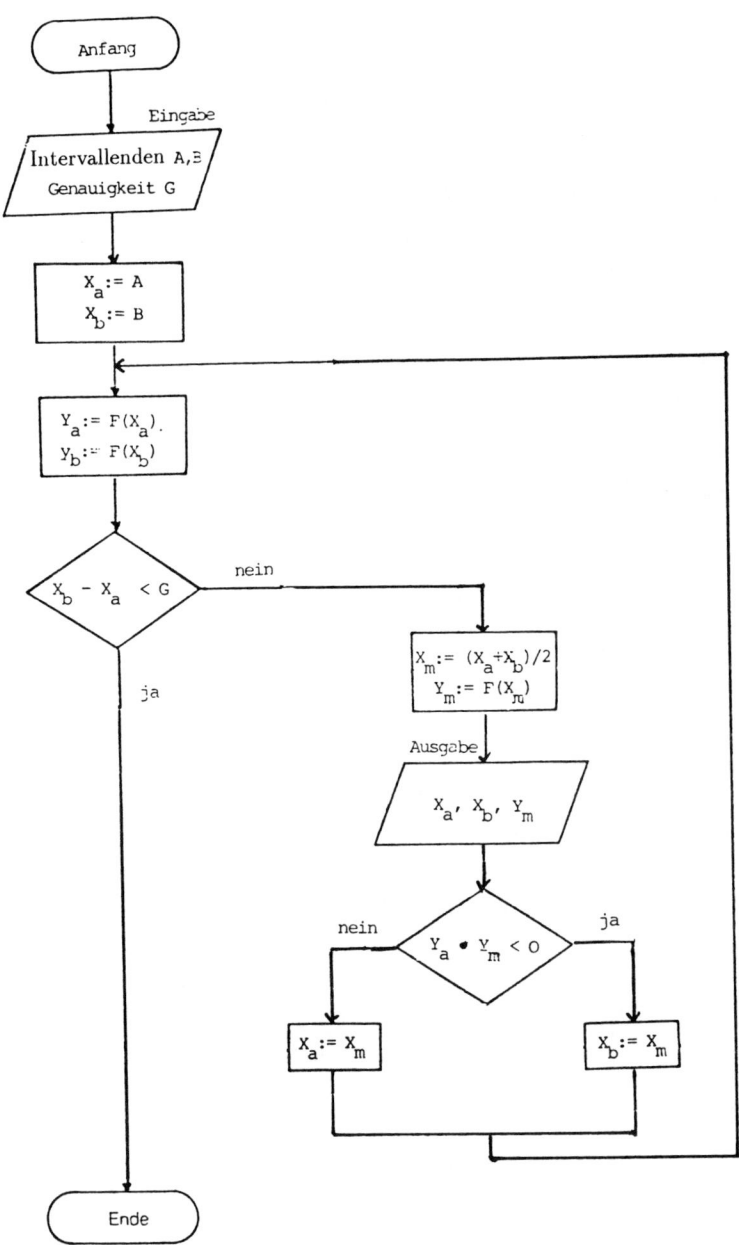

Ablaufdiagramm zum Intervallhalbierungsverfahren

```
0 REM INTERVALLHALBIERUNGSVERFAHREN
1 DEFDBL "A-Z": REM Variablen als double-float, Genauigkeit: 19 Stellen
2 DEF FN F(X)=(X-30)*X*X+2620
3 CLS
4 PRINT "*************************************************************"
5 PRINT " I N T E R V A L L - H A L B I E R U N G S V E R F A H R E N "
6 PRINT "*************************************************************"
7 PRINT
8 PRINT
9 INPUT "LINKE INTERVALLGRENZE:  ";A
10 PRINT
11 INPUT "RECHTE INTERVALLGRENZE: ";B
12 PRINT
13 INPUT "GENAUIGKEIT:            ";G
14 PRINT
15 PRINT
16 PRINT "            A                 B              F(M)"
17 PRINT "---------------------------------------------------------"
18 PRINT
19 Xa=A:Xb=B:I=0: REM i ist Zaehler fuer Anzahl der Iterationen
20 IF Xb-Xa<G THEN GOTO 32
21 Ya=FN F(Xa)
22 Yb=FN F(Xb)
23 Xm=(Xa+Xb)/2
24 Ym=FN F(Xm)
25 I=I+1: PRINT USING "###";I;
26 PRINT USING "####.############";Xa;: REM formatierte Ausgabe
27 PRINT USING "#####.############";Xb;
28 PRINT USING "########.#####^^^";Ym
29 IF Ym=0 THEN GOTO 32
30 IF Ya*Ym<0 THEN Xb=Xm: GOTO 20
31 Xa=Xm: GOTO 20
32 END
```

Intervallhalbierungsverfahren: Programmbeispiel BASIC

```
TO INTERVALL_HALBIERUNG
DZ [WELCHES INTERVALL A B ?]
DR [UNTERE GRENZE:# ] ;  WEGEN LEERZEICHEN
SETZE "A EINGABE
DR [OBERE GRENZE:# ]
SETZE "B EINGABE
DR [WELCHE GENAUIGKEIT?# ]
SETZE "G EINGABE
WENN (F :A) * (F :B) > 0 [RG "FEHLER] [MITTEL :A :B]
END

TO MITTEL :A :B
SETZE "M (:A + :B) / 2
DR [A = # ] DR :A DR [# # #  B =] DR :B
DR [# # # F (M) = # ] DZ F :M
DR :G DR [# INTERVALLAENGE# ] DZ :M - :A
WENN (:M - :A) < :G [STOP]
PRUEFE (F :A) * (F :M) < 0
WENNWAHR [MITTEL :A :M] [MITTEL :M :B]
END
```

```
TO F :X
SETZE "F (:X - 30) * :X * :X + 2620
RG :F
END
```

Intervallhalbierungsverfahren: Programmbeispiel LOGO

```
PROGRAM Intervallhalbierungsverfahren;
   VAR UGrenze,OGrenze,Epsilon:REAL;
       genau:INTEGER;
       korrekt:BOOLEAN;

   FUNCTION f(x:REAL):REAL;
      BEGIN
         f:=(x-30)*x*x+2620;
   END (* f *);

   FUNCTION ZehnHoch(i:INTEGER):REAL;  { REAL wegen des größeren Wertebereichs }
      BEGIN
         IF i>0 THEN ZehnHoch:=10*ZehnHoch(i-1)        (* Rekursion verwendbar, da *)
            ELSE IF i<0 THEN ZehnHoch:=0.1*ZehnHoch(i+1) (* arithmetischer Überlauf vor *)
                ELSE (* i=0 *) ZehnHoch:=1;            (* Stack-Überlauf stattfindet *)
   END (* ZehnHoch *);

   PROCEDURE Eingabe(VAR UntereGrenze,ObereGrenze:REAL;
                     VAR GenauigkeitsStellen:INTEGER);
      BEGIN
         REPEAT  (* Eingabe der Grenzen *)
            WRITE('Untere Grenze des zu untersuchenden Intervalls: ');
            READLN(UntereGrenze);
            WRITE('Obere Grenze des zu untersuchenden Intervalls: ');
            READLN(ObereGrenze);
            korrekt:=(ObereGrenze>=UntereGrenze);
            IF NOT korrekt THEN WRITELN('Obere Grenze muß >= untere Grenze sein.');
         UNTIL korrekt;
         REPEAT  (* Eingabe der Genauigkeit *)
            WRITELN; WRITE('Genauigkeit (Anzahl der Nachkommastellen): ');
            READLN(GenauigkeitsStellen);
            korrekt:=(GenauigkeitsStellen>=0);
            IF NOT korrekt THEN WRITELN('Anzahl der Nachkommastellen muß >= 0 sein.');
         UNTIL korrekt;
   END (* Eingabe *);

   FUNCTION Vorzeichen(x:REAL):INTEGER;
      BEGIN
         IF x>0 THEN Vorzeichen:=1
            ELSE IF x=0 THEN Vorzeichen:=0
                ELSE Vorzeichen:=-1;
   END (* Vorzeichen *);
```

```
    PROCEDURE Iteration(UntereGrenze,ObereGrenze,Epsilon:REAL);
      VAR Intervallmitte,fWertUnten,fWertMitte,fWertOben,Nullstelle:REAL;
          AnzSchritte:INTEGER;
          fertig:BOOLEAN; (* Falls f an einem Auswertpunkt = 0, Nullstelle gefunden *)
      BEGIN
        fertig:=false;  AnzSchritte:=-1;
        WHILE ((ObereGrenze-UntereGrenze)>2*Epsilon) AND (NOT fertig) DO BEGIN
          AnzSchritte:=AnzSchritte+1;
          (* also beim 1. Durchlauf=0 (Intervall noch nicht halbiert) *)
          fWertUnten:=f(UntereGrenze);   fWertOben:=f(ObereGrenze);
          IF (fWertUnten=0) OR (fWertOben=0) THEN fertig:=true
           ELSE BEGIN
              WRITE(AnzSchritte:6,'    [',UntereGrenze:14:9,
                    ' , ',ObereGrenze:15:9,']');
              WRITELN(fWertUnten:15:9,fWertOben:20:9);
              Intervallmitte:=(UntereGrenze+ObereGrenze)/2;
              fWertMitte:=f(Intervallmitte);
              IF Vorzeichen(fWertUnten)=Vorzeichen(fWertMitte) THEN
                  UntereGrenze:=Intervallmitte
               ELSE IF Vorzeichen(fWertOben)=Vorzeichen(fWertMitte) THEN
                      ObereGrenze:=Intervallmitte
                    ELSE fertig:=true; (* wg. Vorzeichen(fWertMitte)=0! vgl. oben *)
          END (* IF *);
        END (* WHILE *);
        IF fWertUnten=0 THEN Nullstelle:=UntereGrenze
         ELSE IF fWertOben=0 THEN Nullstelle:=ObereGrenze
              ELSE NullStelle:=Intervallmitte;
        WRITELN; WRITELN('Das Ergebnis steht nach ',AnzSchritte,' Iterationen fest:');
        WRITELN(' Die "Nullstelle" liegt bei ',Nullstelle,'.');
        WRITELN(' Der Funktionswert an dieser "Nullstelle" ist ',f(Nullstelle));
    END (* Iteration *);


BEGIN (* Intervallhalbierungsverfahren *)
    WRITELN('Finden: Nullstelle von f(x)=(x-30)*x*x+2620 mit Intervallhalb.verf.');
    REPEAT
      Eingabe(UGrenze,OGrenze,genau);
      korrekt:=(Vorzeichen(f(UGrenze))<>Vorzeichen(f(OGrenze)));
      IF NOT korrekt THEN BEGIN
        WRITELN('Die Funktionswerte an den beiden Intervallgrenzen müssen');
        WRITELN('unterschiedliche Vorzeichen haben. Bitte neue Eingaben.');
      END (* IF *);
    UNTIL korrekt;
    Epsilon:=1/ZehnHoch(genau); (* Absolute Genauigkeit aus Anz. Stellen berechnen *)
    WRITELN('Iterationen      iteriertes Intervall             ',
            'Funktionswerte an den Grenzen');
    WRITELN('================================================',
            '============================');
    Iteration(UGrenze,OGrenze,Epsilon);
END (* Intervallhalbierungsverfahren *).
```

Intervallhalbierungsverfahren: Programmbeispiel PASCAL

Der Nachteil des Intervallhalbierungsverfahrens liegt darin, daß es sehr lang-
sam konvergiert. Es ist $2^{10} = 1024 \approx 10^3$ und damit $\frac{1}{2^{10}} \approx \frac{1}{10^3}$. D.h. man benötigt
10 Iterationsschritte, um aus einem Intervall der Länge 1 ein Lösungsintervall der
Länge $\frac{1}{10^3} = 0,001$ zu machen, also um das vorgegebene Intervall mit dem Faktor
$\frac{1}{1000}$ zu verkleinern. Bei 10 Iterationsschritten gewinnt man also für die Lösung 3
Dezimalstellen hinzu.

Ein weiteres Verfahren zur näherungsweisen Bestimmung von Nullstellen bei
stetigen Funktionen ist die sogenannte **Regula falsi**. Sie konvergiert meist deutlich schneller als das Intervallhalbierungsverfahren, da die Größe der Funktions-
werte an den Intervallenden berücksichtigt wird.

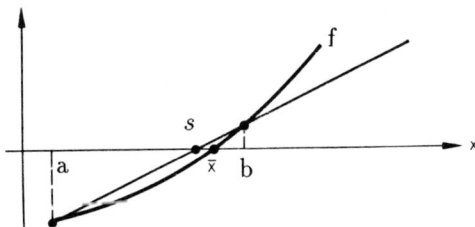

Die Werte $f(a)$ und $f(b)$ mögen wieder verschiedenes Vorzeichen haben. Dann
sei $(s,0)$ der Schnittpunkt der Geraden durch $(a, f(a))$ und $(b, f(b))$ mit der x-
Achse. Nach dem Strahlensatz gilt:

$$\frac{|f(b)|}{|f(a)|} = \frac{b-s}{s-a}.$$

Daraus erhält man durch Auflösung nach s

$$s = \frac{b|f(a)| + a|f(b)|}{|f(a)| + |f(b)|}.$$

Man wählt nun als neues Teilintervall

$[a, s]$, falls $f(s)$ und $f(b)$ gleiches Vorzeichen haben

$[s, b]$, falls $f(s)$ und $f(b)$ verschiedenes Vorzeichen haben.

Wiederholung dieses Schrittes liefert eine Intervallschachtelung, wobei die In-
tervallängen in der Regel schneller klein werden als beim Intervallhalbierungsverfahren. Für das obige Beispiel, der Funktion mit der Gleichung $f(h) =
h^3 - 30h^2 + 2620$ erhält man ausgehend vom Intervall $[10, 20]$:

a	b	$f(a)$	$f(b)$	s	$f(s)$
10	20	620	-1380	$13,1$	$-280,21$
10	$13,1$	620	$-280,21$	$12,14$	$-12,20$
10	$12,14$	620	$-12,20$	$12,099$	$-0,4522$
10	$12,099$	620	$-0,4522$	$12,097$	$0,1214$
$12,097$	$12,099$	$0,1214$	$-0,4522$	$--$	$--$

Die gesuchte Nullstelle liegt also im Intervall $[12,097; 12,099]$. Damit hat man nach 4 Iterationsschritten eine erheblich bessere Näherungsaussage als beim Intervallhalbierungsverfahren nach 7 Schritten.

Allgemein konvergieren zwar die für s nacheinander berechneten Werte $x_0, x_1, x_2, \ldots$ gegen die Nullstelle der Funktion. Man darf aber nicht erwarten, daß auch die nacheinander bestimmten Intervalle $[a_i, b_i]$ in ihrer Länge konvergieren, wie die nebenstehende Abbildung zeigt. Im Gegensatz zum Intervallhalbierungsverfahren hat man also im allgemeinen bei der regula–falsi keine Aussage über die Güte der jeweiligen Näherung.

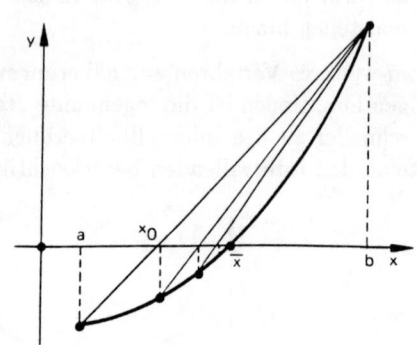

Bei der Regula falsi wird der Funktionsgraph durch eine Sekante ersetzt und als Näherung die Nullstelle der Sekante bestimmmt. Beim **Newton–Verfahren** (nach SIR ISAAC NEWTON, 1643–1727) bestimmt man als Näherung die Nullstelle einer Tangente.

Dazu sei f eine auf einem Intervall $[a, b]$ stetig differenzierbare Funktion mit $f'(x) \neq 0$ für $x \in [a, b]$. Ist nun x_n ein Näherungswert für die gesuchte Nullstelle, dann betrachtet man die Tangente von f im Punkt $(x_n; y_n)$. Deren Gleichung lautet

$$y = f(x_n) + (x - x_n)f'(x_n).$$

Setzt man $y = 0$, so erhält man als Schnittpunkt der Tangente mit der x-Achse

$$s = x_n - \frac{f(x_n)}{f'(x_n)}.$$

Mit einem Startwert x_0 im Intervall $[a, b]$ ist also eine Folge sich verbessernder Näherungswerte rekursiv definiert durch

$$x_{n+1} = x_n - \frac{f(x_n)}{f'(x_n)}.$$

Das Newton–Verfahren konvergiert sehr rasch, wenn man den Startwert nahe genug bei der Nullstelle wählt. Wir wollen es benutzen, um einen Näherungswert für $\sqrt{a}$ zu bestimmen. Gesucht wird also die positive Nullstelle der Funktion $f(x) = x^2 - a$. Es gilt $f'(x) = 2x$ und damit

$$x_{n+1} = x_n - \frac{x_n^2 - a}{2x_n}.$$

Diese Iterationsvorschrift läßt sich umformen zu

$$x_{n+1} = \frac{1}{2}\left(x_n + \frac{a}{x_n}\right),$$

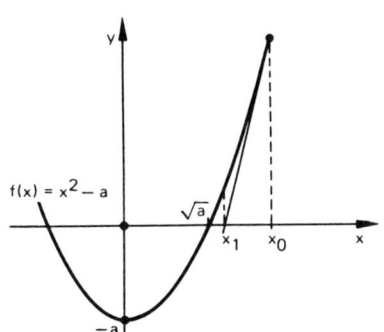

dem sogenannten **Heron–Verfahren** (nach HERON VON ALEXANDRIA, um 60 n. Chr.). Nimmt man $a = 2$ und als Startwert $x_0 = 1$, so erhält man

$$x_1 = \frac{3}{2} = 1,5$$

$$x_2 = \frac{17}{12} = 1,4\overline{16}$$

$$x_3 = \frac{577}{408} = 1,41421568\ldots$$

$$x_5 = \frac{665857}{470832} = 1,41421356\ldots$$

Im allgemeinen liefert das Newton–Verfahren in unserer Form keine Aussage über die Güte des jeweiligen Näherungswertes. Beim Heron-Verfahren weiß man aber, daß x_n und $\frac{a}{x_n}$ den gesuchten Wert $\sqrt{a}$ einschließen. Ist nämlich $x_n \leq \sqrt{a}$, so muß $\frac{a}{x_n} \geq \sqrt{a}$ sein, sonst könnte nicht $x_n\frac{a}{x_n} = a$ gelten. Für den letzten Wert x_5 gilt

$$\frac{2}{x_5} = 1,414213565\ldots$$

Nach 5 Schritten hat man also mit x_5 bereits einen Wert mit 8 gültigen Ziffern ermittelt.

Das Newton–Verfahren bringt schneller gute Näherungswerte als das Intervallhalbierungsverfahren. Dem steht als Nachteil gegenüber, daß pro Iterationsschritt neben dem Funktionswert $f(x_n)$ auch noch der Wert der Ableitung $f'(x_n)$ berechnet werden muß. Dies läßt sich vermeiden, indem man $f'(x_n)$ durch die Sekantensteigung $\frac{f(x_n)-f(x_{n-1})}{x_n-x_{n-1}}$ ersetzt. Damit erhält man

$$x_{n+1} = x_n - \frac{f(x_n)}{\dfrac{f(x_n) - f(x_{n-1})}{x_n - x_{n-1}}}.$$

Umgeformt ergibt das mit

$$x_{n+1} = \frac{x_{n-1}f(x_n) - x_n f(x_{n-1})}{f(x_n) - f(x_{n-1})}$$

gerade die Vorschrift der regula–falsi, wenn man davon ausgeht, daß $f(x_{n-1})$ der negative Wert ist. Bei der Herleitung des Sekanten–Verfahrens als Variation des Newton–Verfahrens ist es allerdings gar nicht erforderlich, daß $f(x_n)$ und $f(x_{n-1})$ verschiedene Vorzeichen haben müssen, wie die folgende Abbildung erkennen läßt.

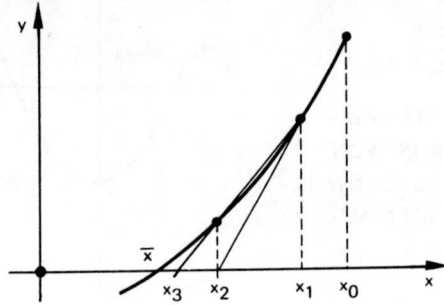

Zwischen Lösungen, die man mit den hier besprochenen Näherungsverfahren erhält, und solchen, wie man sie etwa bei quadratischen Gleichungen bekommt, ist kein qualitativer Unterschied. Es besteht eigentlich gar kein Unterschied, wenn man an das rechnerische Endergebnis denkt. Für die quadratische Gleichung

$$x^2 - x + 1 = 0$$

z.B. findet man die Lösungen

$$x_1 = \frac{1}{2}\left(1 + \sqrt{5}\right) \quad \text{und} \quad x_2 = \frac{1}{2}\left(1 - \sqrt{5}\right).$$

Will man diese als Dezimalzahlen angeben, muß man $\sqrt{5}$ durch einen abbrechenden Dezimalbruch annähern und hat damit schließlich auch nur Näherungswerte für die Lösungen.

Aufgaben

1. Bestimmen Sie mit dem Intervallhalbierungsverfahren eine in $[a, b]$ gelegene Nullstelle von f mit einer Genauigkeit von $G = 10^{-2}$.

   a) $f(x) = x^3 - x^2 + 1 \quad [a; b] = [-1; 0]$

   b) $f(x) = x^5 + x + 1 \quad [a; b] = [-1; 0]$

2. Wie dick ist eine symmetrische bikonvexe Linse vom Inhalt $V = 100\text{cm}^3$, wenn die begrenzenden Kugelflächen den Radius 2 m haben ? Benutzen Sie das Intervallhalbierungsverfahren.

3. In eine Hohlkugel, deren innerer Radius 10 cm ist, werden 250cm^3 Wasser gegossen. Wie hoch steht das Wasser in der Hohlkugel ?

4. Zeigen Sie, daß die Funktion $f(x) = x^{2n-1} + x + 1$ im Intervall $]-1;0[$ eine Nullstelle besitzt, außerhalb davon jedoch keine.

5. Berechnen Sie mit Hilfe der Regula falsi Näherungslösungen der folgenden Gleichungen. (Gehen Sie von einem Intervall der Länge 1 aus und führen Sie fünf Rechenschritte durch.)

   a) $3^x + 2x = 0$ b) $\sin x = 2^x$ c) $x \cdot 2^x = 1$

6. Ermitteln Sie mit Hilfe des Sekantenverfahrens die von Null verschiedene Lösung der Gleichung $x = 1 - e^{-2x}$ mit einem Fehler kleiner als $5 \cdot 10^{-5}$. Als Startwerte verwende man $x_0 = 0,775$ ($x_0 = 0,8$).

7. Sei $a \in \mathbb{R}^+$ und $n \geq 2$ aus $\mathbb{N}$. Formulieren Sie das Newton–Verfahren zur Berechnung von $\sqrt[n]{a}$. Bestimmen Sie mit einem Fehler kleiner als 10^{-6}

   a) $\sqrt[7]{13}$ b) $\sqrt[5]{8}$ c) $\sqrt[5]{100}$ d) $\sqrt[11]{0,1}$

8. Bestimmen Sie die Lösung im Intervall $[10;20]$ der Gleichung aus Beispiel 14

$$h^3 - 30h^2 + 2620 = 0$$

   mit Hilfe des Newton–Verfahrens, ausgehend von $x_0 = 10$ ($x_0 = 15$).

9. Bestimmen Sie mit Hilfe des Newton-Verfahrens die Lösung der Gleichung (von Beispiel 3)
$$x^{31} - 53,32x + 52,32 = 0$$

   zwischen 1 und 1,1.

10. Auf einem Sparbuch werden zu Beginn jeden Jahres 1000 DM eingezahlt. Nach n Jahren beträgt das Guthaben einschließlich Zinseszinsen K_n DM. Die Verzinsung erfolgt mit dem festen Zinssatz von p %. Bestimmen Sie p auf zwei Stellen nach dem Komma genau.

   a) $n = 6$, $K_6 = 8000$ DM   b) $n = 8$, $K_8 = 10000$ DM.

11. Bestimmen Sie mit Hilfe des Newton-Verfahrens (Startwert jeweils 1,1) Lösungen der Gleichungen von Aufgabe 5 in I.1 (Effektivzins).

3*

12*. Ein zylinderförmiger Öltank
hat die in der nebenstehenden
Abbildung angegebenen Maße.
Es werden 1000 l Öl (1m³) eingefüllt.

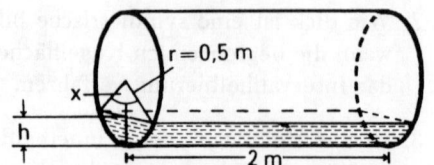

a) Begründen Sie, daß für den zum Ölstand h gehörigen Winkel
x $(0 \leq x \leq 2\pi)$ die Beziehung $x - \sin x - 4 = 0$ gilt.

b) Bestimmen Sie eine Nullstelle der Gleichung im Intervall $0 < x < 2\pi$
mit Hilfe des Newton–Verfahrens ($x_0 = 3$; 3 Iterationen!) und berechnen Sie
daraus die Füllhöhe h.

13*. Beim Wurf, beim Kugelstoßen, beim Hochsprung usw. bewegen sich Körper
auf parabelförmigen Bahnen.

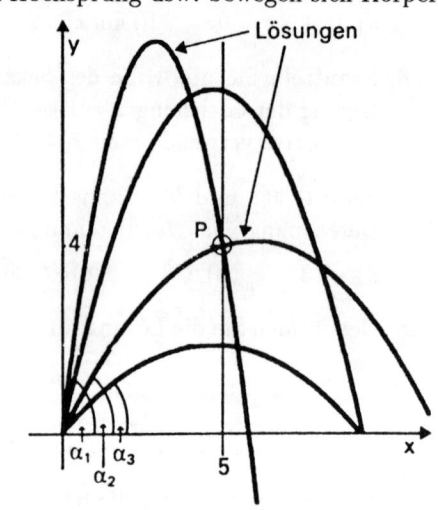

Der Einfachheit halber werde
vom Koordinatenursprung aus
unter dem Winkel α gegenüber
der Horizontalen geworfen ($0 <$
$\alpha < \frac{\pi}{2}$). Die Anfangsgeschwindigkeit betrage $v_0 = 15$m/sec.
Die Horizontalkomponente dieser
Geschwindigkeit ist dann $v_0 \cos \alpha$,
die Vertikalkomponente $v_0 \sin \alpha$.
Damit lassen sich die Koordinaten des Körpers in Abhängigkeit
von der Zeit t beschreiben durch

$$x = v_0(\cos \alpha)t \; ; \; y = v_0(\sin \alpha)t - \frac{g}{2}t^2.$$

Der quadratische Term $\frac{g}{2}t^2$ beschreibt dabei die gleichmäßig bechleunigte
Fallbewegung ($g = 9,81$ m/sec² Erdbeschleunigung).

Löst man die Gleichung für x nach t auf und setzt dies in die Gleichung für
y ein, dann entsteht

$$y = \frac{v_0(\sin \alpha)x}{v_0 \cos \alpha} - \frac{g}{2}\left(\frac{x}{v_0 \cos \alpha}\right)^2 = x \tan \alpha - \frac{g}{2(v_0 cos \alpha)^2}x^2$$

Die Frage nach dem Winkel, unter dem ein Ball geworfen werden muß, da-
mit der Punkt $P = (5|4)$ (Einheit m) getroffen wird, bedeutet Lösen der
Gleichung

$$4 = -0,545 \frac{1}{\cos^2 \alpha} + 5 \tan \alpha.$$

Bestimmen Sie beide Lösungen dieser Gleichung mit Hilfe von Näherungsverfahren.

II Die reellen Zahlen

II. 1 Rationale und irrationale Zahlen

Die Zahlenbereiche

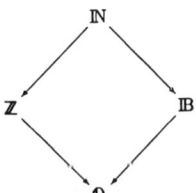

    $\mathbb{N}$ natürliche Zahlen
    $\mathbb{Z}$ ganze Zahlen
    $\mathbb{B}$ Bruchzahlen
    $\mathbb{Q}$ rationale Zahlen
    $\mathbb{R}$ reelle Zahlen

sind bei der Behandlung von Gleichungen bereits mehrfach aufgetreten. Die Zahlbereichserweiterungen von $\mathbb{N}$ über $\mathbb{Z}$ oder $\mathbb{B}$ hin zu $\mathbb{Q}$ entsprechend der nebenstehenden Abbildung realisieren den Wunsch, die Umkehrungen der Operationen $+$ und $\cdot$ uneingeschränkt ausführen zu können. Diese Forderung ist im angeordneten Körper $(\mathbb{Q};+,\cdot,<)$ erfüllt (siehe [E 1], S.119). Dort gelten nämlich folgende Gesetze:

- Kommutativgesetze der Addition und der Multiplikation
  $a + b = b + a$ und $a \cdot b = b \cdot a$ (für alle $a, b \in \mathbb{Q}$)

- Assoziativgesetze der Addition und der Multiplikation
  $(a + b) + c = a + (b + c)$ und $(a \cdot b) \cdot c = a \cdot (b \cdot c)$ (für alle $a, b, c \in \mathbb{Q}$)

- Distributivgesetz (der Multiplikation bezüglich der Addition)
  $a(b + c) = ab + ac$ (für alle $a, b, c \in \mathbb{Q}$)

- Existenz neutraler Elemente bezüglich der Addition (0) und bezüglich der Multiplikation (1)
  $a + 0 = a$ und $a \cdot 1 = a$ (für alle $a \in \mathbb{Q}$)

- Existenz inverser Elemente bezüglich der Addition (Gegenzahl $-a$) und bezüglich der Multiplikation (Kehrzahl $\frac{1}{a}$), wobei 0 keine Kehrzahl besitzt.
  $a + (-a) = 0$ und $a \cdot \frac{1}{a} = 1$ (für alle $a \in \mathbb{Q}$ bzw. $\mathbb{Q}\backslash\{0\}$)

- In Verbindung mit der Ordnungsrelation „$<$" gelten die Monotoniegesetze der Addition und der Multiplikation
  $a < b \wedge c \in \mathbb{Q} \Longrightarrow a + c < b + c$ (für alle $a, b \in \mathbb{Q}$)
  $a < b \wedge c > 0 \Longrightarrow a \cdot c < b \cdot c$ (für alle $a, b, c \in \mathbb{Q}$)

Die Zahlenbereichserweiterung hat mit $\mathbb{Q}$ einen gewissen Abschluß erreicht. Für viele Belange der Mathematik kommt man jedoch mit den rationalen Zahlen, die sich darstellen lassen als $x = \frac{p}{q}$ mit $p \in \mathbb{Z}$ und q aus $\mathbb{N}$, nicht aus. Wichtige mathematische Operationen führen auf **irrationale Zahlen**, die sich nicht auf diese Weise darstellen lassen.

Schon quadratische Gleichungen

$$x^2 + px + q = 0$$

mit ganzzahligen Koeffizienten p und q führen gemäß der Lösungsformel (siehe S. 40)

$$x_{1,2} = -\frac{p}{2} \pm \sqrt{(\frac{p}{2})^2 - q}$$

vielfach auf irrationale Lösungen. Die Begründung, daß für eine Primzahl a der Wert $\sqrt{a}$ stets irrational ist, gilt als Musterbeispiel für einen indirekten Beweis. Sie benutzt die Eindeutigkeit der Primfaktorzerlegung (siehe [E 1], S.36): Gäbe es Zahlen $u, v \in \mathbb{N}$ mit

$$\sqrt{a} = \frac{u}{v},$$

dann hätte man

$$av^2 = u^2.$$

In der Primfaktorzerlegung von u^2 käme die Primzahl a mit geradem Exponenten vor, in der Primfaktorzerlegung von av^2 aber mit einem ungeraden Exponenten. Da av^2 und u^2 gleich sein sollen, hätte man also *zwei* Primfaktorzerlegungen für *eine* Zahl, was nicht sein kann. Damit läßt sich $\sqrt{a}$ nicht in der Form $\frac{u}{v}$ darstellen, ist also irrational.

Wollte man sich auf die rationalen Zahlen beschränken, gäbe es für zahlreiche Probleme keine Lösung:

Beispiel 1:

a) Die Diagonale im Einheitsquadrat läßt sich beschreiben durch die quadratische Gleichung (Satz des Pythagoras)

$$x^2 = 2.$$

Die Diagonale hat somit die irrationale Länge $\sqrt{2}$. Gäbe es nur die rationalen Zahlen, könnte man dieser Strecke überhaupt keine Länge zuordnen.

b) Die Bestimmung der Schnittpunkte des Einheitskreises $x_1^2 + x_2^2 = 1$ mit der Geraden $x_1 = x_2$ führt durch Einsetzen zur quadratischen Gleichung

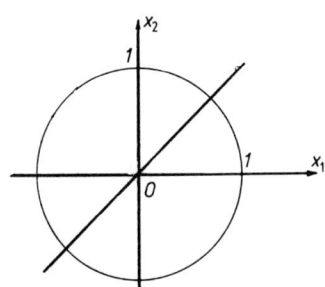

$$x_1^2 = \frac{1}{2}.$$

Die Koordinaten der Schnittpunkte $x_1 = x_2 = \frac{1}{\sqrt{2}}$ und $x_1' = x_2' = -\frac{1}{\sqrt{2}}$ sind also wieder irrationale Zahlen. Bei einer Beschränkung nur auf rationale Zahlen gäbe es keine Schnittpunkte des Einheitskreises mit der Winkelhalbierenden. □

Als Verallgemeinerung sei festgehalten, daß die Lösung algebraischer Gleichungen mit rationalen Koeffizienten, also Polynomgleichungen, Bruchgleichungen oder Wurzelgleichungen (siehe S. 20), häufig auf irrationale Zahlen führt. Die Menge aller rationalen und irrationalen Zahlen, die als Lösungen solcher algebraischen Gleichungen auftreten können, nennt man die Menge der **algebraischen Zahlen**. Dabei sind Zahlen wie die Kreiszahl π, die *Euler*sche Zahl e oder Logarithmen gar nicht erfaßt. Solche reellen Zahlen, die nicht als Lösungen algebraischer Gleichungen auftreten können, nennt man **transzendente Zahlen**.

Diese sind stets irrational. Eine Zusammenstellung der verschiedenen Zahlenarten gemäß ihrem Auftreten beim Lösen von Gleichungen gibt das nebenstehende Diagramm.

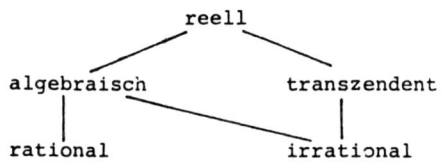

Als Beispiel für einen Irrationalitätsbeweis bei transzendenten Zahlen sei der für $\log_{10} 3$ durchgeführt. Er verläuft nach einem ähnlichen Schema wie der zur Irrationalität von $\sqrt{a}$ mit a prim. (Irrationalitätsbeweise für π oder e sind deutlich anspruchsvoller):

Gäbe es natürliche Zahlen a, b mit

$$\log_{10} 3 = \frac{a}{b},$$

dann hätte man aufgrund der Logarithmus-Definition

$$10^{\frac{a}{b}} = 3$$

oder

$$10^a = 3^b.$$

Diese Gleichung widerspricht wieder der Eindeutigkeit der Primfaktorzerlegung.

Bezogen auf die Zahlengerade kann man also sagen, daß die rationalen Zahlen diese nicht lückenlos ausfüllen. Die Punkte der Zahlengeraden entsprechen gerade den reellen Zahlen.

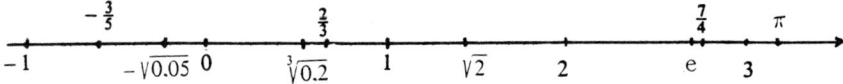

Fragen der Irrationalität stehen in engem Zusammenhang zu Problemen des Messens. Größen, etwa Längen, werden miteinander verglichen, indem man sie ausmißt, etwa in cm, m oder km. Allgemein spricht man bei Größen a und b von einem *gemeinsamen Maß*, wenn es eine Maßeinheit e gibt, so daß $a = m\,e$ und $b = n\,e$ mit $m, n \in \mathbb{N}$ gilt. Genau dann ist die Größe a ein rationales Vielfaches von b: $a = \frac{m}{n}b$. Größen a, b, für die kein gemeinsams Maß existiert, nennt man *inkommensurabel*.

Das größte gemeinsame Maß zweier Längen läßt sich durch das *Verfahren der Wechselwegnahme* bestimmen. Dabei nimmt man die kleinere Länge (Größe) von der größeren möglichst oft weg. Den verbleibenden Rest nimmt man dann von

der kleineren Größe möglichst oft weg usw. Kommt dieser Prozeß zu einem Ende, dann ist die letzte Länge ein gemeinsames Maß der Ausgangslängen (wie es die nebenstehende Skizze zeigt).

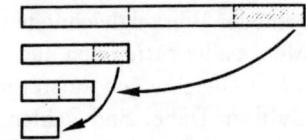

Für Größen a, b mit einem gemeinsamen Maß e, also $a = m\,e$ und $b = n\,e$, entspricht das Verfahren der Wechselwegnahme der Bestimmung des ggT von m und n gemäß dem Euklidischen Algorithmus (siehe [E 1], S.28).

Die Irrationalität von $\sqrt{2}$ als Länge der Diagonalen im Einheitsquadrat bedeutet also, daß man für die Seite und die Diagonale des Einheitsquadrates kein gemeinsames Längenmaß findet, wie klein man dieses auch wählen wollte. Würde man versuchen, ein gemeinsames Maß durch das Verfahren der Wechselwegnahme zu suchen, würde dieses Verfahren nicht abbrechen.

Die Entdeckung irrationaler Zahlenverhältnisse hat in der griechischen Mathematik Probleme ergeben. Man glaubte nämlich zunächst (ältere PYTHAGOREER), daß zu zwei gleichartigen Größen stets ein gemeinsames Maß existiere. Es spricht vieles dafür, daß HIPPASOS VON METAPONT als erster die Irrationalität entdeckt hat, welche das folgende Beispiel beschreibt.

Beispiel 2: Die Seite und die Diagonale eines regelmäßigen Fünfecks besitzen kein gemeinsames Maß.

Begründung: Ein reguläres Fünfeck $ABCDE$ (siehe nebenstehende Abbildung) hat fünf gleich lange Seiten und fünf gleich große Innenwinkel (je 108^0). Es besitzt 5 Symmetrieachsen. Nun soll gezeigt werden, daß für die Längen $\overline{DE}$ und $\overline{AD}$ kein gemeinsames Maß existiert, da das Verfahren der Wechselwegnahme nicht abbricht. Zeichnet man die fünf Diagonalen ein, so bilden diese ein neues, kleineres Fünfeck $A'B'C'D'E'$. Ebenso erhält

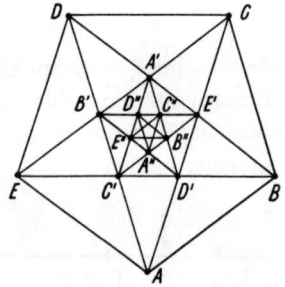

wir das noch kleinere regelmäßige Fünfeck $A''B''C''D''E''$ usw. Man erkennt, daß dieser Prozeß – zumindest gedanklich – beliebig weit fortsetzbar ist.

Nun gilt $\overline{DE} = \overline{DC'}$ (Aufgabe 7a). Nimmt man $\overline{DE}(= \overline{DC'})$ von $\overline{AD}$ weg, so bleibt $\overline{AC'}$ übrig. Wiederholt man die Wegnahme mit den neuen Größen $\overline{AC'}(= \overline{DB'})$ und $\overline{DC'}(= \overline{DE})$, so bleibt $\overline{B'C'}$ übrig. Jetzt sind also $\overline{AC'}$ und $\overline{B'C'}$ im Sinne der Wechselwegnahme zu behandeln. Wegen $\overline{AC'} = \overline{A'C'}$ (Aufgabe 7b) sind jetzt also die Diagonale und die Seite im regelmäßigen Fünfeck $A'B'C'D'E'$ Gegenstand der Wechselwegnahme. Da sich der Prozeß der Konstruktion neuer kleinerer Fünfecke beliebig wiederholen läßt, kann auch das Verfahren der Wechselwegnahme nicht abbrechen. □

Aufgaben

1. Welche der folgenden Zahlen sind rational, welche irrational ? (Begründen Sie !) a) $\sqrt{0,9}$ $\sqrt{0,09}$ $\sqrt{0,99}$ $\sqrt{0.\overline{9}}$ b) $\sqrt[3]{0,008}$ $\sqrt[3]{0,08}$ $\sqrt[3]{0,8}$ $\sqrt[3]{8}$

2. Begründen Sie die Irrationalität von $\sqrt[3]{7}$, $\sqrt[4]{5}$, $\frac{\sqrt{5}}{\sqrt{2}+1}$, $\log_{10} 2$, $\log_3 5$.

3. Begründen Sie, daß die Menge der irrationalen Zahlen weder bezüglich + noch bezüglich · abgeschlossen ist.

4. Begründen oder widerlegen Sie, daß für alle reellen Zahlen a, b, c, d gilt:
   a) $a < b \wedge c < d \Longrightarrow a + c < b + d$;   b) $a < b \wedge c < d \Longrightarrow a \cdot c < b \cdot d$.

5. Welche Zahl ist größer ? (Begründen Sie !)
   a) $\frac{1}{\sqrt{2}-1}$ oder $\sqrt{7}$ b) $\frac{\sqrt{5}}{\sqrt{2}+1}$ oder $\sqrt{3} - 1$

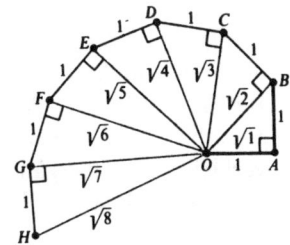

6. Erläutern Sie, daß man mit Hilfe der abgebildeten „Wurzelschnecke" nacheinander alle Wurzeln konstruieren kann.

7. Begründen Sie anhand der Abbildung in Beispiel 2: a) $\overline{DE} = \overline{DC'} = \overline{CB}$
   b) $\overline{AC'} = \overline{A'C'}$ (Hinweis: Im regulären Fünfeck sind eine Seite und die nichtanliegende Diagonale parallel.)

8. a) Begründen Sie, daß das Teilungsverhältnis des *goldenen Schnitts* $\Phi = \frac{1}{2}(\sqrt{5} + 1)$ irrational ist (vgl. I. 4. Aufgabe 24, S. 52)

b*) Begründen Sie anhand nebenstehender Abbildung:

(1) Je zwei Diagonalen im regelmäßigen Fünfeck, die sich nicht in einer Ecke schneiden, teilen einander im goldenen Schnitt, z.B.

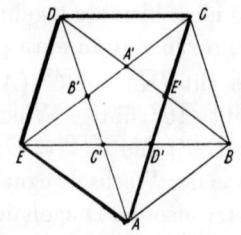

$$\frac{\overline{AB'}}{\overline{DB'}} = \frac{\overline{AD}}{\overline{AB'}} = \Phi \,.$$

(2) Das Verhältnis der Länge einer Diagonalen zur Länge einer Seite ist Φ.

c*) Die Aussage unter b) (2) kann gemäß der unteren Abbildung zur Konstruktion eines regelmäßigen Fünfecks genutzt werden. Erläutern Sie diese Konstruktion.

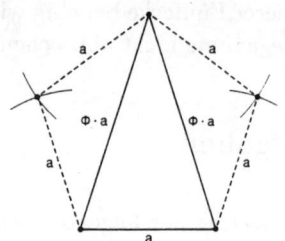

9. DIN-Formate (DIN, Abkürzung für **D**eutsches **I**nstitut für **N**ormung). Die Papierformate entsprechend DIN A 0 bis DIN A 9 sind durch folgende Bedingungen bestimmt:

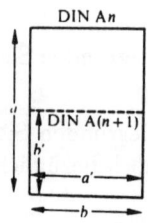

(1) Ein Blatt (Rechteck) des Formats DIN A $(n + 1)$ geht durch Halbieren aus einem Blatt des Formats DIN A n hervor. Im Sinne der nebenstehenden Abbildung gilt also $a' = b$ und $b' = \frac{1}{2}a$.

(2) Ein Blatt des Formats DIN A $(n+1)$ ist zu einem Blatt des Formats DIN A n ähnlich, d.h. $\frac{a'}{b'} = \frac{a}{b}$.

(3) Das Ausgangsformat DIN A 0 hat den Flächeninhalt $1 \, \mathrm{m}^2$.

Bestimmen Sie den Wert, mit welchem sich die Seitenlängen vergrößern (bzw. verkleinern) und ergänzen Sie die nebenstehende Tabelle der DIN A-Formate.

DIN	A0	841	×	1189
DIN	A1	594	×	841
DIN	A2	420	×	594
DIN	A3		×	
DIN	A4		×	
DIN	A5	148	×	210
DIN	A6	105	×	148
DIN	A7	74	×	105
DIN	A8		×	
DIN	A9	37	×	52

10*. DIN A 6 beschreibt unser Postkarten-Normformat. Stellen Sie ein Blatt her, dessen kürzere Seite a der kürzeren Seite der üblichen Postkarte entspricht und dessen längere Seite die Länge Φa mit $\Phi = \frac{1}{2}(\sqrt{5} + 1)$ hat (vgl. Aufgabe 8). Ein solches Rechteck, dessen Seiten im Verhältnis des goldenen Schnitts stehen, heißt *goldenes Rechteck*. In der Antike galten goldene Rechtecke als besonders ausgewogen. So hat z.B. die Vorderfront des Parthenontempels die Form eines goldenen Rechtecks. Welches Rechteck-Format empfinden Sie als angemessener, das Postkarten-Normformat oder das goldene Rechteck ?

II. 2 Intervallschachtelungen rationaler Zahlen

Die rationalen Zahlen füllen die Zahlengerade zwar nicht lückenlos aus. Es gibt jedoch kein Intervall auf der Zahlengeraden, auch kein noch so kleines, in welchem keine rationalen Zahlen liegen. Mit zwei rationalen Zahlen a und b ist nämlich auch das arithmetische Mittel $m = \frac{a+b}{2}$ eine rationale Zahl. Zwischen zwei rationalen Zahlen liegen also stets weitere, sogar unendlich viele, rationale Zahlen. Auch beliebig nahe bei irrationalen Zahlen findet man stets noch rationale Zahlen. Man sagt, die Menge $\mathbb{Q}$ der rationalen Zahlen liegt *dicht* in der Menge $\mathbb{R}$ der reellen Zahlen.

Dies gibt die Rechtfertigung dafür, daß man sich beim praktischen Rechnen auf die rationalen Zahlen, etwa in der Form abbrechender Dezimalzahlen, beschränken kann. Auch die abbrechenden Dezimalzahlen sind ja rationale Zahlen. So gilt z.B. $1,7321 = \frac{17321}{10000}$.

Beispiel 3: a) Der Beweis für die Irrationalität von $\log_{10} 3$ benutzt die Tatsache, daß es keine natürlichen Zahlen a, b gibt mit

$$\log_{10} 3 = \frac{a}{b} \quad \text{oder} \quad 10^a = 3^b \qquad \text{(siehe Seite 67)}$$

Indem man aber Zahlen a, b sucht, für die $10^a \approx 3^b$ gilt, findet man Näherungswerte für $\log_{10} 3$. Man weiß z.B.: $10 \approx 3^2 = 9$, also $\log_{10} 3 \approx \frac{1}{2}$. Aus der Ungleichung $10^1 > 3^2$ folgt $10^{\frac{1}{2}} > 3$. Da $10^{\log_{10} 3} = 3$ sein muß, gilt somit $\frac{1}{2} > \log_{10} 3$.

Geht man die 3-er Potenzen systematisch durch, dann trifft man auf solche, die in der Nähe von 10-er Potenzen liegen. So gilt $3^{65} = 1,0301027 \cdot 10^{31}$ und $3^{67} = 0,92709243 \cdot 10^{32}$. Dabei erkennt man $10^{\frac{31}{65}} < 3$, also $\frac{31}{65} < \log_{10} 3$, und entsprechend $\log_{10} 3 < \frac{32}{67}$. Beide Werte zusammen ergeben damit schon eine gute Näherung für $\log_{10} 3$:

$$\frac{31}{65} = 0,476923 < \log_{10} 3 < 0,4776119 = \frac{32}{67}$$

b) Das HERON-Verfahren zur Bestimmung von $\sqrt{5}$ benutzt die Iterationsvorschrift

$$x_{n+1} = \frac{1}{2}\left(x_n + \frac{5}{x_n}\right)$$

(siehe Seite 61) und liefert von $x_0 = 1$ ausgehend die Werte

$$
\begin{aligned}
x_1 &= \tfrac{6}{2} &&= 3\,, \\
x_2 &= \tfrac{7}{3} &&= 2,\overline{3}\,, \\
x_3 &= \tfrac{47}{21} &&= 2,2380952\ldots\,, \\
x_4 &= \tfrac{2207}{987} &&= 2,2360688\ldots\,.
\end{aligned}
$$

Dabei weiß man, daß der tatsächliche Wert von $\sqrt{5}$ zwischen x_n und $\frac{5}{x_n}$ liegen muß. Man erhält also jeweils Intervalle als Näherungsaussagen. Die beiden letzten Werte ergeben

$$2,234 \; < \; \sqrt{5} \; < \; 2,238$$
$$2,236067 \; < \; \sqrt{5} \; < \; 2,236068. \quad \square$$

Die Berechnungen in Beispiel 3 machen deutlich, wie die Annäherung irrationaler Zahlen durch rationale Zahlen praktisch realisiert werden kann. Um die Güte der jeweiligen Näherungen zu kennen, ist es wichtig, obere *und* untere Näherung zu haben. Dabei vermitteln die obigen Rechnungen das Gefühl im Prinzip beliebig verbesserbarer Genauigkeit. Mathematisch läßt sich dies dadurch ausdrücken, daß sich eine jede reelle Zahl durch eine **Intervallschachtelung aus rationalen Zahlen** beschreiben läßt. Dabei ist eine solche Intervallschachtelung $\langle (a_n); (b_n) \rangle$ bestimmt durch zwei Folgen (a_n) und (b_n) rationaler Zahlen, wobei

(a_n) monoton wächst,

(b_n) monoton fällt und

$(b_n - a_n)$ eine monoton fallende Nullfolge bildet.

Gewährleistet wird dies durch die Bedingungen

$$a_n \leq a_{n+1} \leq b_{n+1} \leq b_n \quad (\text{für } n \in \mathbb{N})$$

und

$$b_n - a_n \longrightarrow 0 \quad (n \to \infty).$$

Die folgende Aufstellung zeigt Anfänge von Intervallschachtelungen für $\sqrt{2}$ und $\sqrt{3}$. Sie deutet ferner an, wie man mit Intervallschachtelungen rechnen kann:

$\sqrt{2}$	+	$\sqrt{3}$	=	$\sqrt{2}+\sqrt{3}$
$[1;2]$		$[1;2]$		$[1;4]$
$[1,4;1,5]$		$[1,7;1,8]$		$[3,1;3,3]$
$[1,41;1,42]$		$[1,73;1,74]$		$[3,14;3,16]$
$[1,414;1,415]$		$[1,732;1,733]$		$[3,146;3,148]$
$\vdots$		$\vdots$		$\vdots$

$\sqrt{2}$				$3^{\sqrt{2}}$
$[1;2]$	$[3^1; 3^2]$			$[3;9]$
$[1,4;1,5]$	$[3^{1,4}; 3^{1,5}]$	$\subseteq$		$[4,6;5,2]$
$[1,41;1,42]$	$[3^{1,41}; 3^{1,42}]$			$[4,70;4,76]$
$[1,414;1,415]$	$[3^{1,414}; 3^{1,415}]$			$[4,727;4,733]$
$\vdots$	$\vdots$			$\vdots$

In der unteren Intervallschachtelung zur Berechnung von $3^{\sqrt{2}}$ steht kein Gleichheitszeichen, sondern eine Teilmengenbeziehung „$\subseteq$", da bei der Bestimmung von Werten wie $3^{1,41}$ die linken Grenzen nach unten und die rechten Grenzen nach oben gerundet worden sind.

Eine weitere Anwendung von Intervallschachtelungen zeigt das folgende Beispiel.

Beispiel 4: *π-Berechnung nach Archimedes*
Auf ARCHIMEDES geht die Idee zurück, den Einheitskreis durch ein- und umbeschriebene regelmäßige n-Ecke anzunähern und damit eine Intervallschachtelung für den Umfang U (oder den Flächeninhalt A) zu gewinnen. Wegen

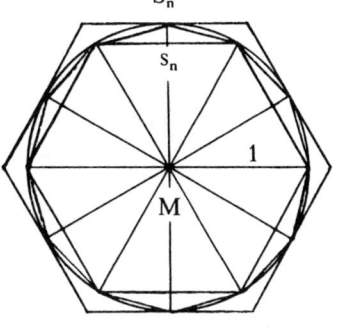

$$U = 2\pi \quad \text{und} \quad A = \pi$$

hat man damit auch Näherungswerte für π.
Wir betrachten hier die Rekursionsformel, welche die Seitenlänge s_{2n} des einbeschriebenen $2n$-Ecks aus der Seitenlänge s_n des entsprechenden n-Ecks entwickelt. Die nebenstehende Abbildung läßt erkennen, daß die folgenden Beziehungen jeweils aufgrund des Satzes des Pythagoras gelten:

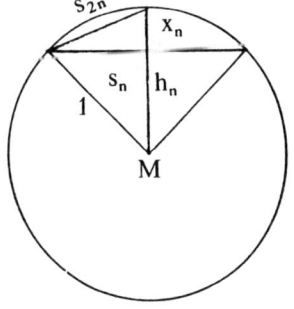

$$x_n = 1 - h_n = 1 - \sqrt{1 - \frac{s_n^2}{4}}$$

und

$$s_{2n} = \sqrt{\frac{s_n^2}{4} + x_n^2}$$

Es wird also die Größe x_n zunächst aus s_n berechnet und s_{2n} dann aus x_n. Beim einbeschriebenen 6-Eck liegen gleichseitige Dreiecke vor. Damit gilt $s_6 = r = 1$. Daraus läßt sich mit Hilfe der obigen Rekursion nacheinander die Seite des einbeschriebenen 12-, 24-, 48-Ecks usw. berechnen.
Mit dem halben Umfang der n-Ecke

$$\frac{1}{2}U_n = \frac{1}{2}n \cdot s_n$$

hat man dann untere Näherungen für π.
Das umbeschriebene n-Eck entsteht aus dem einbeschriebenen durch zentrische Streckung aus M mit dem Streckfaktor $\frac{1}{h_n}$. Dabei gilt

$$\frac{1}{h_n} = \frac{1}{\sqrt{1 - \frac{s_n^2}{4}}} = \frac{2}{\sqrt{4 - s_n^2}} \,.$$

Damit erhält man mit

$$\frac{1}{2}\hat{U}_n = \frac{2}{\sqrt{4 - s_n^2}} \frac{1}{2}U_n$$

obere Näherungswerte für π. Insgesamt entstehen auf diese Weise die folgenden Werte:

	s_n	$\frac{1}{2}U_n$	$\frac{2}{\sqrt{4-s_n^2}}$	$\frac{1}{2}\hat{U}_n$
6-Eck	1,0000000	3,0000000	1,1547005	3,4641016
12-Eck	0,5176381	3,1058285	1,0352762	3,2153903
24-Eck	0,2610524	3,1326286	1,0086290	3,1596599
48-Eck	0,1308063	3,1393501	1,0021457	3,1460862
96-Eck	0,0654382	3,1410318	1,0005357	3,1427145
192-Eck	0,0327235	3,1414519	1,0001339	3,1418725

Aufgaben

1. Geben Sie je zwei rationale Zahlen an zwischen
   a) $\frac{1}{2}$ und $\frac{2}{3}$ b) $\sqrt{2}$ und $\sqrt{3}$

2. Bestimmen Sie möglichst gute rationale Näherungen für
   a) $\log_{10} 2$ b) $\log_{10} 4$ c) $\log_3 2$

3. Berechnen Sie mit Hilfe des HERON-Verfahrens die ersten 6 Glieder einer Intervallschachtelung für $\sqrt{7}$, $\sqrt{10}$.

4. Warum gibt es keine reelle Zahl, die in jedem Intervall der Folge
   $]0; 1[,]0; \frac{1}{2}[,]0; \frac{1}{3}[, \cdots,]0; \frac{1}{n}[\cdots$ enthalten ist ?

5. Zeigen Sie, daß es unendlich viele reelle Zahlen gibt, die in jedem Intervall der Folge $[3, 9; 5, 1], [3, 99; 5, 01], [3, 999; 5, 001] \cdots$ enthalten sind. Warum liegt keine Intervallschachtelung vor ?

6*. *Periodizität von Sonnen- und Mondfinsternissen*
   Die Erde bewegt sich innerhalb eines Jahres auf einem Kreis um die Sonne. Von der Erde aus gesehen entspricht dieser Bewegung eine scheinbare Sonnenbewegung auf einem Großkreis um die Erde (auf der Ekliptik). Die Mondbahn bildet einen Großkreis um die Erde, der gegenüber der Ekliptik um einen Winkel von etwa 5° geneigt ist. Die Mondbahn und die (scheinbare) Sonnenbahn liegen von der Erde aus gesehen an zwei Stellen übereinander, in den sogenannten Mondknoten. Sonnen- und Mondfinsternisse können nur dann auftreten, wenn Sonne und Mond (von der Erde aus gesehen) am gleichen Punkt der Himmelskugel stehen bzw. genau gegenüber, d.h. wenn der Mond in einem Mondknoten steht und wenn Neumond bzw. Vollmond herrscht.

   Die Zeit zwischen zwei aufeinander folgenden Durchgängen durch denselben Mondknoten beträgt $D = 27,2122$ Tage (Drachenmonat). Die Zeit zwischen zwei Vollmonden beträgt im Durchschnitt $S = 29,5306$ Tage (Synodischer Monat). Bestimmen Sie anhand dieser Angaben die Zeit T zwischen zwei Finsternissen. Gesucht sind also $x, y \in \mathbb{N}$ mit $T = xS = yD$ oder $\frac{y}{x} = \frac{S}{D} = 1,08519708$. ($x$ und y dürfen dabei nur so groß gewählt werden, daß T eine überschaubare Zeitspanne bleibt. Ferner muß die Zeitdifferenz $xS - Dy$ so gering (unter 2 Stunden) sein, daß zum Zeitpunkt T nach einer Finsternis in etwa wieder die gleiche Konstellation entsteht. Sonst könnten Sonne und Mond sich auch knapp verfehlen. Die gesuchte Zeit wird *Saroszyklus* genannt. Sie war bereits im Altertum bekannt. (Für weitere Einzelheiten siehe Schuppar, B: Gute rationale Näherungen für reelle Zahlen. In: Praxis der Mathematik 31 (1989), S. 70–79.)

II. 3 Folgen und Reihen

Zahlenfolgen sind bereits mehrfach aufgetreten. Die Bezeichnung (a_n) ist eine Kurzbeschreibung für $a_1, a_2, a_3, \cdots$. Es wird also jeder natürlichen Zahl n ein Folgenglied a_n zugeordnet. Handelt es sich bei den Folgengliedern um reelle Zahlen, dann kann man die Zahlenfolge (a_n) als Abbildung von $\mathbb{N}$ in $\mathbb{R}$ auffassen.

Bei den bisherigen Betrachtungen wurden reelle Zahlen durch Folgen rationaler Zahlen angenähert. Das HERON-Verfahren

$$a_{n+1} = \frac{1}{2}(a_n + \frac{2}{a_n}) \quad \text{mit } a_1 = 1$$

beschreibt eine Folge rationaler Zahlen, welche $\sqrt{2}$ annähert. Hier handelt es sich um eine **rekursiv** definierte Folge. Es ist ein Anfangsglied a_1 gegeben, und eine Vorschrift, nach welcher a_{n+1} aus den Gliedern mit kleineren Indizes $a_1, a_2, \cdots, a_n$ (hier nur a_n) berechnet werden kann. Auch die π-Berechnung nach Archimedes (Beispiel 4) benutzt rekursiv definierte Folgen, welche die Seitenlängen der ein- und umbeschriebenen $2n$-Ecke aus den Seitenlängen der entsprechenden n-Ecke bestimmen.

Will man eine reelle Zahl durch eine Folge rationaler Zahlen (a_n) annähern, dann ist es wichtig, daß (a_n) gegen a **konvergiert**. Das bedeutet, daß sich die Folgenglieder a_n beliebig wenig von a unterscheiden, wenn man n nur groß genug wählt.

Bei der Beschreibung reeller Zahlen durch Intervallschachtelungen rationaler Zahlen (a_n), (b_n) ist eine entscheidende Forderung, daß die Differenzenfolge $(b_n - a_n)$ gegen Null konvergiert. Dies garantiert bei den monotonen Folgen (a_n) und (b_n), daß diese gegen die gesuchte Zahl a konvergieren.

Praktisch ist es nicht ausreichend, daß eine Näherungsfolge konvergiert. Man möchte auch nach wenigen Schritten einen einigermaßen guten Näherungswert haben, man möchte eine „gute" Konvergenz. Was das bedeutet, zeigt das folgende Beispiel.

Beispiel 5: Das HERON-Verfahren

$$a_{n+1} = \frac{1}{2}(a_n + \frac{5}{a_n}), \quad a_0 = 1$$

konvergiert gegen $\sqrt{5}$. Zur Begründung betrachten wir die Fehler $e_n = a_n - \sqrt{5}$. Wegen $a_1 = 3$ und $3 > \sqrt{5}$ ist $e_1 > 0$. Es gilt die Umformung

$$e_{n+1} = a_{n+1} - \sqrt{5} = \frac{1}{2}(a_n + \frac{5}{a_n}) - \sqrt{5}$$

$$= \frac{1}{2}\frac{a_n^2 - 2a_n\sqrt{5} + 5}{a_n} = \frac{1}{2a_n}(a_n - \sqrt{5})^2 = \frac{1}{2a_n}e_n^2.$$

Mit $e_1 > 0$ und $a_1 > 0$ folgt aus dieser Ungleichung $e_2 > 0$, also $a_2 > \sqrt{5}$ und entsprechend weiterschließend $a_n > \sqrt{5}$ für $n \in \mathbb{N}$. Damit erlaubt die oben hergeleitete Gleichung

$$e_{n+1} = \frac{1}{2a_n}e_n^2$$

die Abschätzung

$(*)$
$$e_{n+1} < \frac{e_n^2}{2\sqrt{5}}$$

und ineinander eingesetzt

$$e_{n+1} < \frac{e_n^2}{2\sqrt{5}} < \frac{1}{2\sqrt{5}}\left(\frac{e_{n-1}^2}{2\sqrt{5}}\right)^2 = 2\sqrt{5}\left(\frac{e_{n-1}}{2\sqrt{5}}\right)^4 < \cdots < 2\sqrt{5}\left(\frac{e_0}{2\sqrt{5}}\right)^{2^n}.$$

Wegen $a_1 = 3$ und damit $a_1 - \sqrt{5} = e_1 < 1$, wird der Fehler e_n für hinreichend großes n kleiner als jede vorgegebene Zahl. Die Abschätzung $(*)$ begründet also die gesuchte Konvergenz. Sie liefert aber viel mehr. Aus $e_1 < 1$ z.B. folgt, daß

$$e_2 < \frac{1}{2\sqrt{5}} < \frac{1}{4}$$

ist und

$$e_3 < \frac{1}{2\sqrt{5}}e_2^2 < \frac{1}{4}\frac{1}{16} = \frac{1}{64}$$

gilt. Aus $e_n < \frac{1}{10}$ folgt $e_{n+1} < \frac{1}{4}\frac{1}{100}$; allgemeiner folgt aus $e_n < \frac{1}{10^i}$, daß $e_{n+1} < \frac{1}{4}\frac{1}{10^{2i}}$. Das heißt also, daß sich die Anzahl der „gültigen" Nachkommastellen von Näherungswert zu Näherungswert mehr als verdoppelt.
Eine $(*)$ entsprechende Abschätzung gilt auch bei der näherungsweisen Berechnung anderer Wurzeln mit Hilfe des Heron-Verfahrens. Sie garantiert, daß man nach wenigen Schritten gute Näherungen für die gesuchte Wurzel erhält, wenn man den Startwert nicht zu weit vom Ziel entfernt wählt. $\square$

Einigen Typen von Folgen, die häufig auftreten, hat man spezielle Namen gegeben: Eine Folge mit beliebigem Anfangsglied a_1 aber fester Differenz d zwischen zwei Folgengliedern, also $a_n = a_1 + (n-1)d$ $(n \in \mathbb{N})$ heißt *arithmetische Folge*. Seinen Namen hat dieser Folgen-Typ daher bekommen, daß jedes Folgenglied a_n (außer dem ersten) das *arithmetische Mittel* der beiden Nachbarglieder a_{n-1} und a_{n+1} ist:

$$a_n = \frac{a_{n+1} + a_{n-1}}{2} = \frac{a_1 + nd + a_1 + (n-2)d}{2} = a_1 + (n-1)d.$$

Folgen des Typs $a_n = a_1 q^{n-1}$ $(n \in \mathbb{N})$ mit Anfangsglied a_1 und festem Quotienten aufeinanderfolgender Glieder a_n und a_{n+1} heißen *geometrische Folgen*. Der Name stammt entsprechend daher, daß jedes Folgenglied das *geometrische Mittel* seiner beiden Nachbarglieder ist

$$a_n = \sqrt{a_{n+1}a_{n-1}} = \sqrt{a_1^2 q^n q^{n-2}} = a_1 q^{n-1}.$$

Beispiel 6: Zwei Firmen A und B haben jeweils einen Jahresumsatz von 1 Milliarde DM. Der Umsatz soll in den kommenden Jahren gesteigert werden, und zwar bei Firma A um 100 Millionen pro Jahr, bei Firma B dagegen um jährlich 5%. Der Umsatz der kommenden Jahre wird dann für Firma A beschrieben durch die *arithmetische Folge*

$$U_n^A = 1\,000\,000\,000 + (n-1)100\,000\,000 \quad (n \in \mathbb{N})$$

und für Firma B durch die *geometrische Folge*

$$U_n^B = 1\,000\,000\,000 \cdot 1{,}05^{n-1} \quad (n \in \mathbb{N}).$$

Zunächst liegt der Umsatz von Firma A über dem von Firma B, auf lange Sicht gesehen wird aber das „geometrische Wachstum" bei Firma B zu einem höheren Jahresumsatz führen als das konstante Wachstum bei Firma A. Dies zeigen die Werte der folgenden Tabelle (Umsätze in Milliarden):

n	1	2	8	16	24	26	27	$\cdots$
U_n^A	$1,1$	$1,2$	$1,8$	$2,6$	$3,4$	$3,6$	$3,7$	$\cdots$
U_n^B	$1,05$	$1,1025$	$1,477455$	$2,1828746$	$3,2250989$	$3,555671$	$3,7334549$	

Nach 27 Jahren liegt der Umsatz von Firma B das erste Mal über dem Umsatz von Firma A. $\square$

Neben dem arithmetischen und dem geometrischen Mittel gibt es noch das *harmonische Mittel* (vgl. III. 3). Für zwei Zahlen a und b ist dieses definiert als

$$H(a, b) = \frac{2}{\frac{1}{a} + \frac{1}{b}} = \frac{2ab}{a+b}.$$

Dementsprechend heißt eine Folge (a_n) *harmonische Folge*, falls jedes Folgenglied (außer dem ersten) als harmonisches Mittel seiner beiden Nachbarglieder bestimmt werden kann, also

$$a_n = \frac{2a_{n-1}a_{n+1}}{a_{n-1} + a_{n+1}} \quad (\text{für } n = 2, 3, 4 \cdots)$$

Die bekannteste harmonische Folge bildet die Folge der Stammbrüche $(\frac{1}{n})$. Aufgrund der Beziehung

$$\frac{1}{H(a,b)} = \frac{\frac{1}{a}+\frac{1}{b}}{2} = A(\frac{1}{a},\frac{1}{b})$$

kann man die harmonischen Folgen (h_n) allgemein in der Form $(\frac{1}{a_n})$ mit einer arithmetischen Folge (a_n) darstellen.

Ist (a_n) eine Folge, dann bezeichnet man die Teilsummenfolge (s_n) mit

$$s_n = a_1 + a_2 + \cdots + a_n = \sum_{i=1}^{n} a_i$$

als *Reihe*. Will man andeuten, daß man sich für den Grenzwert der Teilsummenfolge (s_n) interessiert, dann spricht man auch von der *unendlichen Reihe* und wählt statt (s_n) die Bezeichnung $\sum_{i=1}^{\infty} a_i$. Ist die Reihe (s_n) konvergent mit Grenzwert s, so schreibt man

$$\sum_{i=1}^{\infty} a_i = s.$$

Die Teilsummenfolge (s_n) einer arithmetischen (geometrischen bzw. harmonischen) Folge (a_n) heißt arithmetische (geometrische bzw. harmonische) Reihe. Für die Teilsummen s_n der *arithmetischen* Folge $a_i = a_1 + (i-1)d$ gilt

$$\begin{aligned} s_n &= a_1 + a_2 + \cdots + a_n \qquad \text{aber auch} \\ s_n &= a_n + a_{n-1} + \cdots + a_1 \end{aligned}$$

Wegen $a_1 + a_n = a_2 + a_{n-1} = \cdots = a_n + a_1 = 2a_1 + (n-1)d$ folgt dann $2s_n = n(a_1 + a_n)$ also $s_n = \frac{n(a_1+a_n)}{2}$.
Der Sonderfall $a_1 = 1$, $d = 1$ ergibt die bekannte Formel für die Summe der ersten n natürlichen Zahlen ([E 1], S.79)

$$1 + 2 + \cdots + n = \frac{n(n+1)}{2}.$$

Für die Teilsummen s_n der *geometrischen* Folge $a_i = a_1 q^{i-1}$ gilt

$$\begin{aligned} s_n &= a_1 + a_1 q + \cdots + a_1 q^{n-1} \qquad\qquad\qquad \text{und} \\ q s_n &= \qquad\quad a_1 q + \cdots + a_1 q^{n-1} + a_1 q^n \end{aligned}$$

und damit $s_n - q s_n = a_1(1 - q^n)$.
Somit erhält man die bekannte Formel für die geometrische Reihe

$$s_n = a_1 \frac{1-q^n}{1-q} = a_1 + a_1 q + \cdots + a_1 q^{n-1}.$$

Da die geometrische Folge q^n für $|q| < 1$ gegen Null konvergiert, folgt

$$\sum_{i=1}^{\infty} a_1 q^{i-1} = \frac{a_1}{1-q}.$$

In diesem Sinne läßt sich nachrechnen, daß $0,\overline{9}$ tatsächlich gleich 1 ist:

$$0,\overline{9} = \frac{9}{10} \sum_{i=1}^{\infty} \left(\frac{1}{10}\right)^{i-1} = \frac{9}{10} \cdot \frac{1}{1-\frac{1}{10}} = \frac{9}{10} \cdot \frac{10}{9} = 1.$$

Die *harmonische* Reihe $\sum_{i=1}^{\infty} \frac{1}{i} = 1 + \frac{1}{2} + \frac{1}{3} + \frac{1}{4} + \cdots$ ist interessant als Beispiel für eine nicht konvergente Reihe, deren zugehörige Folge $(\frac{1}{i})$ gegen Null konvergiert. Es gilt nämlich

$$s_2 = 1 + \frac{1}{2} = \frac{3}{2} \; ; \; s_4 - s_2 = \frac{1}{3} + \frac{1}{4} > \frac{1}{2}$$

und allgemein

$$s_{2^{n+1}} - s_{2^n} = \frac{1}{2^n + 1} + \frac{1}{2^n + 2} + \cdots + \frac{1}{2^{n+1}} > 2^n \frac{1}{2^{n+1}} = \frac{1}{2}.$$

Damit folgt

$$s_{2^{n+1}} > 1 + (n+1)\frac{1}{2}.$$

Die Teilsummen s_n wachsen also mit größer werdendem n über alle Grenzen.

Folgen und Reihen spielen eine große Rolle, wenn es darum geht, Objekte näherungsweise durch einfacher handhabbare zu beschreiben. Dies verdeutlichen die beiden folgenden Beispiele:

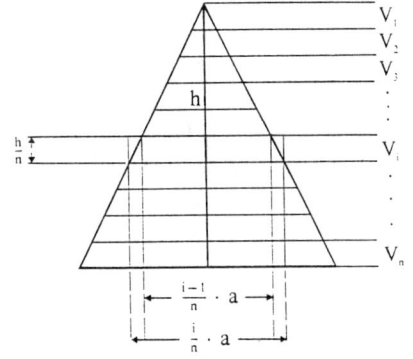

Beispiel 7: Zur Bestimmung des *Volumens einer quadratischen Pyramide* denkt man sich diese in n gleichhohe Scheiben zerteilt. Die nebenstehende Abbildung zeigt einen Querschnitt. Das Volumen V_i der i-ten Pyramidenscheibe wird durch ein- und umbeschriebene Quader eingegrenzt. Damit gilt

$$\left(\frac{i-1}{n}a\right)^2 \frac{h}{n} < V_i < \left(\frac{i}{n}a\right)^2 \frac{h}{n} \qquad (i = 1, 2, \cdots, n)$$

oder umgeformt

$$\frac{a^2 h}{n^3}(i-1)^2 < V_i < (\frac{a^2 h}{n^3})i^2.$$

Für $V = V_1 + V_2 + \cdots + V_n$ ergibt sich

$$\frac{a^2 h}{n^3}(1^2 + 2^2 + \cdots + (n-1)^2) < V < \frac{a^2 h}{n^3}(1^2 + 2^2 + \cdots + n^2).$$

Nun gilt für die Summe der ersten n Quadratzahlen (siehe [E 1], S. 83)

$$\sum_{i=1}^{n} i^2 = \frac{n(n+1)(2n+1)}{6},$$

und somit für das Volumen der Pyramide

$$a^2 h \left(\frac{n(n+1)(2n+1)}{6n^3} - \frac{1}{n} \right) < V < a^2 h \frac{n(n+1)(2n+1)}{6n^3}.$$

Die Folgenglieder $\frac{n(n+1)(2n+1)}{6n^3}$ lassen sich umformen zu $a_n = \frac{1}{3}(1 + \frac{1}{n})(1 + \frac{1}{2n})$. Dies läßt erkennen, daß a_n gegen $\frac{1}{3}$ strebt für n gegen unendlich. Durch Verfeinerung der Unterteilung und Grenzübergang erhält man also aus der obigen Ungleichungskette die bekannte Formel für das Pyramidenvolumen

$$V = \frac{1}{3} a^2 h. \quad \square$$

Beispiel 8: Die *Schneeflockenkurve* oder *von Kochsche* Kurve (nach H. VON KOCH 1870–1924) bietet das Beispiel einer ebenen geschlossenen Kurve mit unendlicher Länge, die aber nur eine Fläche von endlichem Flächeninhalt einschließt. Sie soll allzu anschaulichen Vorstellungen zum Kurvenbegriff entgegenwirken. Definiert wird die Schneeflockenkurve als „Grenzkurve" einfacher zu beschreibender Figuren (siehe auch [E 3], S. 103).

Von einem gleichseitigen Dreieck ausgehend kann man sich folgendermaßen Kurven C_n entstanden denken: Jede Seite des Dreiecks wird in drei gleichlange Strecken geteilt; über der mittleren Strecke wird jeweils ein gleichseitiges Dreieck errichtet und diese mittlere Strecke dann weggelassen. Mit den entstehenden Gebilden verfährt man entsprechend. Die ersten drei Glieder der Kurvenfolge sind in der folgenden Abbildung dargestellt.

Die Schneeflockenkurve C entsteht dann, indem man diesen Prozeß ad infinitum fortgeführt denkt.

Für alle $n \in \mathbb{N}$ seien folgende Bezeichnungen gewählt:

$a_n := $ Anzahl der Seiten von C_n,

$l_n := $ Länge von C_n,

$A_n := $ Flächeninhalt innerhalb von C_n,

$Z_{n+1} := A_{n+1} - A_n$ (Flächeninhaltszuwachs).

Die Folgen (a_n), (l_n) und (A_n) lassen sich nun rekursiv bestimmen. Es gilt

$$a_1 = 3, \quad a_{n+1} = 4a_n, \text{ also } a_n = 3 \cdot 4^{n-1}$$

und

$$l_{n+1} = l_n + \tfrac{1}{3}l_n = \tfrac{4}{3}l_n, \text{ also } l_n = (\tfrac{4}{3})^{n-1}l_1.$$

Wegen $(\tfrac{4}{3})^n \xrightarrow{n\to\infty} \infty$ ist die Grenzkurve C folglich unendlich lang. Der Flächeninhaltszuwachs von C_1 nach C_2 entsteht durch die drei kleinen Dreiecke, die an das Ausgangsdreieck angefügt werden. Diese kleinen Dreiecke besitzen $\tfrac{1}{9}$ des Flächeninhalts des großen Dreiecks. Damit gilt

$$Z_2 = 3 \cdot \frac{1}{9}A_1 \quad \text{und} \quad A_2 = (1 + 3\frac{1}{9})A_1.$$

Allgemein entsteht der Flächeninhaltszuwachs beim Übergang von C_n zu C_{n+1} aus den Dreiecken der Größe $(\tfrac{1}{9})^n A_1$, die an allen Seiten von C_n angefügt werden. Mit $a_n = 3 \cdot 4^{n-1}$ für die Anzahl der Seiten von C_n ist

$$Z_{n+1} - 3 \cdot 4^{n-1}(\frac{1}{9})^n A_1 = \frac{3}{4} \cdot (\frac{4}{9})^n A_1.$$

Der von der Schneeflockenkurve C eingeschlossene Flächeninhalt wird also beschrieben durch eine geometrische Reihe

$$\begin{aligned}
A_n &= [1 + \frac{3}{4} \cdot \frac{4}{9} + \frac{3}{4}(\frac{4}{9})^2 + \cdots \frac{3}{4}(\frac{4}{9})^{n-1}]A_1 \\
&= [\frac{1}{4} + \frac{3}{4}(1 + \frac{4}{9} + (\frac{4}{9})^2 + \cdots + (\frac{4}{9})^{n-1}]A_1 \\
&= (\frac{1}{4} + \frac{3}{4} \cdot \frac{1 - (\frac{4}{9})^n}{1 - \frac{4}{9}})A_1 \xrightarrow{n\to\infty} (\frac{1}{4} + \frac{3}{4} \cdot \frac{1}{1 - \frac{4}{9}})A_1
\end{aligned}$$

Die Kurve C schließt somit einen endlichen Flächeninhalt, und zwar $\tfrac{8}{5}$ der Größe des Ausgangsdreiecks, ein. $\square$

Aufgaben

1. Beschreiben Sie die arithmetische und die geometrische Folge rekursiv.

2. Im Jahre 1202 erschien das Buch „liber abacci" des LEONARDO VON PISA, genannt FIBONACCI. Dort wird die Vermehrung eines Kaninchenpaares in folgender Weise in Abhängigkeit von der Zeit beschrieben:
   Ein zur Zeit 0 geborenes Kaninchenpaar wirft vom 2. Monat an in jedem Monat ein weiteres Paar. Die Nachkommen folgen dem Vorbild der Eltern. Alle Kaninchen überleben. Beschreiben Sie die Fibonacci-Folge ausgehend von $f_0 = f_1 = 1$ rekursiv, und geben Sie die ersten 8 Folgenglieder an.

3. *Turm von Hanoi*: Der aus vier Scheiben bestehende Turm soll von Stab 1
   nach Stab 3 verlegt werden (siehe nebenstehende Abbildung). Dabei muß
   jede Scheibe einzeln umgelegt werden.

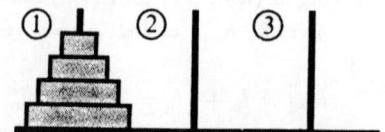

   Stab 2 darf benutzt werden. Es darf aber nie eine Scheibe auf eine kleinere
   gelegt werden.
   a) Wie viele Umlegungen benötigt man bei 2, 3 oder 4 Scheiben ?
   b) Bestimmen Sie eine allgemeine Rekursion für die Anzahl der Umlegungen.

4. Ein Kapital K_0 wird mit 6% verzinst.
   a) Nach wie vielen Jahren hat sich das Kapital verdoppelt ?
   b) Nach wie vielen Jahren betragen die jährlichen Zinsen mehr als das Ausgangskapital ?

5. Ein Kapital wird so verzinst, daß es sich nach 8 Jahren verdoppelt hat. Wie
   hoch ist der Zinssatz ?

6. Herr Klein verdient monatlich 1000 DM, Herr Groß das Doppelte. Die Mo-
   natsgehälter werden jedes Jahr um 5% und zusätzlich um einen Sockelbetrag
   von 50 DM gesteigert. Wieviel verdienen Herr Klein und Herr Groß nach 2
   (5, 10) Jahren ?

7. Im Jahr 1992 fördert ein Land 3 Millionen Tonnen Öl. Wie lange reicht der
   Ölvorrat von 120 Mio Tonnen, wenn die Ölförderung festgelegt wird
   a) auf eine jährliche Steigerung von 0,1 Mio Tonnen,
   b) auf eine jährliche Steigerung von 8%,
   c) auf eine jährliche Verringerung von 10% ?

8. Ein Kapital K_0 von 100 000 DM wird mit 7% pro Jahr verzinst. Am Anfang
   jeden Jahres wird ein Betrag A von 8000 DM abgehoben. Warum wird das
   Kapital im Laufe der Jahre aufgezehrt ? Wann etwa tritt dies ein ?

9*. Ein Kapital K_0 wird zum Zinssatz p% langfristig angelegt. Am Ende eines
   Jahres wird jeweils der gleiche Betrag R („Rente") abgehoben. Wie verändert
   sich das Kapital im Laufe der Zeit ? Wann vermehrt es sich ? Wann bleibt
   es konstant ? Wann wird es aufgezehrt ?

10. Ein Lichtstrahl durchdringt mehrere gleichstarke aufeinanderliegende Glas-
   platten und verliert dabei jeweils 7% seiner Helligkeit.
   a) Wieviel Prozent seiner ursprünglichen Helligkeit besitzt er nach Durchgang durch 12 Platten?
   b) Nach wie vielen Platten ist seine Helligkeit auf weniger als 1% seiner
   ursprünglichen Helligkeit gesunken ?

11. Die auf den Ton c gestimmte Orgelpfeife ist etwa 130 cm lang. Der um eine
Oktave höhere Ton c' wird von ei-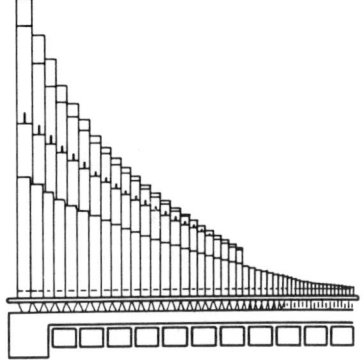
ner halb so langen Pfeife erzeugt. Die
Pfeifen für die elf dazwischen liegenden Töne sind so zu bemessen, daß
benachbarte jeweils dasselbe Längenverhältnis haben.
a) Bestimmen Sie diese Zahl.
b) Stellen Sie fest, wie weit das
Längenverhältnis für Grundton und
Quinte (also zwischen erster und ach-
ter Pfeife) vom Idealwert $\frac{2}{3}$ abweicht.

12*. Eine Schaukel erreicht wegen der Reibungsverluste ohne Energiezufuhr je-
desmal nur 90% der Höhe der vorausgegangenen Schwingung. Wie verhält
sich die Schaukel, wenn man in jedem Durchgang einen konstanten Energie-
betrag d zuführt ?

13. Die gleichen Überlegungen wie für das Volumen einer Pyramide in Beispiel
7 kann man für das Volumen eines geraden Kreiskegels machen. Führen Sie
diese durch.

14. Bestimmen Sie den Inhalt der Fläche, welche
die Parabel der Gleichung $y = -x^2 + 4$ mit
den Koordinatenachsen einschließt.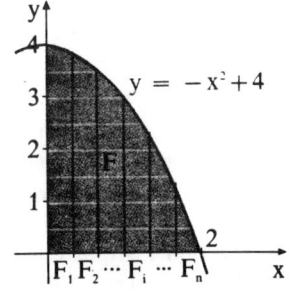

15. Aus den Rechenbüchern des ADAM RIESE:
Eine Schnecke kriecht an einer Scheibe
tagsüber 1 Meter nach oben, nachts rutscht
sie jeweils um die Hälfte der erreichten Höhe
wieder nach unten. Erreicht sie jemals die Hö-
he von 2 Meter ? Beschreiben Sie die am Tage n erreichte Höhe rekursiv.

16. Bestimmen Sie mit dem Taschenrechner die ersten 10 Glieder der Folge
a) $a_1 = 1$; $a_{n+1} = \frac{1}{1+a_n}$ b) $b_1 = \sqrt{5}$; $b_{n+1} = \sqrt{5 + b_n}$

17. Zwei Folgen (x_n) und (y_n) seien definiert durch:
$x_1 = a$, $y_1 = b$, $x_{n+1} = \frac{x_n + y_n}{2}$; $y_{n+1} = \frac{2x_n y_n}{x_n + y_n}$.
a) Berechnen Sie jeweils 5 Folgenglieder für $a = 4$, $b = 9$ bzw. $a = 20$, $b = 25$.
b) Gegen welchen Wert konvergieren die Folgen vermutlich für $a > 0$ und
$b > 0$?
c*) Begründen Sie die von Ihnen aufgestellte Vermutung.

II. 4 Konstruktion der reellen Zahlen

Intervallschachtelungen haben sich als geeignetes Mittel erwiesen, die reellen Zahlen durch beliebig verbesserbare rationale Näherungen zu beschreiben. Dies belegen viele Beispiele der vorangehenden Abschnitte. Auch eine streng mathematische Konstruktion der reellen Zahlen $\mathbb{R}$ ausgehend von den rationalen Zahlen $\mathbb{Q}$ kann mit Hilfe von Intervallschachtelungen geschehen. Diese soll der Vollständigkeit wegen hier skizziert werden, obwohl es ja sicher kein angewandtes Thema ist. Dabei laufen viele Gedankengänge parallel zur Konstruktion der ganzen Zahlen $\mathbb{Z}$ oder der rationalen Zahlen $\mathbb{Q}$, wie sie in [E 1] dargestellt ist (siehe Seite 109ff.).

Sei I die Menge aller Intervallschachtelungen in $\mathbb{Q}$, also die Menge aller Paare von Folgen $\langle (a_n), (b_n) \rangle$ mit Werten aus $\mathbb{Q}$, wobei jeweils

(a_n) monoton wachsend,

(b_n) monoton fallend und

$(b_n - a_n)$ eine monoton fallende Nullfolge ist.

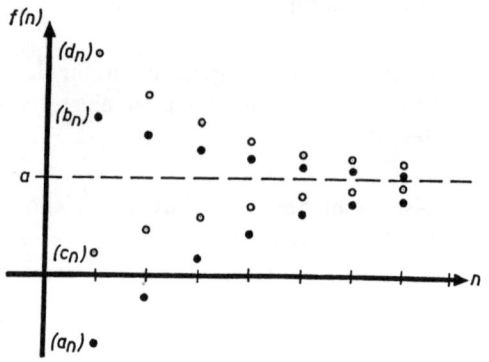

Nun können sich natürlich verschiedene Intervallschachtelungen auf den gleichen Punkt der Zahlengeraden zusammenziehen, also die gleiche reelle Zahl beschreiben. Die nebenstehende Abbildung veranschaulicht dies für die Intervallschachtelungen $\langle (a_n), (b_n) \rangle$ und $\langle (c_n), (d_n) \rangle$, welche den Punkt a der Zahlengeraden zum Zentrum haben. In diesem Sinne führt man nun eine Äquivalenzrelation „$\sim$" in der Menge I der Intervallschachtelungen ein. Dabei gilt $\langle (a_n), (b_n) \rangle \sim \langle (c_n), (d_n) \rangle$ schon, falls $(d_n - a_n)$ eine Nullfolge bildet. Damit stellen auch $\langle (a_n), (d_n) \rangle$ und $\langle (b_n), (c_n) \rangle$ Intervallschachtelungen dar, wie es ja auch die vorangehende Abbildung veranschaulicht. Die Relation "$\sim$" erweist sich als reflexiv, symmetrisch und transitiv (was hier nicht ausgeführt werden soll); sie gestattet also I in Klassen äquivalenter Intervallschachtelungen einzuteilen. Dabei gilt

$$[\langle (a_n), (b_n) \rangle] = \{\langle (x_n), (y_n) \rangle \mid \langle (x_n), (y_n) \rangle \sim \langle (a_n), (b_n) \rangle\} \, .$$

Die Menge aller dieser Klassen bildet nun die Menge $\mathbb{R}$ der reellen Zahlen.

Für die so definierte Menge $\mathbb{R}$ gilt es, eine Addition $\oplus$ und eine Multiplikation $\odot$ zu erklären. Dabei wird natürlich auf die Addition (bzw. Multiplikation) von Intervallschachtelungen aufgebaut, die bereits auf Seite 72 wegen ihrer praktischen Bedeutung beschrieben wurden.

Die **Summe** zweier reeller Zahlen $[\langle (a_n), (b_n) \rangle]$ und $[\langle (c_n), (d_n) \rangle]$ wird definiert gemäß

$$[\langle (a_n), (b_n) \rangle] \oplus [\langle (c_n), (d_n) \rangle] := [\langle (a_n + c_n), (b_n + d_n) \rangle].$$

Die Addition der Äquivalenzklassen wird also beschrieben durch die Addition von Intervallschachtelungen als Repräsentanten.

Für die *Abgeschlossenheit* dieser Verknüpfung ist dabei wichtig, daß auch die Summenfolgen $(a_n + c_n)$, $(b_n + d_n)$ wieder eine Intervallschachtelung bilden. Dazu vergewissert man sich, daß $(a_n + c_n)$ monoton wachsend ist, weil die Folgen (a_n) und (c_n) monoton wachsend sind. Ebenso erweist sich $(b_n + d_n)$ als monoton fallend. Ferner bildet $((b_n + d_n) - (a_n + c_n))$ eine monoton fallende Nullfolge, da

$$(b_n + d_n) - (a_n + c_n) = (b_n - a_n) + (d_n - c_n)$$

gilt und $(b_n - a_n)$ so wie $(d_n - c_n)$ monoton fallende Nullfolgen sind.

Neben der Abgeschlossenheit der Verknüpfung $\oplus$ ist die *Unabhängigkeit* der oben angegebenen Definition *von der Wahl der Repräsentanten* zu zeigen. D.h., wenn

$$\langle (a_n), (b_n) \rangle \sim \langle (a_n'), (b_n') \rangle \text{ und } \langle (c_n), (d_n) \rangle \sim \langle (c_n'), (d_n') \rangle$$

gilt, dann muß auch

$$\langle (a_n + c_n), (b_n + d_n) \rangle \sim \langle (a_n' + c_n'), (b_n' + d_n') \rangle$$

erfüllt sein. Zu begründen ist also, daß

$$((b_n' + d_n') - (a_n + c_n)) \text{ eine Nullfolge}$$

bildet. Das folgt aber aus der Tatsache, daß $(b_n' - a_n)$ und $(d_n' - c_n)$ Nullfolgen sind.

$(\mathbb{R}, \oplus)$ erweist sich nun als *kommutative Gruppe*. Dabei bildet $[\langle (0), (0) \rangle]$, wobei (0) die konstante Nullfolge bezeichnet, das neutrale Element bezüglich $\oplus$. Das inverse Element zu $[\langle (a_n), (b_n) \rangle]$ ist gegeben durch $[\langle (-a_n), (-b_n) \rangle]$. Assoziativität und Kommutativität gelten für die Addition von Folgen rationaler Zahlen und damit auch für die Addition der Klassen.

Das neutrale Element bezüglich $\oplus$ ist durch die „Nullschachtelung" $\langle (0), (0) \rangle$ als Repräsentanten beschrieben worden. Diese Intervallschachtelung besteht aus zwei konstanten Folgen, bei denen jedes Folgenglied die 0 ist. Entsprechend kann man jede rationale Zahl r durch eine Intervallschachtelung konstanter Folgen $\langle (r), (r) \rangle$ beschreiben. Die Klasse $[\langle (r), (r) \rangle]$ charakterisiert dann r im hier erklärten Sinne. Damit gelingt es, den bisherigen Bereich $\mathbb{Q}$ in den hier konstruierten Bereich $\mathbb{R}$ einzubetten. Die Menge

$$\mathbb{R}^* = \{ [\langle (r), (r) \rangle] \mid r \in \mathbb{Q} \}$$

entspricht somit in natürlicher Weise dem bisherigen Bereich $\mathbb{Q}$.

In jeder Klasse von Intervallschachtelungen außer der Nullklasse $[\langle(0), (0)\rangle]$ lassen sich ferner solche finden, deren Folgen (x_n) und (y_n) aus *nur positiven* oder *nur negativen* Gliedern bestehen. Die in diesem Sinne „positiven" Intervallschachtelungen repräsentieren die positiven reellen Zahlen und die „negativen" Intervallschachtelungen entsprechend die negativen reellen Zahlen. Diese Repräsentanten erweisen sich als günstig für die folgende Definition der Multiplikation:

Sind $\langle(a_n), (b_n)\rangle$ und $\langle(c_n), (d_n)\rangle$ Intervallschachtelungen mit nur positiven Folgengliedern, so wird das Produkt $\odot$ reeller Zahlen durch Fallunterscheidung angegeben, nämlich

$$\left.\begin{array}{cc} [\langle(a_n),(b_n)\rangle] & \odot & [\langle(c_n),(d_n)\rangle] \\ [\langle(-a_n),(-b_n)\rangle] & \odot & [\langle(-c_n),(-d_n)\rangle] \end{array}\right\} := [\langle(a_nc_n), (b_nd_n)\rangle];$$

$$\left.\begin{array}{cc} [\langle(-a_n),(-b_n)\rangle] & \odot & [\langle(c_n),(d_n)\rangle] \\ [\langle(a_n),(b_n)\rangle] & \odot & [\langle(-c_n),(-d_n)\rangle] \end{array}\right\} := [\langle(-a_nc_n), (-b_nd_n)\rangle].$$

Ferner wird für beliebige Intervallschachtelungen $\langle(x_n), (y_n)\rangle$ festgesetzt

$$[\langle(x_n), (y_n)\rangle] \odot [\langle(0), (0)\rangle] = [\langle(0), (0)\rangle] \odot [\langle(x_n), (y_n)\rangle] := [\langle(0), (0)\rangle].$$

Diese Fallunterscheidung erweist sich als günstig, wenn zur Rechtfertigung der Multiplikations-Definition die algebraische Abgeschlossenheit und die Unabhängigkeit von der Wahl der Repräsentanten begründet werden soll (vgl. Aufgabe 3).

$(\mathbb{R} \setminus \{[\langle(0), (0)\rangle]\})$, $\odot)$ läßt sich als kommutative Gruppe erweisen und $(\mathbb{R}; \oplus, \odot)$ dann als (kommutativer) Körper. Dabei bildet $[\langle(1), (1)\rangle]$ das neutrale Element der Multiplikation und $[\langle(\frac{1}{a_n}), (\frac{1}{b_n})\rangle]$ das multiplikative Inverse zu $[\langle(a_n), (b_n)\rangle]$.

Schließlich läßt sich die Ordnungsrelation von $\mathbb{Q}$ auf $\mathbb{R}$ übertragen. Dazu wird definiert: Es gilt $[\langle(a_n), (b_n)\rangle] \ominus [\langle(c_n), (d_n)\rangle]$, wenn es eine *positive rationale* Zahl δ gibt mit $(d_n - a_n) \geq \delta$ für alle $n \in \mathbb{N}$. Die Glieder der monoton fallenden Folge (d_n) müssen also einen „echten" Abstand von den Gliedern der monoton wachsenden Folge (a_n) behalten, wie es die nebenstehende Abbildung veranschaulicht.

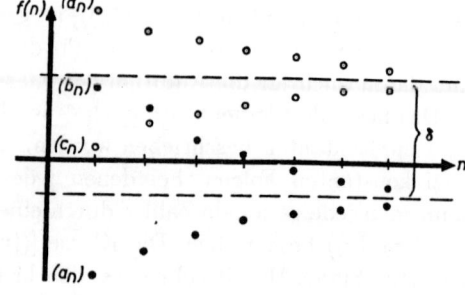

Die Relation $\ominus$ läßt sich als strenge, lineare Ordnungsrelation auf $\mathbb{R}$ erweisen und $(\mathbb{R}; \oplus, \odot, \ominus)$ damit als angeordneten Körper.

Der so konstruierte Zahlenbereich $\mathbb{R}$ füllt die gesamte Zahlengerade lückenlos aus. Jeder Punkt der Zahlengeraden, auch die irrationalen Zahlen entsprechenden, läßt sich nämlich durch eine Intervallschachtelung rationaler Zahlen erfassen, und *alle* Intervallschachtelungen rationaler Zahlen sind in $\mathbb{R}$ enthalten. So läßt sich z.B. eine Intervallschachtelung rationaler Zahlen $\langle (x_n), (y_n) \rangle$ angeben, welche eine Lösung der Gleichung

$$x^k = a \qquad (\text{mit } k \in \mathbb{N} \text{ und } a \geq 0, \ a \in \mathbb{Q})$$

beschreibt. Zunächst gibt es zur rationlen Zahl a eine natürliche Zahl y mit $y > a$ und dann auch $0 \leq a < y^k$. Aufbauend auf das Intervall $[0; y]$ läßt sich nun durch Intervallhalbierung eine Intervallschachtelung konstruieren. Dazu setzt man

$$x_1 = 0$$
$$x_{n+1} = \begin{cases} \frac{1}{2}(x_n + y_n) & \text{falls} \quad (\frac{1}{2}(x_n + y_n))^k \leq a \\ x_n & \text{sonst} \end{cases}$$

$$y_1 = y$$
$$y_{n+1} = \begin{cases} y_n & \text{falls} \quad (\frac{1}{2}(x_n + y_n))^k \geq a \\ \frac{1}{2}(x_n + y_n) & \text{sonst} \end{cases}$$

Die Klasse $[\langle (x_n), (y_n) \rangle]$ beschreibt dann die gesuchte Lösung der obigen Gleichung.

Die Tatsache, daß $\mathbb{R}$ die Zahlengerade lückenlos ausfüllt, wird auch als „Vollständigkeit" von $\mathbb{R}$ bezeichnet (siehe dazu Abschnitt II. 6).

Aufgaben

1. Geben Sie drei äquivalente Intervallschachtelungen für $\frac{2}{3}$ (für $\sqrt{2}$) an.

2. Begründen Sie, daß die für Intervallschachtelungen $\langle (a_n), (b_n) \rangle$ definierte Relation „$\sim$" eine Äquivalenzrelation darstellt.

3. Begründen Sie für die auf Seite 86 definierte Multiplikation $\odot$ die algebraische Abgeschlossenheit und die Unabhängigkeit von der Wahl des Repräsentanten.

4. Zeigen Sie, daß die auf Seite 86 gegebene Definition der $\oslash$-Relation äquivalent ist zur folgenden Aussage:

$$[\langle (a_n), (b_n) \rangle] \oslash [\langle (c_n), (d_n) \rangle] \iff \begin{cases} \text{Es gibt eine positive reelle Zahl } [\langle (u_n), (v_n) \rangle] \\ \text{mit } [\langle (a_n), (b_n) \rangle] \oplus [\langle (u_n), (v_n) \rangle] = [\langle (c_n), (d_n) \rangle] \end{cases}$$

II. 5 Darstellung reeller Zahlen

Beim praktischen Rechnen werden die reellen Zahlen meist als Dezimalbrüche dargestellt. Daneben sind an manchen Stellen auch Darstellungen in anderen

Stellenwertsystemen von Bedeutung. Computer z.B. beschreiben ihre Zahlen im Zweier- oder 16er-System. Solche Darstellungen sollen hier aber nicht weiter betrachtet werden.

Dezimalbrüche

$$a_0 + a_1 10^{-1} + a_2 10^{-2} + a_3 10^{-3} + \cdots$$

mit $a_0 \in \mathbb{N}_0$ und $a_i \in \{0, 1, 2, \ldots, 9\}$ werden geschrieben als

$$a_0, a_1 a_2 a_3 \ldots .$$

Für rationale Zahlen $\frac{a}{b}$ erhält man diese Darstellung einfach, indem man die Division $a : b$ durchführt. So erhält man z.B.

$$\frac{27}{8} = 3,375 \quad \text{oder} \quad -\frac{14}{3} = -4,666\ldots .$$

Dabei zeigt sich, daß die Dezimalbruchentwicklung rationaler Zahlen entweder *abbrechend* ist wie im linken Beispiel oder *periodisch* wie im rechten. Für einen abbrechenden Dezimalbruch werden also alle Koeffizienten a_i ab einem gewissen Index i_0 zu 0. Bei periodischen Dezimalbrüchen wiederholt sich ab einem gewissen Index eine Ziffernfolge. Diese „Periode" wird in der Regel durch einen Querstrich markiert: (vgl [E 1], S. 122 ff)

$$a_0, a_1 a_2 \ldots a_s \overline{a_{s+1} a_{s+2} \ldots a_{s+t}} .$$

Die Umrechnung periodischer Dezimalbrüche in rationale Zahlen läßt sich als Anwendung der geometrischen Reihe betrachten, wie das folgende Beispiel zeigt:

Beispiel 9: Es sei $x = 7,93\overline{578}$. Das bedeutet

$$
\begin{aligned}
x &= 7 + \frac{9}{10} + \frac{3}{10^2} + \frac{1}{10^2}\left(\frac{5}{10} + \frac{7}{10^2} + \frac{8}{10^3} + \frac{1}{10^3}\left(\frac{5}{10} + \frac{7}{10^2} + \frac{8}{10^3}\right) + \cdots\right) \\
&= 7 + \frac{9}{10} + \frac{3}{10^2} + \frac{1}{10^2}\left(\frac{5}{10} + \frac{7}{10^2} + \frac{8}{10^3}\right) \sum_{i=0}^{\infty} \frac{1}{10^{3i}} .
\end{aligned}
$$

Mit der geometrischen Reihe

$$\sum_{i=0}^{\infty} \frac{1}{10^{3i}} = \frac{1}{1 - \frac{1}{1000}} = \frac{1000}{999}$$

ergibt das insgesamt

$$x = \frac{793}{100} + \frac{578}{100000}\frac{1000}{999} = \frac{793}{100} + \frac{1}{100}\frac{578}{999} = \frac{792785}{99900} = \frac{158557}{19980} . \qquad \square$$

Nichtabbrechende und nichtperiodische Dezimalbrüche wie

$$\sqrt{5} = 2,2360679\ldots \quad \text{oder} \quad \pi = 3,1415926\ldots$$

stellen irrationale Zahlen dar. Es fragt sich nun, ob die Menge $\mathbb{D}$ aller Dezimalbrüche mit der Menge $\mathbb{R}$ aller reellen Zahlen übereinstimmt, die wir als beschreibbar durch Intervallschachtelungen rationaler Zahlen definiert hatten. Zunächst ist klar, daß sich jeder Dezimalbruch, auch ein nichtabbrechender, nichtperiodischer, durch eine Intervallschachtelung rationaler Zahlen darstellen läßt. So bietet sich z.B. für

$$\sqrt{2} = 1,4142135\ldots$$

die folgende dezimale Schachtelung an, die von einem Intervall zum nächsten jeweils eine weitere Dezimalstelle berücksichtigt

$$[1;\,2],\ [1,4;\,1,5],\ [1,41;\,1,42],\ [1,414;\,1,415],\ \ldots.$$

Andererseits ist auch durch jede Intervallschachtelung rationaler Zahlen $\langle (a_n), (b_n) \rangle$ ein Dezimalbruch eindeutig bestimmt. Für $b_n - a_n < \frac{1}{10^k}$ sind nämlich alle Ziffern bis zur k-ten Nachkommastelle eindeutig festgelegt. Wegen $b_n - a_n \xrightarrow{(n \to \infty)} 0$ lassen sich damit *alle* Dezimalziffern eindeutig bestimmen. Die Dezimalbrüche stellen also alle reellen Zahlen dar.

Praktisch rechnet man nur mit abbrechenden Dezimalbrüchen. Damit sind nicht einmal alle rationalen Zahlen erfaßt. Es fehlen nicht nur die irrationalen Zahlen als unendliche, nicht periodische Dezimalbrüche, auch die periodischen Dezimalbrüche wie $\frac{2}{3} = 0,\overline{6}$ oder $\frac{4}{7} = 0,\overline{571428}$ gehören nicht dazu. Beim Rechnen mit abbrechenden Dezimalbrüchen besitzen also viele Zahlen wie $\frac{3}{2}$ oder $\frac{7}{4}$ keine multiplikativen Inversen.

Tatsächlich ist der Bereich der darstellbaren Zahlen vielfach noch wesentlich stärker eingeschränkt. Häufig rechnet man mit einer beschränkten Zahl von Nachkommastellen. So lassen ja auch viele Taschenrechner nur 8 Stellen nach dem Komma zu. Damit sind aber noch mehr Körpergesetze nicht allgemein gültig, wie etwa das Assoziativgesetz der Multiplikation.

Beispiel 10: Gerechnet werde mit zwei Nachkommastellen, wobei die entsprechenden Ergebnisse jeweils auf zwei Nachkommastellen gerundet werden. Diese Multiplikation sei mit „$\cdot_r$" bezeichnet. Statt

$$2,51 \cdot 1,05 = 2,6355$$

hat man dann also

$$2,51 \cdot_r 1,05 = 2,64\,.$$

Im Sinne dieser Multiplikation mit anschließender Rundung gilt

$$2,51 \cdot_r (1,05 \cdot_r 1,11) = 2,51 \cdot_r 1,17 = 2,94$$

aber

$$(2,51 \cdot_r 1,05) \cdot_r 1,11 = 2,64 \cdot_r 1,11 = 2,93 \,.$$

Für diese dem Arbeiten eines Taschenrechners mit dreistelliger Anzeige nachempfundenen Multiplikation gilt also kein Assoziativgesetz. □

Die Idealisierung der reellen Zahlen, die alle unendlichen Dezimalbrüche hinzunimmt, garantiert die Gültigkeit der Körpergesetze, wie man sie etwa beim Lösen von Gleichungen benötigt. Beim praktischen Rechnen, dessen muß man sich bewußt sein, gelten diese Gesetze keineswegs alle. Zwar sind die Abweichungen häufig gering, wie im obigen Beispiel, so daß sie sich erst bei längeren Rechenketten auswirken. Dann lohnt es sich allerdings zu überlegen, welcher von zwei Rechenwegen das genauere Ergebnis liefert.

Als deutlich andere Form der Darstellung reeller Zahlen gegenüber Dezimalbrüchen (Dual- oder Hexadezimalbrüchen) sei hier die **Kettenbruchdarstellung** betrachtet. Sie entspricht dem auch durchaus praktischen Wunsch, reelle Zahlen durch Brüche (möglichst mit nicht zu großem Nenner) anzunähern. So entwickelte CHRISTIAN HUYGENS (1629–1695) Kettenbruchdarstellungen, als er ein Zahnradmodell des Sonnensystems bauen wollte. Gesucht wurden möglichst „einfache" Brüche, für die gelten sollte

$$\frac{\text{Zahnanzahl von Zahnrad 1}}{\text{Zahnanzahl von Zahnrad 2}} = \frac{\text{Umlaufzeit von Planet 1}}{\text{Umlaufzeit von Planet 2}} \,.$$

Sind die Umlaufzeiten der Planeten recht genau gemessen, dann kann rechts ein Bruch mit sehr großem Zähler und Nenner entstehen. Für die Bewegung des Saturn in Bezug auf die Erde z.B. betrachtete Huygens das Verhältnis 77708431 : 2640858. Er wählte als Näherungsbruch $\frac{206}{7}$.

Die Kettenbruchdarstellung einer reellen Zahl x hat im allgemeinen die Form

$$x = v_0 + \cfrac{1}{v_1 + \cfrac{1}{v_2 + \cfrac{1}{v_3 + \cfrac{1}{\ddots}}}}$$

Bezeichnet wird dieser Ausdruck, der durchaus nicht abbrechen muß, mit $[v_0, v_1, v_2, v_3, \dots]$. Für rationale Zahlen $\frac{a}{b}$ lassen sich die v_i entsprechend dem euklidischen Algorithmus bestimmen (vgl. [E 1], S. 132).

$$
\begin{aligned}
\frac{a}{b} &= v_0 + \frac{r_1}{b} && \text{mit} && v_0 \in \mathbb{N}_0 && \text{und} && 0 \le r_1 < b \\
\frac{b}{r_1} &= v_1 + \frac{r_2}{r_1} && \text{mit} && v_1 \in \mathbb{N} && \text{und} && 0 \le r_2 < r_1 \\
\frac{r_1}{r_2} &= v_2 + \frac{r_3}{r_2} && \text{mit} && v_2 \in \mathbb{N} && \text{und} && 0 \le r_3 < r_2 \\
\dots
\end{aligned}
$$

Bei irrationalen Zahlen verfährt man entsprechend, indem man die v_i jeweils als Ganzteile abspaltet.

Beispiel 11: a) Für den oben zur Realisierung des Zahnradgetriebes benutzten Bruch gilt

$$\frac{77708431}{2640858} = 29 + \frac{1123548}{2640858} = 29 + \cfrac{1}{\cfrac{2640858}{1123548}}$$

$$= 29 + \cfrac{1}{2 + \cfrac{393762}{1123548}} = 29 + \cfrac{1}{2 + \cfrac{1}{\cfrac{1123548}{393762}}}$$

$$= 29 + \cfrac{1}{2 + \cfrac{1}{2 + \cfrac{336024}{393762}}} = 29 + \cfrac{1}{2 + \cfrac{1}{2 + \cfrac{1}{\cfrac{393762}{336024}}}} \quad \cdots$$

Indem man weiterrechnet, erhält man insgesamt

$$\frac{77708431}{2640858} = [29, 2, 2, 1, 5, 1, 4, 1, 1, 2, 1, 6, 1, 10, 2, 2, 3] \, .$$

Der von Huygens gewählte Näherungsbruch $\frac{206}{7}$ entspricht $[29, 2, 2, 1]$, denn es gilt

$$29 + \cfrac{1}{2 + \cfrac{1}{2 + \cfrac{1}{1}}} = 29 + \cfrac{1}{\frac{7}{3}} = 29 + \frac{3}{7} = \frac{206}{7} \, .$$

b) Das irrationale Zahlenverhältnis $\Phi = \frac{1}{2}(\sqrt{5} - 1)$, welches den goldenen Schnitt beschreibt, genügt der quadratischen Gleichung (siehe S. 52)

$$x^2 + x - 1 = 0 \, .$$

Mit der Umformung $x = \frac{1}{1+x}$ und wiederholtem Einsetzen erhält man damit die besonders einfache periodische Kettenbruchentwicklung

$$\Phi = \cfrac{1}{1 + \cfrac{1}{1 + \cfrac{1}{1 + \cdots}}} = [0, 1, 1, 1, \ldots] = [0, \overline{1}] \, .$$

Bei Anwendungen realisiert man das Teilungsverhältnis des goldenen Schnitts häufig durch die Näherungsbrüche $\frac{3}{5}$ oder $\frac{5}{8}$. Diese entsprechen $[0, 1, 1, 1, 1]$ bzw.

$[0,1,1,1,1,1]$. So gilt z.B.

$$[0,1,1,1,1] = \cfrac{1}{1+\cfrac{1}{1+\cfrac{1}{1+\cfrac{1}{1}}}} = \cfrac{1}{1+\cfrac{1}{1+\cfrac{1}{2}}} = \cfrac{1}{1+\frac{2}{3}} = \frac{3}{5}.\ \square$$

Aufgaben

1. Verwandeln Sie folgende Dezimalzahlen (Dualzahlen) in einen vollgekürzten Bruch: a) $0,\overline{35}$ b) $3,1\overline{737}$ c) $(0,\overline{10})_2$ d) $(1,\overline{101})_2$

2. Geben Sie die ersten 6 Ziffern der Dezimalbruchentwicklung an für (Taschen-rechner): a) $9-4\sqrt{5}$ b) $\dfrac{1}{(\sqrt{5}+2)^2}$ c) $\sqrt{\frac{827}{91}-\sqrt{82,5}}$ d) $\sqrt{\frac{827}{91}-\sqrt{82,7}}$

3. Begründen Sie: Enthält bei einem vollgekürzten Bruch der Nenner nur die Primfaktoren 2 und 5, dann läßt er sich als Zehnerbruch (als abbrechender Dezimalbruch) schreiben.

4. Geben Sie zwei Taschenrechnerbeispiele an, in denen die Gleichung $a+x=b$ nicht eindeutig lösbar ist.

5*. Geben Sie je zwei Taschenrechnerbeispiele an, bei denen das Assoziativgesetz der Multiplikation (das Distributivgesetz) versagt.

6. Spielt es eine Rolle, in welcher Reihenfolge man die Summe

$$\sum_{i=1}^{1000} \frac{1}{i^2} = 1 + \frac{1}{4} + \frac{1}{9} + \cdots + \frac{1}{10^6}$$

berechnet, wenn man eine gute Genauigkeit erzielen möchte ?

7. Verwandeln Sie folgende Kettenbrüche in normale Brüche:
   a) $[2,4,1,5]$ b) $[0,1,1,1,1,1]$ c) $[1,4,2,17,3]$

8. Bestimmen Sie die Kettenbruchdarstellung für:
   a) $\frac{4}{17}$ b) $3,15$ c) $\frac{27}{19}$ d) $\frac{1355}{946}$

9. Berechnen Sie die ersten vier Näherungsbrüche der Kreiszahl π.

10. Ermitteln Sie die periodische Kettenbruchentwicklung für $\sqrt{2}$, $\frac{1}{2}(\sqrt{5}+1)$.

11*. Die Umlaufzeit der Erde um die Sonne beträgt recht genau

$$365\,\mathrm{d}\ 5\,\mathrm{h}\ 48\,\mathrm{m}\ 45,8\,\mathrm{s} = \left(365 + \frac{104629}{432000}\right)\,\mathrm{d}.$$

Geben Sie für diese Bruchzahl eine Kettenbruchdarstellung an. Der erste Näherungsbruch ist natürlich 365. Wählte man ihn zur Beschreibung des Jahres, so hätte man keine Schaltjahre. Dies war im alten Ägypten der Fall. Es wurde dafür aber in großen Abständen das Jahr um mehrere Tage verlängert. Betrachten Sie die ersten 6 Näherungsbrüche und beschreiben Sie, welche Schaltjahrsregelung diesen entspricht.

II. 6 Aspekte der Vollständigkeit

Die Bedeutung der reellen Zahlen beruht auf der **Vollständigkeit** dieses Zahlenbereichs. Durch Hinzunahme der irrationalen Zahlen zu den rationalen Zahlen wird erreicht, daß die Zahlengerade *lückenlos* ausgeschöpft wird. Bei der Konstruktion der reellen Zahlen durch Intervallschachtelungen rationaler Zahlen kommt die Vollständigkeit darin zum Ausdruck, daß *jede* Intervallschachtelung ein Zentrum (einen Kern) besitzt. Es gibt einige andere Eigenschaften der reellen Zahlen, die auf der Vollständigkeit beruhen und die auch geeignet sind, die Vollständigkeit von $\mathbb{R}$ zu beschreiben. Drei solche gleichwertigen Formulierungen der Vollständigkeit von $\mathbb{R}$ sollen hier genannt und erläutert werden, ohne daß deren Gleichwertigkeit bewiesen wird:

(1) *Monotonieeigenschaft*: Jede monoton wachsende und beschränkte Folge in $\mathbb{R}$ besitzt einen Grenzwert.

(2) *Cauchy-Eigenschaft*: Jede Cauchy-Folge in $\mathbb{R}$ besitzt einen Grenzwert. Dabei heißt eine Folge (a_n) Cauchy-Folge, wenn für hinreichend große Indizes k und l der Abstand der Folgenglieder a_k, a_l beliebig klein wird, wenn also für jedes vorgegebene $\varepsilon > 0$ gilt

$|a_k - a_l| < \varepsilon$ für hinreichend große k, $l \in \mathbb{N}$.

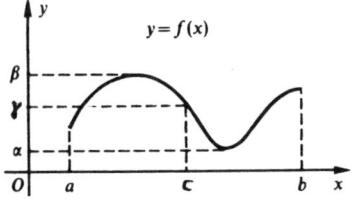

(3) *Zwischenwerteigenschaft*: Jede auf einem Intervall $[a, b]$ definierte stetige Funktion f, $f : [a, b] \to \mathbb{R}$, nimmt mit zwei Funktionswerten α und β auch jeden Zwischenwert γ an. Es gibt also eine Stelle c im Intervall $[a, b]$ mit $f(c) = \gamma$.

Im folgenden Beispiel werden Situationen gezeigt, in denen es vorteilhaft ist, eine dieser Formulierungen der Vollständigkeit von $\mathbb{R}$ zu benutzen.

Beispiel 12: Für manche Folgen ist es leichter, Monotonie und Beschränktheit oder die Cauchy-Eigenschaft zu zeigen, als einen Grenzwert anzugeben. Die Tatsache der Existenz des Grenzwertes kann dann sogar hilfreich sein, diesen zu bestimmen. a) Die rekursiv definierte Folge (a_n) mit

$$a_1 = 2 \quad \text{und} \quad a_{n+1} = \sqrt{5 + a_n}$$

ist monoton wachsend, wie die folgende Abbildung verdeutlicht. Es gilt:

$$a_{n+1} \geq a_n \Longleftrightarrow \sqrt{5+a_n} \geq a_n \Longleftrightarrow a_n+5 \geq a_n^2$$

$$\Longleftrightarrow a_n^2 - a_n \leq 5 \Longleftrightarrow a_n^2 - a_n + \frac{1}{4} \leq \frac{21}{4}$$

$$\Longleftrightarrow \left(a_n - \frac{1}{2}\right)^2 \leq \frac{21}{4},$$

also insgesamt

$$a_{n+1} \geq a_n \Longleftrightarrow a_n \leq \frac{1}{2}(1+\sqrt{21}) \ (= 2,7912\ldots).$$

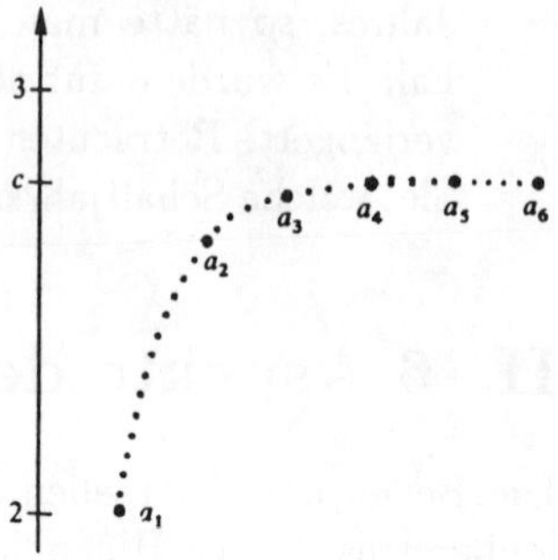

Nun gilt aber die Umformung:

$$a_{n+1} \leq \frac{1}{2}(1+\sqrt{21}) \Longleftrightarrow \sqrt{a_n+5} \leq \frac{1}{2}(1+\sqrt{21})$$

$$\Longleftrightarrow a_n + 5 \leq \frac{1}{4}(22 + 2\sqrt{21}) \Longleftrightarrow a_n \leq \frac{1}{2}(1+\sqrt{21}).$$

Mit $2 \leq \frac{1}{2}(1+\sqrt{21})$ folgt also per Induktion für alle $n \in \mathbb{N}$: $a_n \leq \frac{1}{2}(1+\sqrt{21})$ und damit aufgrund der obigen Überlegungen auch die (steigende) Monotonie der Folge. Somit besitzt die Folge (a_n) aufgrund von Eigenschaft (1) einen Grenzwert c in $\mathbb{R}$. Wegen der die Folge definierenden Rekursion muß für c die Bedingung

$$c = \sqrt{5+c}$$

gelten. Damit folgt $c = \frac{1}{2}(1+\sqrt{21})$.

b) Die rekursiv definierte Folge (b_n) mit

$$b_1 = 2 \quad \text{und} \quad b_{n+1} = \frac{1}{2+b_n}$$

beginnt mit

$$b_1 = 2, \ b_2 = 0,25, \ b_3 = 0,4\overline{4}, \ b_4 = 0,4\overline{09}, \ b_5 = 0,41509\ldots.$$

Diese Folge besitzt sicher nur positive Glieder; sie ist aber nicht monoton. Es gilt

$$|b_{n+1} - b_n| = |\frac{1}{2+b_n} - \frac{1}{2+b_{n-1}}| = |\frac{(2+b_{n-1}) - (2+b_n)}{(2+b_n)(2+b_{n-1})}| =$$

$$= \frac{1}{(2+b_n)(2+b_{n-1})}|b_n - b_{n-1}| \leq \frac{1}{4}|b_n - b_{n-1}|.$$

Die Differenz zweier aufeinanderfolgender Glieder verkleinert sich also mindestens mit dem Faktor $\frac{1}{4}$. Damit wird auch der Abstand der Folgenglieder b_n und b_{n+k} beliebig klein, wenn man n hinreichend groß wählt (Aufgabe 4). Die Folge (b_n)

ist somit eine Cauchy-Folge und besitzt aufgrund der Cauchy-Eigenschaft einen Grenzwert b in $\mathbb{R}$. Vollzieht man in der Rekursionsformel den Grenzübergang $n \to \infty$, so folgt für den Grenzwert

$$b = \frac{1}{2+b} \quad \text{oder} \quad b^2 + 2b - 1 = 0 \,.$$

Den gesuchten Wert b kann man damit als die positive Lösung dieser quadratischen Gleichung bestimmen:

$$b = -1 + \sqrt{2} = 0,4142135\ldots \,. \quad \Box$$

Die Vollständigkeit von $\mathbb{R}$ in Form der Zwischenwerteigenschaft (3) wurde bereits mehrfach zur Begründung der Existenz von Nullstellen benutzt. Beim Intervallhalbierungsverfahren und der regula falsi (S. 52 ff) schließt man z.B. bei stetigen Funktionen aus Funktionswerten $f(a)$ und $f(b)$ mit unterschiedlichen Vorzeichen auf die Existenz einer Nullstelle im Intervall $[a, b]$.

Aufgaben

1. Begründen Sie durch ein Gegenbeispiel, daß $\mathbb{Q}$ nicht die Monotonieeigenschaft (die Cauchy-Eigenschaft) besitzt.

2. Betrachten Sie $f : \mathbb{Q} \to \mathbb{R}$ mit $f(x) = x^2 - 2$, und begründen Sie mit Hilfe dieses Beispiels, daß $\mathbb{Q}$ nicht die Zwischenwerteigenschaft besitzt.

3. a) Begründen Sie mit Hilfe der Eigenschaft (1), daß jede monoton fallende, beschränkte Folge einen Grenzwert besitzt.
   b) Zeigen Sie, daß die Folge $a_0 = 3$, $a_{n+1} = \sqrt{5 + a_n}$ monoton fallend und beschränkt ist. Bestimmen Sie den Grenzwert.

4. Begründen Sie (Beispiel 12, b)

$$|a_{n+k} - a_n| \le \left(\frac{1}{4}\right)^{n-1} \frac{1}{1 - \frac{1}{4}} = \frac{1}{4^{n-1}} \frac{4}{3} \,.$$

   Benutzen Sie

$$|a_{n+k} - a_n| \le |a_{n+k} - a_{n+k-1}| + \cdots + |a_{n+1} - a_n|$$

   und die Summenformel für die geometrische Reihe.

5. Die Folge (a_n) des Heron-Newton-Verfahrens (siehe S. 61) mit

$$a_1 = 1 \quad \text{und} \quad a_{n+1} = \frac{1}{2} a_n + \frac{1}{a_n} \quad (n \in \mathbb{N})$$

   soll als Cauchy-Folge erwiesen werden. Zeigen Sie dazu nacheinander:
   a) $a_n^2 \ge 2$ für $n \ge 2$ b) $a_n^2 \le 2 + \frac{1}{2^n}$ für $n \ge 2$
   c) $|a_n - a_m| < |a_n^2 - a_m^2|$ für $n, m \ge 2$
   Bestimmen Sie schließlich den Grenzwert der Folge (a_n).

6. Die Funktion f sei stetig auf dem Intervall $[a, b]$ und es sei $f([a, b]) \subseteq [a, b]$, d.h. $a \leq f(x) \leq b$ für $x \in [a, b]$. Zeigen Sie, daß ein $c \in [a, b]$ existiert mit $f(c) = c$. (Dieser Wert c heißt **Fixpunkt** der Funktion f.) Erläutern Sie diese Situation anhand der nebenstehenden Skizze.

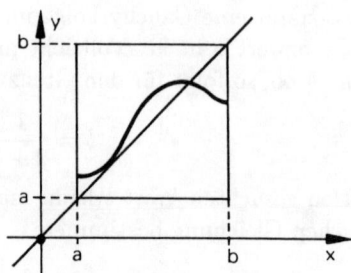

II. 7 Funktionen der reellen Analysis

Einige mit Blick auf Anwendungen interessante Funktionen, $f : \mathbb{R} \to \mathbb{R}$, sollen hier genauer betrachtet werden:

Die Funktion

$$\exp_a : x \mapsto a^x \quad \text{mit } a \in \mathbb{R}^+, \ x \in \mathbb{R}$$

heißt **Exponentialfunktion** zur Basis a. Für negative Basen a ist a^x nicht für alle x-Werte aus $\mathbb{R}$ definiert, wie schon das Beispiel $(-1)^{0,5}$ $(= \sqrt{-1})$ belegt.

Die Wertemenge der Exponentialfunktion ist $]0, \infty[$, falls $a \neq 1$. Für $a > 1$ sind die Funktionen monoton wachsend, für $0 < a < 1$ monoton fallend, wie die nebenstehende Abbildung zeigt.

Ist $a \neq 1$, dann sind die Exponentialfunktionen umkehrbar. Die Umkehrfunktion von $\exp_a$ ist die Logarithmusfunktion zur Basis a

$$\log_a : x \mapsto \log_a(x)$$

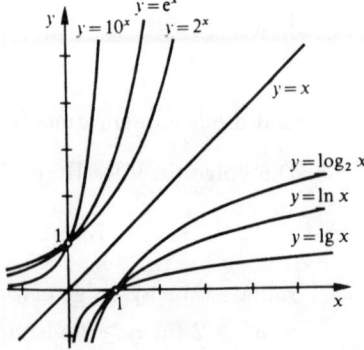

Diese ist auf $\mathbb{R}^+$ definiert und erfaßt ganz $\mathbb{R}$ als Wertebereich. Als Umkehrfunktionen gilt zwischen Exponential- und Logarithmusfunktion

$$\exp_a \circ \log_a = \text{id}, \text{ d.h. } a^{\log_a(x)} = x \text{ für } x \in \mathbb{R}^+$$

und

$$\log_a \circ \exp_a = \text{id}, \text{ d.h. } \log_a(a^x) = x \text{ für } x \in \mathbb{R} \,.$$

Aufgrund der Potenzgesetze erfüllen die Exponentialfunktionen die **Funktionalgleichung**

$$\exp_a(x_1 + x_2) = \exp_a(x_1) \cdot \exp_a(x_2) \,.$$

Daraus folgt als Funktionalgleichung für die zugehörige Logarithmusfunktion

$$\log_a(x_1 \cdot x_2) = \log_a(x_1) + \log_a(x_2);$$

denn es gilt

$$a^{\log_a(x_1 \cdot x_2)} = x_1 \cdot x_2 = a^{\log_a(x_1)} \cdot a^{\log_a(x_2)} = a^{\log_a(x_1) + \log_a(x_2)}.$$

Die Funktionalgleichung des Logarithmus stellt einen Zusammenhang zwischen der Multiplikation $x_1 \cdot x_2$ und einer Addition $\log_a(x_1) + \log_a(x_2)$ her. Dies wird beim logarithmischen Rechnen zur Bestimmung eines Produktes benutzt: Um $x_1 \cdot x_2$ zu ermitteln, werden dabei zunächst die Logarithmen $\log_a(x_1)$ und $\log_a(x_2)$ aus einer Tafel ermittelt. Diese werden addiert, was im Sinne der Funktionalgleichung $\log_a(x_1 \cdot x_2)$ ergibt. Sucht man nun zu diesem Logarithmenwert den zugehörigen x-Wert (Numerus) in der Tafel auf, so erhält man das Produkt $x_1 \cdot x_2$. Bei mehrstelligen Faktoren x_1, x_2 ist dieser Umweg, der dreimaliges Nachsehen in einer Logarithmentafel und eine Addition erfordert wesentlich weniger aufwendig als eine Durchführung der schriftlichen Multiplikation.
Entsprechend lassen sich natürlich auch eine Division $\frac{x_1}{x_2}$ und die Bestimmung einer Potenz $x_1^{r_2}$ vereinfachen (Aufgabe 6). Beim logarithmischen Rechnen wird meist der Logarithmus zur Basis 10 benutzt, der auch mit lg bezeichnet wird.

Im Sinne der Beschreibung von Naturphänomenen am wichtigsten ist der Logarithmus zur Basis e, der auch als *natürlicher* Logarithmus bezeichnet wird und mit ln abgekürzt wird. Dabei ist die *Eulersche* Zahl e definiert als $\lim_{n \to \infty} (1 + \frac{1}{n})^n$.

Beispiel 13: a) Die Darstellung der Eulerschen Zahl e als $\lim_{n \to \infty} (1 + \frac{1}{n})^n$ macht die Bedeutung des natürlichen Logarithmus zur Beschreibung von Wachstumsprozessen verständlich: Die Formel

$$K_1 = K_0(1 + \frac{p}{100})$$

beschreibt das Wachstum eines Kapitals K_0, das ein Jahr mit $p\%$ verzinst wird. Ist monatliche Verzinsung (mit Zinseszinsen) vereinbart, so wird das Kapital nach einem Jahr bestimmt gemäß

$$\overline{K_1} = K_0(1 + \frac{p}{12 \cdot 100})^{12}.$$

Denkt man sich das Kapital K_0 im Abstand $\frac{1}{n}$ Jahr verzinst, so entsteht nach einem Jahr

$$\hat{K_1} = K_0(1 + \frac{p}{n \cdot 100})^n.$$

Läßt man n immer größer werden, so daß die Zinsen in jedem Augenblick dem Kapital zugeschlagen werden, dann nennt man dies **stetige Verzinsung**. Das Kapital ist nach einem Jahr angewachsen gemäß

$$\tilde{K_1} = K_0\, e^{\frac{p}{100}}.$$

Es gilt nämlich

$$\left(1 + \frac{p}{n \cdot 100}\right)^n = \left(1 + \frac{1}{\frac{n}{\frac{p}{100}}}\right)^n = \left(\left(1 + \frac{1}{\frac{n}{\frac{p}{100}}}\right)^{\frac{n}{\frac{p}{100}}}\right)^{\frac{p}{100}}$$

und mit $\lim\limits_{n\to\infty}(1 + \frac{1}{n})^n = e$ folgt für jede gegen unendlich strebende Folge (x_n) : $\lim\limits_{n\to\infty}(1 + \frac{1}{x_n})^{x_n} = e$.

b) Als typisches Beispiel eines natürlichen Wachstumsprozesses sei das Wachstum einer Bakterienkultur ohne Raum- und Nahrungsmangel betrachtet. Die Bakterien vermehren sich unabhängig voneinander. Im gleichen Zeitabschnitt teilt sich aber stets der gleiche Prozentsatz der vorhandenen Menge. Wir starten zum Zeitpunkt $t = 0$ mit der Anfangsmasse M_0, und bezeichnen den Wachstumsfaktor, der die Masse zum Zeitpunkt t liefert, mit $E(t)$. Die Masse zum Zeitpunkt t ist dann proportional zur Anfangsmasse: $M(t) = M_0 \cdot E(t)$. Die nebenstehende Abbildung zeigt, daß man die Masse zum Zeitpunkt $s + t$ auf zwei Arten bestimmen kann. Der Wachstumsfaktor $E(s+t)$ läßt sich auch ausdrücken als $E(s)\,E(t)$.

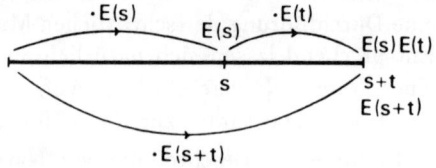

Die Wachstumsfunktion genügt also der Funktionalgleichung der Exponentialfunktion

$$E(s + t) = E(s) \cdot E(t)\,.$$

Damit ist sie aber auch als Exponentialfunktion bestimmt. Zunächst gilt nämlich für $n \in \mathbb{N}$:

$$E(nt) = E(t + t + \ldots + t) = E(t) \cdot E(t) \cdot \cdots \cdot E(t) = (E(t))^n\,.$$

Dann aber auch für rationale $t = \frac{m}{n}$ (oder $n \cdot t = m \cdot 1$):

$$E(nt) = E(m \cdot 1) \text{ oder } (E(t))^n = (E(1))^m \text{ oder } E(t) = \sqrt[n]{(E(1))^m}\,,$$

insgesamt also

$$E(t) = E(1)^{\frac{m}{n}}\,.$$

Wegen der Stetigkeit der Wachstumsfunktion gilt dann für $t \in \mathbb{R}$

$$E(t) = a^t \quad \text{mit } a = E(1) > 0\,.$$

Da das Bakterienwachstum der stetigen Verzinsung entspricht, wird es meist mit der Eulerschen Zahl e beschrieben als

$$E(t) = e^{kt} \quad \text{mit } a = e^k = E(1)$$

und damit die Masse der Bakterienkultur in Abhängigkeit von t als

$$M(t) = M_0 e^{kt} \quad (t \in \mathbb{R}^+). \quad \square$$

Die Überlegungen in diesem Beispiel zeigen zugleich, daß nur die Exponentialfunktionen der charakteristischen Funktionalgleichung genügen.

Beispiel 14: In der Natur kommt häufig die sogenannte *logarithmische Spirale* vor, wie sie z.B. die Abbildung des *Ammoniten* zeigt. Der charakteristische Kurvenzug der Spirale (untere Abbildung) läßt sich am besten erfassen, indem man den Radius r in Abhängigkeit vom Winkel α darstellt. Nach den Überlegungen des vorangehenden Beispiels ist verständlich, daß der Radius durch eine Exponentialfunktion erfaßt wird.

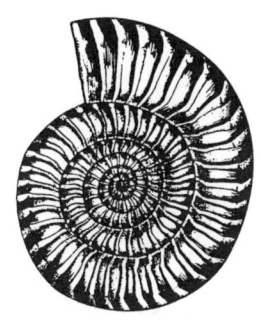

$$r = aq^{\alpha} \quad \text{mit } a > 0 \text{ und } q > 1.$$

Der Name logarithmische Spirale gründet sich darauf, daß bei Logarithmierung dieser Gleichung

$$\log(r) = \log(a) + \alpha \log(q)$$

der Wert $\log(r)$ als lineare Funktion des Winkels α bestimmt werden kann. $\square$

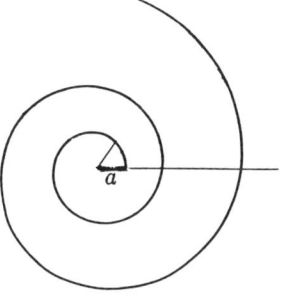

Neben Exponentialfunktion und Logarithmus sollen hier die trigonometrischen Funktionen betrachtet werden: Die Koordinaten eines Punktes P auf dem Einheitskreis sind durch den Winkel α zwischen $0\,P$ und der x-Achse festgelegt (siehe nebenstehende Abbildung). Die x-Koordinate von P bezeichnet man in der Trigonometrie mit

$$\cos \alpha \quad (\text{Kosinus von } \alpha),$$

die y-Koordinate mit

$$\sin \alpha \quad (\text{Sinus von } \alpha).$$

Dreht man den Radius von der positiven x-Achse ausgehend um den Winkel α, dann ist sein Endpunkt

$$P = (\cos \alpha, \, \sin \alpha).$$

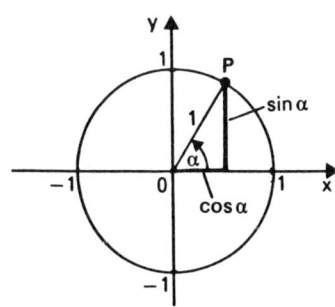

Dabei beschreibt $\alpha > 0$ eine Linksdrehung und $\alpha < 0$ eine Rechtsdrehung. Die obige Abbildung macht folgende Beziehungen unmittelbar verständlich:

$$\sin(\alpha + 360°) = \sin \alpha \,; \qquad \cos(\alpha + 360°) = \cos \alpha$$
$$\sin(-\alpha) = -\sin \alpha \,; \qquad \cos(-\alpha) = \cos \alpha \,.$$

Damit erhält man den typischen periodischen Verlauf der trigonometrischen Funktionen, wie ihn die folgende Abbildung zeigt:

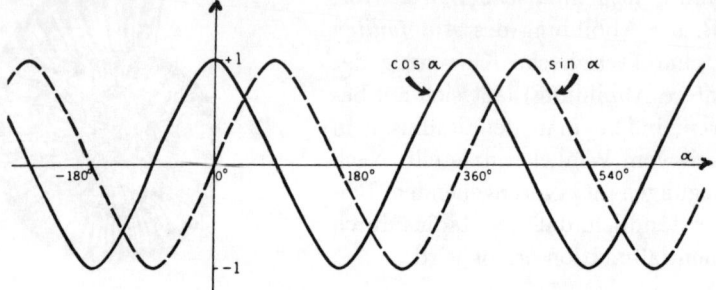

Spezielle Werte der trigonometrischen Funktionen lassen sich mit Hilfe besonderer Dreiecke bestimmen. Dabei benutzt man die in rechtwinkligen Dreiecken geltenden Beziehungen

$$\sin \alpha = \frac{\text{Gegenkathete}}{\text{Hypotenuse}} \,; \qquad \cos \alpha = \frac{\text{Ankathete}}{\text{Hypotenuse}} \,.$$

Einen Winkel von 60° liefert das gleichseitige Dreieck. Die Höhe im gleichseitigen Dreieck ist gleichzeitig Seitenhalbierende. Damit folgt gemäß der nebenstehenden Abbildung:

$$\sin 30° = \cos 60° = \frac{1}{2} \,.$$

$\sin \alpha$ und $\cos \alpha$ sind als Koordinaten eines Punktes auf dem Einheitskreis eingeführt worden. (siehe S. 99). Nach dem Satz des Pythagoras gilt somit allgemein:

$$\sin^2 \alpha + \cos^2 \alpha = 1 \,.$$

Daraus folgt speziell

$$\cos 30° = \sin 60° = \sqrt{1 - \frac{1}{4}} = \sqrt{\frac{3}{4}} = \frac{1}{2}\sqrt{3} \,.$$

Eine weitere Möglichkeit Sinus- und Kosinus-Werte in Beziehung zu setzen, und damit die einen mit Hilfe der anderen zu berechnen, bieten die **Additionstheoreme**:

$$\begin{aligned} \sin(\alpha + \beta) &= \sin \alpha \cos \beta + \cos \alpha \sin \beta \\ \cos(\alpha + \beta) &= \cos \alpha \cos \beta - \sin \alpha \sin \beta \,. \end{aligned}$$

Dabei läßt sich das Additionstheorem
des Sinus für Winkel mit $\alpha + \beta \leq 90°$
anhand der nebenstehenden Abbildung
begründen. Der Punkt (x, y) auf dem
Einheitskreis entspricht dem Winkel
$\alpha + \beta$. Also gilt $\sin(\alpha + \beta) = y$. Nun bietet sich die Zerlegung $y = r + s$ an, wobei
das Dreieck im Sektor des Winkels α

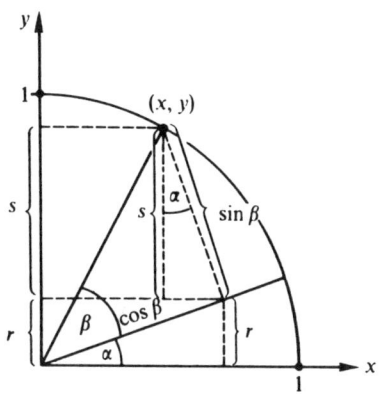

$$\sin \alpha = \frac{r}{\cos \beta} \quad \text{oder} \quad r = \sin \alpha \cos \beta$$

erkennen läßt. Mit Scheitel im Punkt
(x, y) gibt es ebenfalls einen Winkel mit
Maß α. Die Schenkel dieses Winkels stehen nämlich paarweise senkrecht auf dem
ursprünglichen Winkel mit der Maßzahl α. Im obigen rechtwinkligen Dreieck gilt

$$\cos \alpha = \frac{s}{\sin \beta} \quad \text{oder} \quad s = \cos \alpha \sin \beta \, .$$

Damit hat man insgesamt

$$\sin(\alpha + \beta) = r + s = \sin \alpha \cos \beta + \cos \alpha \sin \beta \, .$$

Statt im Gradmaß werden Winkel häufig auch im
Bogenmaß gemessen. Diese Maßzahl arc α gibt die
Länge des Bogens am Einheitskreis an, den der Radius bei der Drehung um den Winkel α überstreicht.
Ein Bogengrad entspricht dem 360-ten Teil von 2π
(dem Umfang des Einheitskreises). Ein Winkel von
$\alpha°$ hat also das Bogenmaß

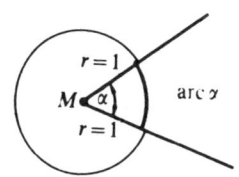

$$\alpha \cdot \frac{2\pi}{360} = \frac{\alpha \pi}{180} \approx 0,0175\alpha \, .$$

Bei Darstellungen des Verlaufs von Sinus- und Kosinusfunktion werden auf der
waagerechten Achse häufig Bogenmaße aufgetragen. In diesem Sinne sind die
Funktionen dann 2π-periodisch.

Der *Tangens* des Winkels x ist definiert durch

$$\tan x := \frac{\sin x}{\cos x} \, .$$

Somit ist die Tangensfunktion $x \mapsto \tan x$ nur für $x \neq \frac{\pi}{2} + k\pi$ ($k \in \mathbb{Z}$) definiert.
Die im Nenner stehende Kosinusfunktion besitzt nämlich bei $\frac{\pi}{2} + k\pi$ ($k \in \mathbb{Z}$)
Nullstellen (siehe S. 100). Die folgende Abbildung zeigt ferner die Funktion $x \mapsto$
$\frac{\cos x}{\sin x}$, die als Kotangensfunktion bezeichnet wird, also $\cot x := \frac{\cos x}{\sin x}$. Tangens- und

Kotangensfunktion sind π-periodisch.

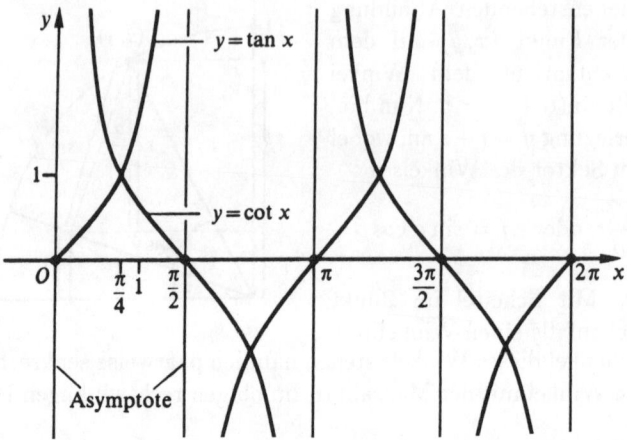

Die trigonometrischen Funktionen finden in vielen Situationen Anwendung, sowohl was einzelne Funktionswerte angeht als auch wegen ihres periodischen Verlaufs.

Beispiel 15: a) Zur Bestimmung der Füllhöhe eines zylindrischen Tanks (Beispiel 12, S. 64) wurde der Inhalt des Kreissegmentes in Abhängigkeit von x (in Bogenmaß) dargestellt. (Einen Tankquerschnitt zeigt die nebenstehende Abbildung.) Der Flächeninhalt des Kreissektors beträt $\frac{1}{2}xr^2$, der Flächeninhalt des Dreiecks $r\sin\frac{x}{2} \cdot r\cos\frac{x}{2}$. Wegen

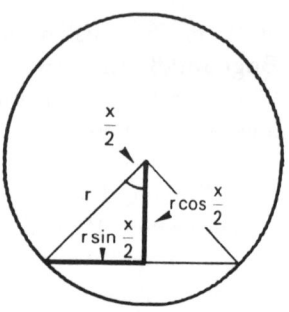

$$2\sin\frac{x}{2}\cos\frac{x}{2} = \sin x$$

gilt somit für die Fläche des unteren Kreissegmentes, welches das Füllvolumen bestimmt (in Abhängigkeit von x)

$$A = \frac{1}{2}r^2(x - \sin x).$$

b) Zur Beschreibung der parabelförmigen Kurve eines schrägen Wurfs mit einem Abwurfwinkel von α gegenüber der Horizontalen $(0 < \alpha < \frac{\pi}{2})$ wurde die Anfangsgeschwindigkeit v_0 in eine Horizontalkomponente $v_0\cos\alpha$ und eine Vertikalkomponente $v_0\sin\alpha$ zerlegt (siehe S. 64). Der Horizontalkomponente wirkt der Schwerkraft entgegen, so daß sich die Koordinaten des Wurfkörpers in Abhängigkeit von der Zeit t beschreiben lassen durch (g Erdbeschleunigung)

$$x = v_0(\cos\alpha)\, t \quad ; \quad y = v_0(\sin\alpha)t - \frac{g}{2}t^2 \, . \; \square$$

Als periodische Funktionen sind Sinus- und Kosinusfunktionen besonders geeignet, wellenförmige Erscheinungen wie Schallwellen, elektromagnetische Wellen
oder auch biologische Rhythmen zu beschreiben.

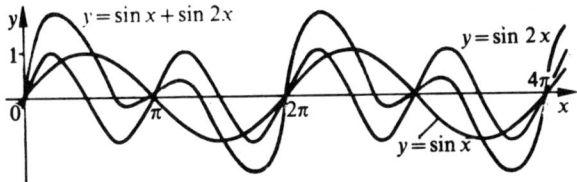

Die vorangehende Abbildung zeigt, wie durch Überlagerung (Superposition) der
Funktionen $x \mapsto \sin x$ und $x \mapsto \sin 2x$ die deutlich anders geartete Funktion
$x \mapsto \sin x + \sin 2x$ entsteht. Die folgende Abbildung verdeutlicht, wie durch Superposition von gleichartigen periodischen Kurven Verstärkung oder Auslöschung
(Interferenz) entstehen kann.

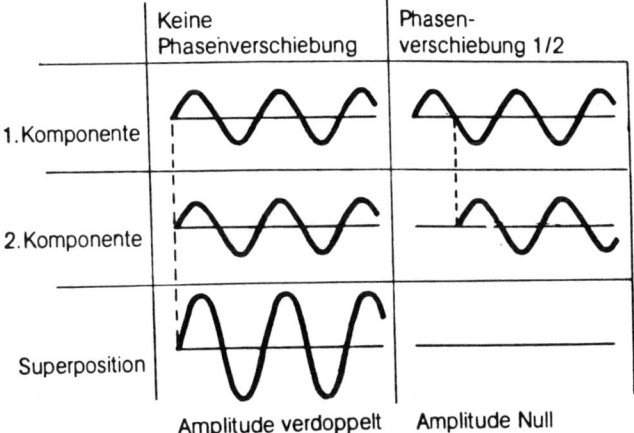

So kommen z.B. die prächtigen Farben der Pfauenfedern nicht durch Pigmente
zustande, sondern durch Interferenz. Fotografien von Pfauenfedern mittels eines
Elektronenmikroskops zeigen eine gleichmäßige Struktur, die je nach Frequenz
(Farbe) Verstärkung bzw. Abschwächung von Lichtwellen hervorruft (nach Batschelet 1980, S. 119 f.).

Die trigonometrischen Funktionen sind wegen ihrer Periodizität nur auf gewissen Intervallen umkehrbar. Jeweils muß man ein Intervall auswählen, auf welchem
die betrachtete Funktion monoton ist. Üblicherweise wählt man folgende Intervalle:

für   sin : $[-\frac{\pi}{2}, \frac{\pi}{2}]$

für   cos : $[-0, \pi]$

für   tan : $[-\frac{\pi}{2}, \frac{\pi}{2}]$

für   cot : $[-0, \pi]$.

Die Umkehrfunktion von

$$\sin : [-\frac{\pi}{2}, \frac{\pi}{2}] \rightarrow [-1, 1]$$

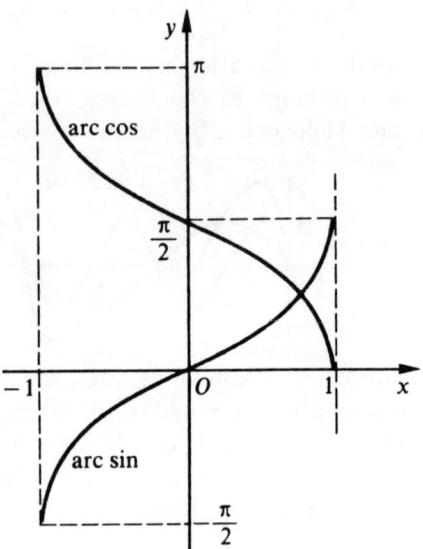

heißt Arkussinusfunktion (arcsin).
Den Sinus-Werten wird ja der zugehörige Bogen zugeordnet. Es gilt

$$\arcsin : [-1, 1] \rightarrow [-\frac{\pi}{2}, \frac{\pi}{2}]$$

und entsprechend

$$\arccos : [-1, 1] \rightarrow [0, \pi],$$

$$\arctan : \mathbb{R} \rightarrow [-\frac{\pi}{2}, \frac{\pi}{2}],$$

$$\text{arccot} : \mathbb{R} \rightarrow [0, \pi].$$

Den Verlauf dieser Funktionen zeigen die nebenstehenden Abbildungen.

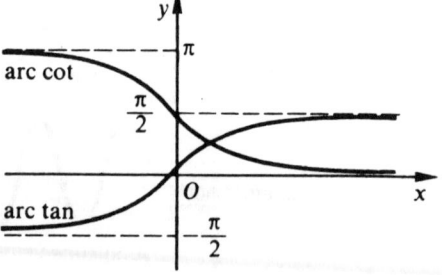

Aufgaben

1. Skizzieren Sie die Graphen folgender Funktionen $x \mapsto f(x)$:
a) $f(x) = 2^x$ b) $f(x) = 1,5 \cdot 2^x$
c) $f(x) = (\frac{1}{2})^x$ d) $f(x) = 2^{-x}$
e) $f(x) = -2^x$ f) $f(x) = -\frac{1}{2^x}$

2. Welche Funktion der Form $x \mapsto k \cdot a^x$ ist bestimmt durch das Punktepaar
a) $(0;1), (1;2)$ b) $(0;1,5), (1;3)$ c) $(-1; 10), (0; 5)$?
Skizzieren Sie auch die Graphen.

3. Luft enthält Kohlendioxid mit einem Anteil von $0,03\%$. Ein geringer Teil
dieses Gases wird von radioaktivem Kohlenstoff (C^{14}) gebildet. Die Gas-
moleküle zerfallen zwar; es entstehen aber gleichzeitig auch immer neue in

der Atmosphäre, so daß der Anteil an radioaktivem CO_2 praktisch konstant bleibt. Pflanzen und Tiere nehmen durch ihren Stoffwechsel normalen und radioaktiven Kohlenstoff im vorgegebenen Mengenverhältnis in ihr Gewebe auf. Mit dem Tod der Lebewesen endet dieser Vorgang, so daß der Anteil an radioaktivem Kohlenstoff langam sinkt. Dabei zerfällt im gleichen Zeitabschnitt jeweils der gleiche Prozentsatz bezogen auf die je vorhandene Menge (Zerfallsgesetz). Meist charakterisiert man diesen Prozeß durch Angabe der Zeitspanne, nach welcher die Hälfte der jeweiligen Menge zerfallen ist. Bei radioaktivem Kohlenstoff beträgt diese *Halbwertzeit* 5760 Jahre. Organisches Material mit einem Alter von 5760 Jahren erkennt man also daran, daß die meßbare Radioaktivität der Substanz auf die Hälfte des Wertes gesunken ist, den man an lebenden Pflanzen feststellen kann.

a) Beschreiben Sie die Abnahme der Radioaktivität in Abhängigkeit von der Zeit durch eine Exponentialfunktion der Form $t \mapsto \left(\frac{1}{2}\right)^{kt}$.

b) Welchen Bruchteil der ursprünglichen Radioaktivität beobachtet man bei organischem Material, das 10 000 (25 000) Jahre alt ist ?

c*) Im Grab des Pharaos Sesastris III. wurde ein Holzschiff gefunden. Zur Altersbestimmung hat man im Jahre 1950 dieses Holz im Sinne der C^{14}-Methode (Radiokarbon-Methode) untersucht. Man fand eine Reststrahlung von 63, 1%. Welches Alter hatte das Holz ?

4. Eine überall gleichstarke, frei durchhängende Kette, die an zwei Punkten aufgehängt ist, beschreibt eine Kurve, die durch $x \mapsto c(a^x + a^{-x})$ bestimmt ist (Kettenlinie). Skizzieren Sie die Graphen der Funktionen $x \mapsto \left(\frac{3}{2}\right)^x$, $x \mapsto \left(\frac{3}{2}\right)^{-x}$ und $x \mapsto \left(\frac{3}{2}\right)^x + \left(\frac{3}{2}\right)^{-x}$ über dem Intervall $[-5, 5]$.

5. Beim Eindringen in klares Meerwasser verliert Licht auf 1 m Wassertiefe etwa 60% seiner Intensität.

a) Beschreiben Sie die Resthelligkeit des Lichtes als Exponentialfunktion in Abhängigkeit von der Wassertiefe (in m).

b) Begründen Sie, daß das Verhältnis (Quotient) der Resthelligkeit in den Tiefen x_1 und x_2 nicht von x_1 abhängt, wenn die Dicke d der Wasserschicht, also die Differenz $x_2 - x_1$, konstant ist. Wie stark fällt die Lichtintensität in einer Schicht von 5 m Dicke ab ?

6. Begründen Sie die logarithmischen Regeln
a) $\log_a(x^s) = s\log_a(x)$ b) $\log_a\left(\frac{x_1}{x_2}\right) = \log_a(x_1) - \log_a(x_2)$.

7. Jede Exponentialfunktion $x \mapsto a^x$ ist auch in der Form $x \mapsto 10^{cx}$ oder in der Form $x \mapsto e^{kx}$ darstellbar. Bestimmen Sie c und k für $a = 2$ $\left(\frac{1}{2}; 16\right)$.

8. Zeigen Sie, daß aus $\lim\limits_{n \to \infty}\left(1 + \frac{1}{n}\right)^n = e$ für Folgen (x_n) mit $x_n \xrightarrow{n \to \infty} \infty$ folgt: $\lim\limits_{n \to \infty}\left(1 + \frac{1}{x_n}\right)^{x_n} = e$. Betrachten Sie für $x_n > 1$: $m_n := [x_n]$ (größte ganze Zahl $\leq x_n$), und benutzen Sie: $\left(1 + \frac{1}{m_n+1}\right)^{m_n} \leq \left(1 + \frac{1}{x_n}\right)^{x_n} \leq \left(1 + \frac{1}{m_n}\right)^{m_n+1}$.

9. Ergänzen Sie die folgenden Fragmente zu gültigen Formeln
   a) $\sin(\alpha + \square) = \cos\alpha$ b) $\cos(\alpha + \square) = -\sin\alpha$
   c) $\sin(\alpha + \square) = -\sin\alpha$ d) $\cos(\alpha + \square) = -\cos\alpha$

10. Bestimmen Sie $\sin 45°$, $\cos 45°$ anhand von Überlegungen im gleichschenklig rechtwinkligen Dreieck, und berechnen Sie daraus $\tan 45°$ und $\cot 45°$.

11.* Zwei Korridore der Breite a bzw. b stoßen rechtwinklig aufeinander. Ein Balken soll in waagerechter Lage um die Ecke transportiert werden. Begründen Sie, daß die in der Abbildung gekennzeichnete Länge l in Abhängigkeit vom Winkel φ beschrieben wird durch

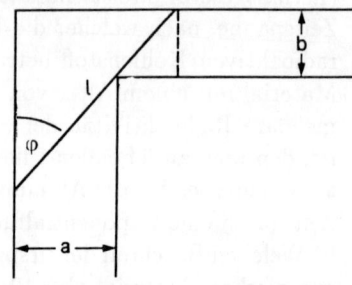

$$l(\alpha) = \frac{a}{\sin\varphi} + \frac{b}{\cos\varphi}.$$

Die größtmögliche Länge eines Balkens, der gerade noch um die Ecke paßt, ist durch das Minimum dieser Längenfunktion gegeben. Begründen Sie, daß dieses Minimum nicht bei $\varphi = 45°$ liegt, falls $a \neq b$ ist.

12. Widerlegen Sie die Gültigkeit folgender Gleichungen:
    a) $\sin(x_1 + x_2) = \sin(x_1) + \sin(x_2)$ b) $\cos(x_1 + x_2) = \cos(x_1) + \cos(x_2)$

13. Begründen Sie das Additionstheorem des Kosinus.

14.* Durchläuft ein Lichtstrahl eine planparallele Platte der Dicke d, so wird er durch zweimalige Brechung parallel verschoben (siehe Abbildung). Bestimmen Sie die Verschiebungsstrecke s in Abhängigkeit vom Einfallswinkel α und vom Berechnungsindex n, der durch $n = \frac{\sin\alpha}{\sin\beta}$ gegeben ist.

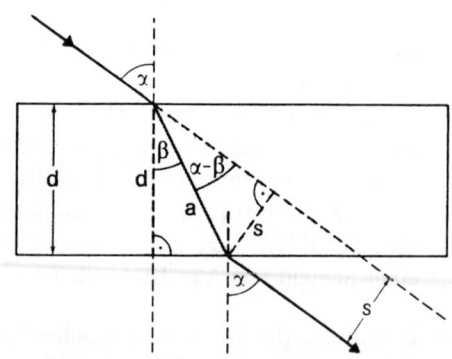

15.* Beim Dreiphasen-Wechselstrom werden auf drei Zuführungen zeitlich gegeneinander versetzte Wechselspannungen geliefert, nämlich $U_1(x) = U_0 \sin x$; $U_2(x) = U_0 \sin(x - \frac{2\pi}{3})$, $U_3(x) = U_0 \sin(x - \frac{4\pi}{3})$. Dabei bezeichnet U_0 die Maximalspannung von 380 Volt; x steht für $2\pi\nu t$, wo t die Zeit in Sekunden und ν die Netzfrequenz von 50 Schwingungen pro Sekunde beschreibt. Welche Gleichung charakterisiert den Wechselstrom, der entsteht, wenn zwischen dem ersten und dem zweiten Leiter abgegriffen wird?

III Größen und Sachrechnen

III. 1 Größenbereiche

Längen, Flächeninhalte, Volumina, Gewichte (Massen), Zeitspannen, Geldwerte, Geschwindigkeiten usw. faßt man unter dem Sammelbegriff *Größen* zusammen. Dabei ist charakteristisch, daß für eine Menge gleichartiger Größen $\mathcal{G}$ stets eine Addition „+" und eine Ordnungsrelation „<" definiert ist. So kann man z.B. Längen oder Geschwindigkeiten addieren und feststellen, welches die größere Länge (Geschwindigkeit) ist. Die Addition erfüllt dabei jeweils das Assoziativgesetz

(1) $\qquad a + (b + c) = (a + b) + c \qquad$ für $\quad a, b, c \in \mathcal{G}$,

und das Kommutativgesetz

(2) $\qquad a + b = b + a \qquad$ für $\quad a, b \in \mathcal{G}$.

Zwei Größen a und b sind stets gemäß der Ordnungsrelation „<" vergleichbar. Es gilt das sogenannte *Trichotomiegesetz*:

(3) $\qquad a < b \qquad$ oder $\qquad a = b \qquad$ oder $\qquad b < a \qquad$ für $a, b \in \mathcal{G}$.

Charakteristisch für Größen ist ferner, daß es nur „positive" Größen gibt, daß sich die Subtraktion nur beschränkt ausführen läßt. Dies beinhaltet die folgende *Lösbarkeitsbedingung*:

(4) $\qquad a < b$ gilt genau dann, wenn ein $x \in \mathcal{G}$ existiert mit $a + x = b$.

Im Sinne einer mathematischen Definition wird eine Menge $\mathcal{G}$, in welcher eine Addition „+" und eine Ordnungsrelation „<" definert ist, als *Größenbereich* bezeichnet, wenn die Gesetze (1) bis (4) erfüllt sind.

Größen treten als Eigenschaften auf, die sich stets auf eine bestimmte Art von Gegenständen beziehen. So ist die Länge eine Eigenschaft von Stäben, Strecken oder Kanten aber auch von Streckenzügen oder Kurven. Die Tabelle auf der nächsten Seite listet für einige Größen die zugehörigen Sorten von Gegenständen auf, die sogenannten *Repräsentanten*, auf welche sich die Größen beziehen.

Größen	Repräsentanten	Äquivalenzrelation	Ordnungsrelation
Längen	Strecken (Stäbe, Kanten)	ist so lang wie ist deckungsgleich zu	ist kürzer als
Flächeninhalt	Flächen	hat den gleichen Flächeninhalt wie	hat weniger Flächeninhalt als
Volumina	Körper	ist volumengleich zu	hat weniger Volumen als
Gewichte	Körper	hat dasselbe Gewicht wie	ist leichter als
Zeitspannen	Vorgänge, Abläufe	dauert so lange wie	dauert kürzer als
Geldwerte	Mengen von Geldstücken oder Scheinen	ist so viel wert wie	ist weniger Wert als

In den beiden hinteren Spalten sind Äquivalenz- und Ordnungsrelationen angegeben. Dabei kann man die Größenbegriffe in einem Abstraktionsprozeß ausgehend vom Umgang mit den jeweiligen Repräsentanten entstanden denken: Im Beispiel der Längen kann man zunächst an den direkten Vergleich von Stäben oder Kanten denken. Dabei werden zwei Stäbe mit einer Ecke aneinander gelegt. Wenn sie deckungsgleich sind, haben beide Stäbe die gleiche Länge; wenn ein Stab den anderen überragt, dann ist klar, welcher der kürzere ist. Die Relation „...ist deckungsgleich mit...“ ist eine Äquivalenzrelation in der Menge der Stäbe (Strecken), sie erzeugt also eine Klasseneinteilung in dieser Menge. Dabei werden die Klassen gebildet von jeweils deckungsgleichen Stäben. Deren Länge läßt sich somit definieren als gemeinsame Eigenschaft gerade dieser Stäbe.

Diese Klassenbildung darf man sich durchaus praktisch vorstellen, wie es die folgende Abbildung andeutet.

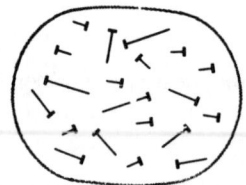
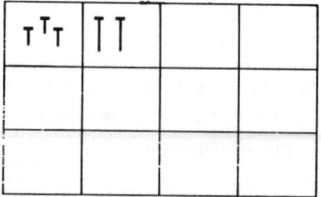

Nägel werden entsprechend ihrer Länge verglichen und in eine Schachtel mit Fächern einsortiert. Die schließlich in einem Fach liegenden Nägel haben dann jeweils die gleiche Länge. Dem entsprechend werden an die Fächer Etiketten mit der zugehörigen Nagellänge, z.B. 5 cm, geheftet.

Die Ordnungsrelation „<“, welche die Stäbe oder Strecken der Größe nach sortiert, hilft auch, eine Ordnungsrelation in der Menge der Klassen, also in der Menge der Längen, zu definieren. Dazu wird jede Länge durch eine Strecke repräsentiert, und diese Strecken werden der Größe nach verglichen. Dabei ist es egal, welchen der gleichlangen Stäbe aus jeder Klasse man als Repräsentanten nimmt. Die Definition der <-Relation für Längen ist unabhängig von der Wahl der Repräsentanten.

Auch die Addition von Längen wird über die Ebene der Repräsentanten definiert. Legt man nämlich zwei Strecken s_1 und s_2 direkt hintereinander und fragt nach der Länge dieser nun entstandenen Strecke, so gilt $l(s_1 + s_2) = l(s_1) + l(s_2)$. Dabei ist wiederum wichtig, daß man als Repräsentanten der Längen jeden beliebigen der gleichlangen Stäbe wählen kann, daß auch diese Definition unabhängig von der Wahl der Repräsentanten ist. (Diese Definitionen für Längen erfolgen in Analogie zu den Definitionen für ganze Zahlen als Klassen differenzengleicher Paare; vgl. [E 1], S. 109 ff.)

Was hier am Beispiel der Längen beschreibend skizziert worden ist, gilt im jeweiligen übertragenen Sinne auch für die Konstruktion der anderen Größenbereiche: Beim Flächeninhalt wird die Äquivalenzrelation „... ist flächengleich mit ...“ im Sinne der *Zerlegungsgleichheit* oder der *Ergänzungsgleichheit* (vgl. [E 3], S. 79 ff) realisiert. Bei gradlinig begrenzten Figuren gelingt der Flächenvergleich in der Regel leichter als bei krummlinig begrenzten Figuren, die teilweise Grenzwertüberlegungen erforderlich machen.

Bei Körpern läßt sich die Volumengleichheit überprüfen, indem man die Körper in ein Meßglas mit Wasser taucht und feststellt, ob die gleiche Wassermenge verdrängt wird. Bei Hohlkörpern helfen entsprechend Umfüllversuche. Mathematisch interessant ist, daß sich im Gegensatz zum ebenen Fall Volumengleichheit schon bei gradlinig begrenzten Körpern in machen Fällen nicht mehr als Zerlegungsgleichheit realisieren läßt. Eine Vorstellung von den Schwierigkeiten, welche räumliche Zerlegungen im Vergleich zum entsprechenden ebenen Fall mit sich bringen, vermitteln die Überlegungen zur Tetraederzerlegung auf Seite 236.

Bei Gewichten wird der Vergleich im physikalischen Sinne, z.B. mit der Balkenwaage, realisiert.

Bei Zeitspannen ist ein direkter Vergleich nicht möglich. Daher sind hier Instrumente für einen indirekten Vergleich (Uhren) besonders wichtig.

Bei Geldwerten ist man mehr als bei anderen Größen daran gewöhnt, diese auf verschiedene Arten durch Münzen und Scheine zu repräsentieren. Der Geldwert 8 DM etwa läßt sich realisieren durch acht 1 DM-Stücke oder durch ein 5 DM-Stück und drei 1 DM-Stücke oder aber auch durch ein 5 DM-Stück, zwei 1 DM-Stücke und zwei 50 Pf-Stücke. Viele andere Darstellungen sind denkbar. Alle repräsentieren den Wert 8 DM.

Auch die natürlichen Zahlen lassen sich durch einen Konstruktionsprozeß analog dem der Größenbereiche gewinnen. Die Ebene der Repräsentanten besteht dabei aus den endlichen Mengen. Diese werden verglichen im Sinne von „... hat gleich viele Elemente wie ...“ oder „... hat weniger Elemente als ...“. Die Zahl „5“ z.B. ist dann beschrieben als Klasse aller endlichen Mengen, die gleich viele Elemente besitzen wie meine rechte Hand Finger. In dieser Analogie der Konstruktionsprozesse für die Größenbereiche und die natürlichen Zahlen als Anzahlen kann man auch $(\mathbb{N}; +, <)$ als Größenbereich auffassen.

Charakterisiert man Größenbereiche durch die Forderungen (1) bis (4) (siehe S. 107), dann lassen sich andere Eigenschaften daraus herleiten. So muß man z.B. die *Transitivität* der $<$-Relation nicht fordern, da sie aus anderen Bedingungen folgt.

Begründung: Für $a, b, c \in \mathcal{G}$ bedeutet $a < b \wedge b < c$ aufgrund der Lösbarkeitsbedingung (4): Es gibt $x, y \in \mathcal{G}$ mit $a + x = b$ und $b + y = c$.

Einsetzen ergibt dann: $(a + x) + y = c$ oder $a + (x + y) = c$.

Da $x + y \in \mathcal{G}$ gilt, folgt wiederum aufgrund der Lösbarkeitsbedingung: $a < c$.

Damit ist insgesamt die Transitivität gegeben:

$$a < b \wedge b < c \Longrightarrow a < c.$$

Für Größenbereiche läßt sich ferner das folgende *Monotoniegesetz der Addition* begründen:

$$a < b \wedge c \in \mathcal{G} \implies a + c < b + c$$

Beweis: $a < b$ bedeutet aufgrund der Lösbarkeitsbedingung (4):
Es existiert $x \in \mathcal{G}$ mit $a + x = b$.

Für $c \in \mathcal{G}$ folgt daraus: $(a + x) + c = b + c$, wegen der Assoziativität und der Kommutativität dann aber auch $(a + c) + x = b + c$, also $a + c < b + c$ wieder aufgrund der Lösbarkeitsbedingung.

Aus Trichotomie (3) und Lösbarkeitsbedingung (4) zusammen folgt, daß es im Größenbereich *kein Nullelement* (neutrales Element bezüglich der Addition) gibt. Gäbe es nämlich ein Element $e \in \mathcal{G}$ mit $a + e = a$, so würde aus (4) $a < a$ folgen, im Widerspruch zur Trichotomie. Im Größenbereich der Längen z.B. gibt es also keine Nulllänge.

Um sinnvoll von Subtraktion in Größenbereichen sprechen zu können, ist es wichtig, daß es für Gleichungen der Form $a + x = b$ nur *eine* Lösung geben kann. Gäbe es nämlich x und $y \in \mathcal{G}$ mit

$$a + x = b \quad \text{und} \quad a + y = b,$$

dann würde $a + x = a + y$ und mit der *Streichungsregel* (vgl. Aufgabe 2) $x = y$ folgen.

Durch wiederholte Addition ein- und derselben Größe g läßt sich eine *Vervielfachung* in Größenbereichen definieren

$$\underbrace{g + g + \cdots + g}_{n\text{-mal}} := n \cdot g$$

Dabei gelten u.a. die folgenden Regeln:

$$
\begin{array}{rcll}
n \cdot (g + h) & = & n \cdot g + n \cdot h & (n \in \mathbb{N};\ g, h \in \mathcal{G}) \\
(m + n) \cdot g & = & m \cdot g + n \cdot g & (m, n \in \mathbb{N};\ g \in \mathcal{G}) \\
g < h & \Longleftrightarrow & n \cdot g < n \cdot h & (n \in \mathbb{N};\ g, h \in \mathcal{G}).
\end{array}
$$

Jedem Paar (n, g) aus $\mathbb{N} \times \mathcal{G}$ wird also eine Größe $n \cdot g \in \mathcal{G}$ zugeordnet. Damit gibt es bei Größen zwei mögliche Umkehrungen dieser Vervielfachungsoperation, zwei mögliche Divisionen. Im Größenbereich der Längen soll dies genauer erläutert werden:

Bei einer Strecke der Länge a kann gefragt werden nach der *Länge* der Teilstrecken, die entsteht, wenn man die Ausgangsstrecke in n gleichlange Teilstücke zerlegt. Die Länge der Teilstrecke ist $a : n$. Spezieller werde eine Leiste von 15 m Länge in 5 gleichlange Teilstücke zersägt. Man erhält Stücke der Länge 3 m.

Bei zwei Längen a und b kann man ebenso nach der *Anzahl* der Strecken der Länge b fragen, aus denen sich eine Strecke der Länge a zusammensetzen läßt, nach $a : b$. So kann man etwa beim 10000 m-Lauf fragen, wie viele Stadionbahnen der Länge 400 m zu laufen sind.

Betrachtet man die natürlichen Zahlen als Größenbereich, konstruiert über endliche Mengen als Repräsentanten, dann lassen sich ebenfalls zwei mögliche Realisierungen der Division unterscheiden, nämlich das *Aufteilen* und das *Verteilen*. Diese werden auch im Elementarunterricht unterschieden. Dabei entspricht Verteilen der Fragestellung $a : n$. Z.B. verteilt man 15 Bonbons gerecht an 3 Kinder; jedes bekommt dann 5 Bonbons (eine 5er Menge). Aufteilen entspricht $a : b$. Man teilt 15 Apfelsinen in Beutel zu 5 Apfelsinen auf (in 5er Mengen). Es entstehen 3 Beutel.

Die Vervielfachungsoperation ist wesentliche Voraussetzung für die übliche Bezeichnung von Größen wie 100 m, 2 ha, 27 kg usw. Dabei sind nämlich im jeweiligen Größenbereich spezielle Größen als *Einheiten* ausgezeichnet. Die übrigen Größen werden dann als Vielfache der jeweiligen Einheit dargestellt, sie werden mit dieser Einheit gemessen. Bezieht man alle Größen eines Bereichs auf eine Einheit, dann bedeutet Rechnen mit diesen Größen Rechnen mit den jeweiligen Maßzahlen bezogen auf die zugrunde liegende Einheit. In diesem Sinne werden Größen auch als „*benannte*" Zahlen bezeichnet. Bei unserer Darstellung sind Größenbezeichnungen mit den gebräuchlichen Einheiten wie 7 m oder 28 Stunden zunächst bewußt vermieden worden. Es sollte deutlich werden, daß der Abstraktionsprozeß, der zum Begriff der Länge, der Zeit, der jeweiligen Größe führt, mit den entsprechenden Einheiten zunächst gar nichts zu tun hat.

Dabei ist die Auswahl und die Realisierung geeigneter Einheiten ein im Sinne des Sachrechnens durchaus ernstzunehmendes Problem. Wenn man in Grundsteinen alter Schlösser Eingravierungen von Strecken findet, dann geschahen diese, um die für den jeweiligen Landesteil festgelegte Längeneinheit durch Auszeichnung eines Repräsentanten festzuschreiben. Dem diente auch der in Paris aufbewahrte Platin-Iridium-Stab des Urmeters. Dabei wurde mit Platin-Iridium ein Material gewählt, das möglichst geringen Veränderungen durch Temperaturschwankungen unterliegt. Da diese Schwankungen für Präzisionsmessungen noch zu groß sind, ist das Meter in neuerer Zeit verschiedentlich anhand atomphysikalischer Prozesse neu festgelegt worden, beispielsweise 1960 als 1650763,73-Faches der Vakuumwellen der orangefarbenen Spektrallinie des Kryptonisotops

[86]Kr beim Übergang vom Zustand $5d_5$ zum Zustand $2p_{10}$. Im Jahre 1983 wurde 1 m festgelegt als die Länge der Strecke, welche das Licht im Vakuum in $\frac{1}{299792458}$ Sekunden zurücklegt.

Betrachtet man Größen im Sinne benannter Zahlen als Maßzahl mit Einheit, dann stellt sich die Frage, welcher Zahlenbereich von den Maßzahlen ausgeschöpft wird. Im Größenbereich der Geldwerte etwa reichen die natürlichen Zahlen als Maßzahlen, indem man als Einheit Pfennige nimmt. Prinzipiell ändert daran auch die Tatsache nichts, daß bei manchen Geldgeschäften bereits Zehntel oder Hundertstel-Pfennige eine Rolle spielen. Im Größenbereich der Geldwerte gibt es in jedem Falle eine kleinste Größe, die man als Einheit wählen kann, so daß alle anderen Größen als natürliche Vielfache dieser Einheit dargestellt werden können.

Der Größenbereich der Geldwerte besitzt nicht die *Teilbarkeitseigenschaft*. Diese verlangt, daß es zu jeder Größe b und jeder natürlichen Zahl n stets eine Größe a gibt mit $n \cdot a = b$. Zu jeder Größe b existiert also der n-te Teil dieser Größe $\frac{1}{n} \cdot b$. Die Division im Sinne des Verteilens ist beliebig ausführbar. Damit gibt es in einem solchen Größenbereich natürlich kein kleinstes Element. Von den oben genannten Größenbereichen besitzen alle bis auf den Größenbereich der Geldwerte die Teilbarkeitseigenschaft.

Mit $\frac{1}{n} \cdot b$ gibt es natürlich auch die Größe $m \cdot (\frac{1}{n} \cdot b) = \frac{m}{n} \cdot b$, den m-fachen n-ten Teil von b. In einem Größenbereich mit Teilbarkeitseigenschaft treten also alle Bruchzahlen als Maßzahlen auf. Damit lassen sich in einem solchen Bereich auch alle positiven Brüche veranschaulichen. Bezogen auf eine feste Größe b heißen die Größen $\frac{m}{n} \cdot b$ dann *konkrete Brüche*. Ordnet man jeder Größe b aus $\mathcal{G}$ die Bruchgröße $\frac{m}{n} \cdot b$ zu, dann heißt die Abbildung

$$b \xrightarrow{\frac{m}{n}} \frac{m}{n} \cdot b$$

von $\mathcal{G}$ nach $\mathcal{G}$ *Bruchoperator*.

In einem Größenbereich mit Teilbarkeitseigenschaft treten alle Bruchzahlen als Maßzahlen auf. Das bedeutet aber nicht, daß diese auch als Maßzahlen ausreichen. Bei den Längen z.B. gibt es ja die Länge der Diagonalen im 1 cm-Einheitsquadrat, die mit $\sqrt{2}$ cm keine rationale Länge besitzt. Ebenso sind bei Flächen und Volumina irrationale Maßzahlen denkbar. Bei Größenbereichen prüft man daher ferner, ob sie die *Kommensurabilitätseigenschaft* erfüllen. Diese verlangt, daß zu zwei Größen $a, b \in \mathcal{G}$ stets natürliche Zahlen m, n existieren mit $m \cdot a = n \cdot b$ (vgl. S. 68). Bei Größenbereichen mit Kommensurabilitätseigenschaft reichen bezogen auf eine beliebige Einheit die Bruchzahlen als Maßzahlen aus.

Betrachtet man den Bereich der Geldwerte, so ist die Kommensurabilitätseigenschaft erfüllt, doch kommen nicht alle Bruchzahlen als Maßzahlen vor. Nur in Größenbereichen, welche die *Teilbarkeitseigenschaft* und die *Kommensurabilitätseigenschaft* besitzen, treten als Maßzahlen bezogen auf eine (beliebige) Einheit *genau* alle Bruchzahlen auf. Solche Größenbereiche heißen *bürgerliche Größenbereiche* (im Sinne von Kirsch 1970). Obwohl die Bereiche der Längen, Flächen,

Volumina und viele sonst übliche Größenbereiche eigentlich keine bürgerlichen Größenbereiche sind, werden sie beim „*bürgerlichen*" Rechnen in Form von Proportionalität, Antiproportionalität und Dreisatz als solche behandelt. Bei diesen Fragen des Sachrechnens wird nämlich nur mit rationalen Vielfachen von Größen gearbeitet.

Aufgaben

1. Erläutern Sie die Konstruktion eines Größenbereichs, ausgehend von der Ebene der Repräsentanten, am Beispiel der Zeitspannen (Gewichte).

2.* Leiten Sie die Streichungsregel

$$a + b = a + c \Longrightarrow b = c \quad (a, b, c \in \mathcal{G})$$

   aus anderen Regeln im Größenbereich her.

3.* Begründen Sie für Größenbereiche die folgende Subtraktionsregel:

$$a - (b - c) = (a - b) + c \quad (\text{für } a, b, c \in \mathcal{G}).$$

   Welche Bedingungen müssen a, b und c erfüllen?

4. Im Größenbereich $\mathcal{G}$ sei statt der Ordnungsrelation „<" die $\leq$-Relation betrachtet.
   a) Formulieren und begründen Sie für diese Relation die Reflexivität, die Antisymmetrie, die Linearität, das Monotoniegesetz der Addition.
   b*) Begründen Sie, daß die $\leq$-Relation auf der Ebene der Repräsentanten keine Ordnungsrelation darstellt. (Hinweis: Überprüfen Sie die Antisymmetrie.)

5. Begründen Sie für Größenbereiche $\mathcal{G}$
   a) die Monotonie der Vervielfachung: $a < b \wedge n \in \mathbb{N} \Longrightarrow n \cdot a < n \cdot b$
   b) die Kürzungsregel: $n \cdot a = n \cdot b \Longrightarrow a = b$.

6. Beschreiben Sie die Konstruktion der natürlichen Zahlen als Anzahlen, ausgehend von endlichen Mengen als Repräsentanten, in Analogie zum Aufbau eines Größenbereichs.

7. Die Bruchzahlen lassen sich betrachten als Bruchoperatoren in einem Größenbereich mit Teilbarkeitseigenschaft. Skizzieren Sie für diese Betrachtungsweise die Definitionen der Multiplikation, der Division, der Kleiner-Relation für Brüche.

III. 2 Sachrechnen

Beim Sachrechnen geht es in der Regel darum, einen Zusammenhang zwischen Größen herzustellen. In der folgenden Abbildung sind vier Zuordnungen zwischen Größen in Tabellenform angegeben:

Gewicht einer Ware in kg $\longrightarrow$ Preis der Ware in DM

Gewicht in kg	1	2	3	5	10	15	20
Preis in DM	1,20	2,40	3,60	6,00	12,00	18,00	24,00

Geschwindigkeit v eines PKW in km/h $\longrightarrow$ Anhalteweg s in m

v in km/h	30	50	60	80	100	120	150
s in m	18	40	54	108	130	180	260

Geldwert in DM $\longrightarrow$ Geldwert in FF

Geldwert in DM	30,20	45,30	60,40	75,50	90,60	120,80
Geldwert in FF	100,00	150,00	200,00	250,00	300,00	400,00

Länge in cm $\longrightarrow$ Breite in cm (bei DIN A Formaten)

Format	DIN A0	DIN A1	DIN A2	DIN A3	DIN A4	DIN A5
Länge in cm	118,9	84,1	59,4	42,0	29,7	21,0
Breite in cm	84,1	59,4	42,0	29,7	21,0	14,8

Drei der vier Zuordnungen (bis auf die Zweite) haben eine gemeinsame Eigenschaft. Die einander zugeordneten Größen stehen immer im gleichen Verhältnis. Den Preis einer Ware erhält man, indem man das jeweilige Gewicht mit dem Kilopreis (Preis pro Kilogramm) multipliziert. DM-Beträge lassen sich in französische Francs umrechnen, indem man jeweils mit dem gleichen Umrechnungsfaktor multipliziert. Bei den DIN-Formaten ist ein solcher Zusammenhang vielleicht weniger offensichtlich. Es gehört jedoch zu den Eigenschaften der DIN A-Formate, daß Länge und Breite eines jeden Blattes im Verhältnis $\sqrt{2} : 1$ stehen.

Die gemeinsame Eigenschaft dieser Zuordnungen ist die *Proportionalität*. Zwei veränderliche Größen x und y heißen zueinander proportional, wenn die einander zugeordneten Größen y und x stets den gleichen Quotienten a haben, wenn also $\frac{y}{x} = a$ (a fest) oder $y = ax$ gilt. Dabei wird a als *Proportionalitätsfaktor* bezeichnet. Im Koordinatensystem lassen sich die proportionalen Zuordnungen als Geraden durch den Ursprung darstellen, wie die nebenstehende Abbildung zeigt.

In Anwendungszusammenhängen werden Zuordnungen $x \mapsto f(x)$ häufig durch andere Eigenschaften als Proportionalitäten gekennzeichnet. So charakterisiert z.B. die Eigenschaft (Homogenität)

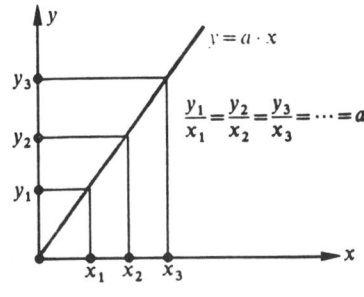

$$f(kx) = k\, f(x) \quad (k \in \mathbb{Q})$$

die Proportionalität. (Der k-fachen Warenmenge entspricht auch der k-fache Preis). Eine weitere Kennzeichnung gestattet die Additivität

$$f(x_1 + x_2) = f(x_1) + f(x_2)$$

(Wenn man zwei Warenmengen zusammen kauft, hat man auch die Summe der Einzelpreise zu zahlen.)

Die Proportionalität ist Grundlage des *direkten Dreisatzes*: Eine Größe b (etwa die Kosten einer Ware) soll von einer Größe a (etwa der Menge dieser Ware) im Sinne der Proportionalität abhängen. Kennt man dann ein Paar zusammengehöriger Größen (a_1, b_1), und kennt man ferner von einem weiteren Paar die Größe a_2, dann gilt für die zu a_2 gehörige Größe x die Verhältnisgleichung

$$\frac{x}{a_2} = \frac{b_1}{a_1},$$

und es folgt

$$x = \frac{a_2 \cdot b_1}{a_1}.$$

Das folgende Beispiel zeigt, wie der sogenannte Dreisatz solche Aufgaben ohne Variablen und Verhältnisgleichung löst:

Beispiel 1:   6 kg   Farbe kosten 54 DM. Wieviel kosten 15 kg ?

               6 kg   kosten 54 DM.

               1 kg   kostet $\frac{54}{6}$ DM (Schluß auf die Einheit).

            15 kg   kosten $\frac{54 \cdot 15}{6}$ DM (= 135 DM).

Der Name „Dreisatz" ist von daher natürlich, daß bei dieser Lösung drei Sätze hingeschrieben werden. (Die Bezeichnung „Dreisatzrechnung" wird allerdings auch als Verdeutschung von „regula de tribus" oder „Regel detrie" aufgefaßt. Diese Wörter aus der mittelalterlichen Rechenkunst betonen, daß drei Größen gegeben sind, und eine vierte daraus eindeutig berechnet werden kann.) Das Dreisatz-schema hat allgemein folgende Gestalt:

$$a_1 \quad \cdots \quad b_1$$
$$1 \quad \cdots \quad \frac{b_1}{a_1} \quad \text{(Schluß auf die Einheit)}$$
$$a_2 \quad \cdots \quad \frac{b_1 \cdot a_2}{a_1} \quad (= \text{gesuchte Größe } x) \quad \Box .$$

Sachaufgaben, die sich auf zueinander proportionale Größen beziehen, lassen sich gut im Sinne des Dreisatzschemas lösen. Man sollte sich aber bewußt sein, daß viele Situationen in der Realität nicht durch Proportionalitäten beschreibbar sind.

Die nebenstehende Abbildung veranschau-licht die Preisgestaltung, wie sie etwa bei den Stromtarifen üblich ist. Dabei gibt es einen gewissen Grundpreis (Bereitstellungs-preis) und einen vom Verbrauch abhängigen Verrechnungspreis. So wird der Strompreis z.B. berechnet gemäß

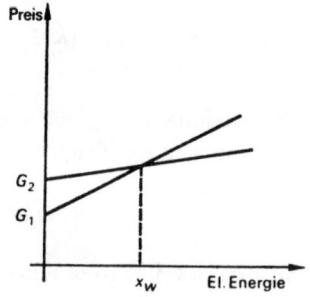

$$x \mapsto 120,00\,\mathrm{DM} + 0,2620 \cdot x\,\mathrm{DM} .$$

Häufig gibt es für „normale" Haushalte und für Großabnehmer verschiedene Tarife. Da-bei haben Großabnehmer in der Regel einen höheren Bereitstellungspreis zu zah-len, dafür aber einen niedrigeren Preis pro verbrauchter Energieeinheit. Eine Frage ist dann, ab welchem Verbrauch man sinnvoller Weise den Tarif wechselt. Dieser Wert ist in der Abbildung mit x_w bezeichnet.

Eine andere übliche Abweichung von der Proportianalität besteht darin, daß man bei größeren Abnahmemengen Rabatt bekommt. In diesem Sinne beschreibt die folgende Abbildung die Zuordnung von Abnahmemenge an Heizöl in Liter und Preis in DM.

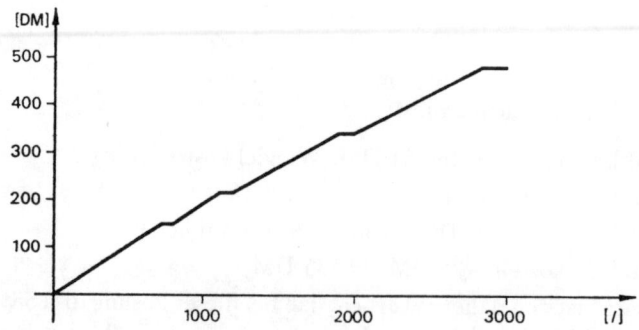

Genauer liegt dabei folgendes Angebot aus dem Jahre 1973 zugrunde:

0,20 DM pro l bei einer Abnahmemenge bis 800 l
0,19 DM pro l bei einer Abnahmemenge zwischen 800 l und 1200 l
0,18 DM pro l bei einer Abnahmemenge zwischen 1200 l und 2000 l
0,17 DM pro l bei einer Abnahmemenge zwischen 2000 l und 3000 l.

Im Kurvenverlauf erkennt man konstante Teilstücke. Diese beruhen darauf, daß es z.B. bei einer Abnahme von 770 l (mehr paßt in den Tank nicht hinein) günstiger ist, 800 l zu bezahlen. Es gilt nämlich:

$$770 \cdot 0,2 = 154 \quad \text{aber} \quad 800 \cdot 0,19 = 152.$$

Die Funktion, die jeder Abnahmemenge den günstigsten Preis zuordnet, ist durch die folgende komplizierte Vorschrift angegeben.

$$f_{\text{opt}}(x) = \begin{cases} 0,20x \text{ DM} & \text{für} & 0\,l & < & x & \leq & 760\,l \\ 152 \text{ DM} & \text{für} & 760\,l & < & x & < & 800\,l \\ 0,19x \text{ DM} & \text{für} & 800\,l & \leq & x & \leq & 1136\,l \\ 216 \text{ DM} & \text{für} & 1136\,l & < & x & < & 1200\,l \\ 0,18x \text{ DM} & \text{für} & 1200\,l & \leq & x & \leq & 1889\,l \\ 340 \text{ DM} & \text{für} & 1889\,l & < & x & < & 2000\,l \\ 0,17x \text{ DM} & \text{für} & 2000\,l & \leq & x & \leq & 2824\,l \\ 480 \text{ DM} & \text{für} & 2824\,l & < & x & < & 3000\,l \end{cases}$$

Diese Zuordnungsvorschrift liegt der obigen Skizze zugrunde.

Neben dem direkten gibt es auch den *indirekten (umgekehrten) Dreisatz*. Dieser bezieht sich auf Zuordnungen von Größen, bei denen die Größenpaare stets das gleiche Produkt ergeben. Die folgende Tabelle beschreibt als Beispiel hierzu den Zusammenhang von Heizleistung (in Kilowatt/Stunden) und Betriebsdauer (in Stunden) für eine durch Münzeinwurf gesteuerte Kochplatte:

Heizleistung	2 kW/h	1,5 kW/h	1 kW/h	0,5 kW/h	0,25 kW/h
Betriebsdauer	0,5 h	0,67 h	1 h	2 h	4 h

Das Produkt ergibt stets die Leistung von 1 Kilowatt.

Betrachtet man alle Paare (x, y) mit $x \cdot y = a$, so erhält man als Funktion eine Hyperbel

$$y = \frac{a}{x},$$

wie sie die nebenstehende Darstellung zeigt. Den Zusammenhang von produktgleichen Paaren (x_1, y_1) und (x_2, y_2) kann man auch durch die (umgekehrte) Verhältnisgleichung

$$\frac{x_2}{x_1} = \frac{y_1}{y_2}$$

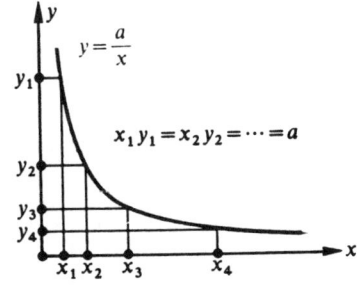

beschreiben. Bei den Hyperbeln spricht man daher auch von antiproportionalen Abbildungen.

Der indirekte (umgekehrte) Dreisatz löst Aufgabenstellungen mit produktgleichen Paaren wieder ohne Verhältnisgleichungen und Variablen. Betrachtet werde also eine Größe b (etwa die Zeit für eine Arbeit), die von einer Größe a (etwa der Zahl der eingesetzten Arbeiter) so abhängt, daß das Produkt $a \cdot b$ stets die gleiche Größe aufweist. Kennt man nun ein Paar (a_1, b_1) zusammenhängender Größen, und kennt man von einem weiteren Paar nur die Größe a_2, dann kann man die zugehörige Größe b_2 durch Rückschluß auf die Einheit wie folgt berechnen:

Beispiel 2: Ein landwirtschaftlicher Großbetrieb setzt für die Weizenernte 3 Mähdrescher ein, welche gemeinsam 70 Arbeitsstunden benötigen. Wie lange dauert die Ernte, wenn 5 Mähdrescher eingesetzt werden ?

3 Mähdrescher benötigen 70 Stunden

1 Mähdrescher benötigt $3 \cdot 70$ Stunden (Schluß auf die Einheit)

5 Mähdrescher benötigen $\frac{3 \cdot 70}{5}$ $(= 42)$ Stunden.

Das allgemeine Schema des indirekten Dreisatzes hat somit folgendes Aussehen

$$
\begin{array}{lll}
a_1 & \cdots & b_1 \\
1 & \cdots & a_1 \cdot b_1 \quad \text{(Schluß auf die Einheit)} \\
a_2 & \cdots & \frac{a_1 \cdot b_1}{a_2} \quad (= \text{gesuchte Größe } b_2). \quad \square
\end{array}
$$

Neben einfachen Dreisatzaufgaben, die einen Zusammenhang zwischen Größenpaaren betrachten, gibt es auch einen *doppelten Dreisatz*. Dabei wird aus einem bekannten Größentripel (a_1, b_1, c_1) und zwei bekannten Größen a_2, b_2 eines weiteren Größentripels (a_2, b_2, x) die unbekannte Größe x erschlossen. Es sind verschiedene Fälle zu unterscheiden, je nachdem ob

$$(a_1, c_1) \text{ und } (a_2, x)$$

$$(b_1, c_1) \text{ und } (b_2, x)$$

quotientengleiche oder produktgleiche Größenpaare bilden. Damit entstehen 4 mögliche Fälle. Bei der Rechnung schreibt man 5 Sätze statt 3 Sätzen hin, wie das folgende Schema erkennen läßt:

1)	a_1	b_1	c_1			
2)	1	b_1	$\frac{1}{a_1}c_1$		$a_1 \cdot c_1$	
3)	1	1	$\frac{1}{a_1 b_1}c_1$	$\frac{b_1}{a_1}c_1$	$\frac{a_1}{b_1}c_1$	$a_1 \cdot b_1 \cdot c_1$
4)	1	b_2	$\frac{b_2}{a_1 b_1}c_1$	$\frac{b_1}{a_1 b_2}c_1$	$\frac{a_1 b_2}{b_1}c_1$	$\frac{a_1 b_1}{b_2}c_1$
5)	a_2	b_2	$\frac{a_2 b_2}{a_1 b_1}c_1$	$\frac{a_2 b_1}{a_1 b_2}c_1$	$\frac{a_1 b_2}{a_2 b_1}c_1$	$\frac{a_1 b_1}{a_2 b_2}c_1$
			Fall I	Fall II	Fall III	Fall IV

Das nächste Beispiel zeigt Musteraufgaben zu den Fällen I und II:

Beispiel 3: a) Eine Großküche verbraucht für 30 Personen an 5 Tagen 18 kg Fleisch. Es soll nun 20 Tage lang für 42 Personen gekocht werden. Wieviel Fleisch wird benötigt ?

1)	30	Personen erfordern an	5 Tagen		18 kg	Fleisch.
2)	1	Person erfordert an	5 Tagen	$\frac{1}{30} \cdot 18$ kg		Fleisch.
3)	1	Person erfordert an	1 Tag	$\frac{1}{30 \cdot 5} \cdot 18$ kg		Fleisch.
4)	1	Person erfordert an	20 Tagen	$\frac{20}{30 \cdot 5} \cdot 18$ kg		Fleisch.
5)	42	Personen erfordern an	20 Tagen	$\frac{42 \cdot 20}{30 \cdot 5} \cdot 18$ kg		Fleisch.

b) Zur Produktion von 2800 Einheiten einer Ware benötigt man bei Einsatz von 16 Fertigungsautomaten 21 Stunden. Welche Zeit wird zur Produktion von 5000 Einheiten bei Einsatz von nur 12 Fertigungsautomaten benötigt ?

1) 2800 Einheiten werden mit 16 Automaten in 21 Stunden produziert.

2) 100 Einheiten werden mit 16 Automaten in $\frac{1}{28} \cdot 21$ Stunden produziert.

3) 100 Einheiten werden mit 1 Automat in $\frac{16}{28} \cdot 21$ Stunden produziert.

4) 100 Einheiten werden mit 12 Automaten in $\frac{16}{28 \cdot 12} \cdot 21$ Stunden produziert.

5) 5000 Einheiten werden mit 12 Automaten in $\frac{16 \cdot 50}{28 \cdot 12} \cdot 21$ (= 50) Stunden produziert.

Die beschriebene Produktion erfordert somit 50 Stunden. □

Die in Sachaufgaben betrachteten Zusammenhänge zwischen Größen lassen sich meist durch Funktionsvorschriften beschreiben. Durch den Dreisatz sind dabei solche Zuordnungen erfaßt, deren Funktionsvorschriften x und y in erster Potenz enthalten, nämlich

$$x \mapsto ax \quad \text{bzw.} \quad x \mapsto \frac{a}{x}.$$

Das Prinzip, die Abhängigkeit von Größen durch Funktionen zu beschreiben, ist natürlich viel allgemeiner anwendbar. So sind z.B. die Werte der zweiten Tabelle auf Seite 114, welche der Geschwindigkeit v eines PKW (in km/h) den Anhalteweg s (in m) zuordnet, berechnet gemäß der im Fahrschulunterricht üblichen „Faustformel"

$$s \approx \left(\frac{v}{10}\right)^2 + \frac{v}{10} \cdot 3.$$

Funktionen bilden wohl *das* Beschreibungsmuster, um Zusammenhänge zu erfassen, für welche eine Ursache-Wirkungs-Beziehung besteht. In diesem Sinne sind sie in den bisherigen Kapiteln dieses Buches vielfältig benutzt worden. Dabei treten durchaus auch transzendente Funktionen auf. Teilweise ist es nicht einmal sinnvoll oder gar nicht möglich, die auftretenden Funktionen durch eine Funktionsvorschrift zu beschreiben. Als Beispiel sei hier die in der folgenden Tabelle angegebene Gebührenordnung für Briefsendungen (gültig in dem Bereich der Deutschen Bundespost, Stand 1.1. 1993) genannt, die jedem Gewicht ein Briefporto zuordnet.

Standardbrief	bis 50 g	]50 g,100 g]	]100 g,250 g]	]250 g,500 g]	]500 g,1000 g]
1,00 DM	1,70 DM	2,40 DM	3,20 DM	4,00 DM	4,80 DM

(Dabei können Standardbriefe ein Gewicht bis 20 g haben. Sie müssen aber auch in der Länge zwischen 14,0 cm und 23,5 cm und in der Breite zwischen 9,0 cm und 12,0 cm liegen.)

Aufgaben

1. Lösen Sie nach dem Dreisatzschema und mit Verhältnisgleichungen:

   a) 15 l Benzin kosten 21,-DM. Wieviel kosten 48 l ?

   b) 2,3cm^3 einer Metallegierung wiegen 8,5 g. Wieviel wiegen 6,5cm^3 dieses Materials ?

   c) 6 Bagger verrichten eine Arbeit in 9 Tagen. Wie lange benötigen 4 Bagger für diese Arbeit ?

   d) Ein PKW bewältigt eine Wegstrecke bei einer Geschwindigkeit von 80 km/h in 7,5 h. Wie lange benötigt der PKW bei einer Geschwindigkeit von 50 km/h für diese Wegstrecke ?

2. Der Dreisatz behandelt quotienten- bzw. produktgleiche Zahlenpaare. Es gibt auch Zusammenhänge, die auf Zahlenpaare mit gleicher Summe oder gleicher Differenz führen. So kann z.B. der Gewinn G eines Unternehmens in unterschiedlicher Weise in das investierte Kapital I und das an die Gesellschafter ausgeschüttete Kapital A aufgeteilt werden. Stets gilt $I + A = G$.

   a) Stellen Sie diesen Zusammenhang der summengleichen Zahlenpaare (I, A) für $G = 1\,000\,000$ DM im Koordinatensystem dar.

   b) Skizzieren Sie je zwei Zusammenhänge, welche auf Zahlenpaare mit gleicher Summe bzw. Differenz führen.

3. Die Gebührenordnung eines Parkhauses hat folgendes Aussehen: Die erste Stunde kostet 1,50 DM, jede weitere angefangene Stunde kostet 2,00 DM. Dabei ist die Höchstdauer 5 Stunden. Ein Tagesticket gibt es für 10 DM.

   a) Veranschaulichen Sie die Zuordnung „Parkzeit $\longrightarrow$ Parkgebühren" in einem Koordinatensystem

   b*) Was ändert sich beim Parken an einer Parkuhr, wenn die Gebühren sonst die gleichen sind ?

   c*) Beschreiben Sie zwei verwandte Gebührenordnungen und nennen Sie deren Eigenarten.

4. Lösen Sie nach dem Schema des doppelten Dreisatzes

   a) 3 Mähdrescher benötigen zum Abernten von 20 ha Weizen 70 Stunden. Wie lange dauert es, bis 5 Mähdrescher 45 ha abgeerntet haben ?

   b) Zur Herstellung einer bestimmten Stückzahl einer Ware benötigen 16 Fertigungsautomaten bei täglichem Einsatz von 10 Stunden 210 Tage. Wie viele Tage benötigen 20 Fertigungsautomaten bei ganztägigem Einsatz (24

Stunden) für die gleiche Stückzahl ?
Welche der im Schema auf S. 118 genannten Fälle liegen vor ?

5. Rechnen Sie folgende Aufgaben aus den Rechenbüchern des ADAM RIESE
nach:
a) *Von Fracht und Fuhrlohn*
α) *Item man gibt von 3. Centner 24. meil ein Ungerisch fl. zu fuhrlohn / wie
viel wird man geben von 11. Centnern 120. meil ? (Facit: 18 Ungerisch und
$\frac{1}{3}$ theil.)*
β) *Item von 4. Centner 7. meil gibt man 1. fl. 2. lb. 9. dz. zu fuhrlohn /
den fl. für 7. lb. und ein lb. für 30. dz. Wie viel meil wird man führen 48.
Centner für 28. fl. (Facit: 2. meil und $\frac{218}{279}$ theil einer meil.)*
b) *Vom Gewinn nach der Zeit*
α) *Item 12. fl. gewinnen in 3. Jaren 7. fl. / in wie viel Jaren werden 20. fl.
gewinnen 12. fl. (Facit: 3. Jar und $\frac{3}{35}$ theil)*
β) *Item 80. fl. gewinnen in 5. Monat 12. fl. / die frag dem Hauptgut von 30.
fl. gewinn in einem Jar. (Facit: 83. fl. und ein drittheil.)*

6. Eine Aufgabe aus der Unterhaltungsmathematik (nach ADAM RIESE, in mo-
dernisierter Fassung):
*Einer spricht: Gott grüß euch, ihr 30 Gesellen. Einer antwortet: Wenn wir
noch einmal so viele und halb so viele wären, so wären wir 30.*
Die Frage: Wie viele sind es gewesen ?
Adam Riese empfiehlt zur Lösung die Methode des *doppelten falschen Ansatzes.* Mach's so: Nimm dir eine Zahl vor, die durch 2 geteilt werden kann,
z.B. 16. Überprüfe die und sprich: 16 und 16 und die Hälfte von 16 – das
sind 8 – macht in einer Summe 40. Es sollten aber 30 sein, also „lügt" 16
um 10 zuviel.
Setze deshalb an, es seien 14 Gesellen gewesen. Sprich: 14 und 14 und 7
macht zusammen 35, also „lügt" 14 um 5 zuviel. Dann steht

$$16 \quad plus \quad 10$$
$$5$$
$$14 \quad plus \quad 5$$

Ziehe 5 von 10 ab; es bleiben 5, der Teiler. Danach multipliziere über Kreuz,
ziehe eins vom anderen ab und teile. So kommt 12 ($= \frac{14\cdot10-16\cdot5}{5}$) heraus, und
so viele Gesellen sind es gewesen.
a) Lösen Sie die Aufgabe nach diesem Schema mit Hilfe der Ansatzzahlen
20 und 18.
b) Lösen Sie nach diesem Schema die folgende Aufgabe von ADAM RIESE:
*Ein Sohn fragt seinen Vater, wie alt er (der Sohn) sei. Der Vater antwortet
durch folgendes Zahlenrätsel: Wenn du zu deinem Alter noch einmal das
Alter, die Hälfte des Alters, ein Viertel des Alters und noch ein Jahr hinzu-
ziehst, dann erhältst du 100 Jahre.*

c) Die Methode des doppelten falschen Ansatzes erlaubt es, lineare Gleichungen der Form

$$ax + b = c$$

ohne Benutzung von Variablen zu lösen.

Begründen Sie das Vorgehen beim ersten Beispiele unter Benutzung der folgenden Aussagen:

Gleichung: $x \cdot \frac{5}{2} = 30$

Falscher Ansatz (mit $u > v$):

$$
\begin{aligned}
(x + u) \cdot \tfrac{5}{2} &= 30 + \tfrac{5}{2}u \\
(x + v) \cdot \tfrac{5}{2} &= 30 + \tfrac{5}{2}v
\end{aligned}
$$

Es gilt:

$$(x + v) \cdot \frac{5}{2}u - (x + u) \cdot \frac{5}{2}v = \frac{5}{2}(u - v)x$$

$$\frac{5}{2}(u - v)x : \left(\frac{5}{2}u - \frac{5}{2}v\right) = x .$$

7. Listen Sie mindestens fünf Anwendungsbeispiele aus den Kapiteln I und II auf, bei deren Lösung Funktionen benutzt werden.

III. 3 Extremwerte und Mittelwerte

Im Rahmen des Sachrechnens spielen Extremwerte und Mittelwerte eine große Rolle. Wenn es z.B. darum geht, eine Sachsituation durch wenige Zahlen zu kennzeichnen, dann sind dies häufig Durchschnittwerte oder Extremwerte. Nicht selten beinhalten aber auch Sachaufgaben selbst die Frage nach einer möglichst günstigen Lösung, also Extremwertfragestellungen (siehe Schupp 1992).

Für einige Sorten von Extremwertaufgaben hat man besondere Lösungsverfahren entwickelt. Die *lineare Optimierung* z.B. liefert Lösungen für solche Extremwertfragestellungen, die sich mit Hilfe linearer Gleichungen und Ungleichungen beschreiben lassen (siehe S. 32 ff). Im Rahmen der Differentialrechnung lassen sich die Extremwerte von Funktionen über die Ableitungen dieser Funktionen bestimmen. In diesem Sinne werden z.B. im Anhang die Maße einer besonders materialsparenden Milchtüte bestimmt (siehe S. 236 ff).

Bei Extremwertfragestellungen, die auf quadratische Funktionen

$$x \mapsto ax^2 + bx + c$$

führen, läßt sich der jeweilige Extremwert direkt bestimmen. Mit Hilfe der Methode der quadratischen Ergänzung erhält man nämlich

$$
\begin{aligned}
ax^2 + bx + c &= a(x^2 + \tfrac{b}{a}x + \tfrac{c}{a}) \\
&= a(x^2 + \tfrac{b}{a}x + (\tfrac{b}{2a})^2 - (\tfrac{b}{2a})^2 + \tfrac{c}{a}) \\
&= a(x + \tfrac{b}{2a})^2 + a(\tfrac{c}{a} - (\tfrac{b}{2a})^2) .
\end{aligned}
$$

Hieraus folgt, daß der Term $a^2 + bx + c$ sein Maximum (falls $a < 0$) bzw. sein Minimum (falls $a > 0$) an der Stelle $-\frac{b}{2a}$ annimmt. Der quadratische Term $(x + \frac{b}{2a})^2$ kann ja nicht negativ werden. Der Punkt $S = (-\frac{b}{2a}\,;\,c - \frac{b^2}{4a})$ ist der Scheitelpunkt der Parabel mit der Gleichung $y = ax^2 + bx + c$.

Foto: O. Grimm   Sylvesterfeuerwerk

Beispiel 4: Unter allen Rechtecken mit dem gleichen Umfang U soll das flächengrößte bestimmt werden. Die Seiten des Rechtecks seien mit x und x' bezeichnet. Dann gilt $2x + 2x' = U$ oder $x' = \frac{U}{2} - x$. Der Flächeninhalt der Rechtecke wird also in Abhängigkeit von x beschrieben durch die quadratische Funktion

$$y = x \cdot x' = x(\frac{U}{2} - x).$$

Im Sinne der obigen Überlegungen erhält man

$$y = -x^2 + \frac{U}{2}x - \frac{U^2}{16} + \frac{U^2}{16} = -(x - \frac{U}{4})^2 + \frac{U^2}{16}.$$

Diese Funktion wird somit maximal
für $x = \frac{U}{4}$. Es folgt $x' = \frac{U}{4}$. Als
flächengrößtes Rechteck erweist sich
also das Quadrat. □

Erscheinungen mit parabelförmiger
Gestalt sind in Natur und Technik recht häufig anzutreffen, wie die
Abbildungen auf der voherigen, auf
dieser und auf der folgenden Seite
zeigen. Die Parabeln, welche sich
beim auslaufenden Wasser und beim
Feuerwerk ergeben, sind im Prinzip natürlich Wurfparabeln (siehe S.
64). Einige Abbildungen sind dem
Themenheft „Parabeln" der Zeit-
schrift „Mathematik lehren" entnommen, das viele Anregungen zu
dieser Frage enthält.

Parabolantenne

„Natürliche" Parabeln

Fotos: W. Fregien

Im Rahmen der Geometrie lassen sich Extremwertaufgaben natürlich häufig auch mit geometrischen Überlegungen lösen.

Beispiel 5:*Problem des schnellsten Weges*
Gesucht ist der kürzeste Weg von
A nach B über einen Punkt P auf
der Geraden g (siehe nebenstehende
Abbildung). Genannt sei auch die
Feuerwehr-Version: Es brennt in B.
Die Feuerwehr befindet sich in A. Sie
kann nicht direkt nach B fahren, son-
dern muß zuerst am Fluß g Wasser tan-
ken. An welcher Stelle P soll sie dies

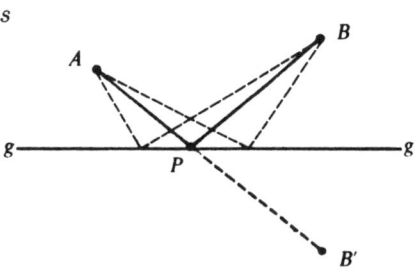

tun, damit der Gesamtweg APB minimale Länge hat ? (siehe Schupp 1992, S. 30). Die Lösung benutzt geometrische Abbildungen: Man spiegelt den Punkt B an der Geraden g und erhält B'. Die kürzeste Verbindung von A nach B' ist die Strecke AB'. Der Schnittpunkt P von AB' mit der Geraden g ist der gesuchte Punkt. Es gilt nämlich $\overline{AP}+\overline{PB} = \overline{AP}+\overline{PB'} = \overline{AB'}$. Für jeden konkurrierenden Punkt Q ($\neq$ P) gilt

$$\overline{AQ} + \overline{QB} = \overline{AQ} + \overline{QB'} > \overline{AB'}. \;\; \Box$$

Müngstener Brücke zwischen Remscheid und Solingen

Durchschnittswerte spielen beim Sachrechnen eine große Rolle; man denke etwa an die Durchschnittsgröße, an das Durchschnittsgewicht oder an die Durchschnittsgeschwindigkeit. Hat ein Geschäft in vier aufeinanderfolgenden Monaten einen Umsatz von 52 000 DM, 65 000 DM, 48 000 DM und 71 000 DM erzielt, dann berechnet man den durchschnittlichen Umsatz als

$$\overline{U} = \frac{1}{4}(52\,000 + 65\,000 + 48\,000 + 71\,000) = 59\,000\,\text{DM}\,.$$

Dieser Wert wurde als *arithmetisches Mittel* berechnet. Für Ausgangswerte $x_1, x_2, x_3, \ldots, x_n$ ist das arithmetische Mittel allgemein definiert als

$$\overline{x} = A(x_1, x_2, \ldots, x_n) = \frac{1}{n}(x_1 + x_2 + x_3 + \ldots + x_n)\,.$$

Daneben gibt es auch andere Mittelwertbildungen (siehe auch II., S. 77 ff). Das *geometrische Mittel* wird bestimmt als

$$\tilde{x} = G(x_1, x_2, \ldots, x_n) = \sqrt[n]{x_1 \cdot x_2 \cdot x_3 \cdot \ldots \cdot x_n}$$

und das *harmonische Mittel* berechnet gemäß

$$\hat{x} = H(x_1, x_2, \ldots, x_n) = \frac{n}{\frac{1}{x_1} + \frac{1}{x_2} + \ldots + \frac{1}{x_n}}\,.$$

Problematisch ist, daß die Bildung eines Durchschnittswertes häufig mit der Bildung des arithmetischen Mittels identifiziert wird. Teilweise geschieht dies zu Unrecht. Es gibt Situationen, in denen das geometrische Mittel bzw. das harmonische Mittel von der Sache her angemessener sind, wie die folgenden Beispiele zeigen.

Beispiel 6: Ein Kapital K_0 von 10000 DM werde über 8 Jahre nacheinander mit 5%, 5,25%, 5,5%, 5,75%, 6%, 6,25%, 6,5% und 6,75% verzinst (mit Zinseszinsen). Damit ergibt sich ein Endkapital K_8 von 15786,88 DM. Es entsteht also ein Gewinn von 5786,88 DM oder 57,87%. Es wäre aber nicht richtig, von einer durchschnittlichen Verzinsung mit 7,23% zu sprechen (57,87 : 8 $\doteq$ 7,23). Bei einer Verzinsung mit 7,23% wären nämlich aus dem Ausgangskapital von 10000 DM nach 8 Jahren 17479,55 DM entstanden ($10\,000 \cdot 1,0723^8 = 17479,55$). Den durchschnittlichen Verzinsungsfaktor, welcher nach 8 Jahren zum Endkapital 15786,88 DM führt, berechnet man als *geometrisches Mittel* der Verzinsungsfaktoren.

$$\tilde{x} = \sqrt[8]{1,05 \cdot 1,0525 \cdot 1,055 \cdot 1,0575 \cdot 1,06 \cdot 1,0625 \cdot 1,065 \cdot 1,0675}$$

$$= \sqrt[8]{1,578688} \doteq 1,05873$$

Der durchschnittliche Zinssatz über 8 Jahre ist also gerundet 5,87%. $\square$

Beispiel 7: Ein Autofahrer hat eine Strecke von 1000 km zurückzulegen. Die ersten 500 km hat er mit einer Geschwindigkeit von 100 km/h geschafft. In der zweiten Hälfte erreicht er aber nur eine Geschwindigkeit von 50 km/h. Um die Durchschnittsgeschwindigkeit für die Gesamtstrecke zu ermitteln, seien zunächst die Fahrtzeiten berechnet, die auf den Teilstrecken benötigt wurden. Die ersten 500 km legte der Fahrer in 5 Stunden zurück, für die zweiten 500 km benötigte er 10 Stunden (500 : 50 = 10). Die gesamte Fahrtzeit betrug also 15 Stunden. Das ergibt für die Gesamtstrecke eine Durchschnittsgeschwindigkeit von 66,67 km/h (1000 : 15 = 66,67). Die Durchschnittsgeschwindigkeit berechnet sich also nicht nach dem arithmetischen Mittel. Schreibt man die Rechnung ausführlich auf, so erkennt man, daß das harmonische Mittel gebildet wurde.

$$\frac{1000}{15} = \frac{2 \cdot 500}{5 + 10} = \frac{2 \cdot 500}{\frac{500}{100} + \frac{500}{50}} = \frac{2}{\frac{1}{100} + \frac{1}{50}} = 66,67 \,. \quad \square$$

Als Verallgemeinerung des arithmetischen Mittels verdient noch das *gewichtete arithmetische* Mittel Interesse: Treten die Zahlen $x_1, x_2, \ldots, x_n$ mit gewissen Gewichtsfaktoren (Anteilen, relativen Häufigkeiten) $p_1, p_2, \ldots, p_n$ auf, wobei $p_1 + p_2 + \ldots + p_n = 1$ gelten muß, dann ist das gewichtete arithmetische Mittel gegeben durch

$$\overline{x} = p_1 x_1 + p_2 x_2 + \ldots + p_n x_n \,.$$

Nach dieser Mittelwertbildung verfährt man bei der Mischungsrechnung: Zwei Stoffe S_1 und S_2 enthalten einen Rohstoff in den Anteilen $p_1\%$ bzw. $p_2\%$. Mischt man m_1 Mengeneinheiten von S_1 mit m_2 Mengeneinheiten von S_2, so enthält diese Mischung den Rohstoff zu $p\%$, wobei sich der Prozentsatz p gemäß

$$p = \frac{m_1}{m_1 + m_2} p_1 + \frac{m_2}{m_1 + m_2} p_2 = \frac{m_1 p_1 + m_2 p_2}{m_1 + m_2}$$

berechnen läßt.

Beispiel 8: 9 Liter 30%iger Alkohol (also 30% reiner Alkohol und 70% Wasser) werden mit 3 Liter 80%igem Alkohol gemischt. Es entstehen 12 Liter Flüssigkeit; davon sind

$$9 \cdot \frac{30}{100} + 3 \cdot \frac{80}{100} = \frac{510}{100} = 5,1$$

reiner Alkohol. Die Mischung enthält somit $\frac{5,1}{12} = 0,425 = 42,5\%$ Alkohol. Gerechnet wird gemäß der obigen Formel für das gewichtete arithmetische Mittel

$$p = \frac{9}{12} \cdot 30 + \frac{3}{12} \cdot 80 = \frac{9 \cdot 30 + 3 \cdot 80}{12} = \frac{510}{12} = 42,5 \,. \quad \square$$

Überträgt man die Überlegungen auf die Mischung von n Stoffen, so erhält man

$$p = \frac{m_1 p_1 + m_2 p_2 + \ldots + m_n p_n}{m_1 + m_2 + \ldots + m_n}$$

als Formel für den Prozentsatz p, mit dem ein Rohstoff in der Mischung enthalten ist, wenn die Ausgangsstoffe $S_1, S_2, \ldots, S_n$ diesen in den Anteilen $p_i\%$ enthalten und m_i Mengeneinheiten von S_i in die Mischung eingehen ($i = 1, 2, \ldots, n$).

Auch im Rahmen der Statistik sind Mittelwerte bedeutsam. Am gebräuchlichsten ist dabei wieder das arithmetische Mittel. Nicht selten erweist sich aber auch der *Zentralwert* als geeignet, den *mittleren Wert* einer Menge von Beobachtungsdaten zu beschreiben (siehe S. 172 f.).

Aufgaben

1. Bestimmen Sie unter allen Rechtecken gleichen Flächeninhalts A das mit dem kleinsten Umfang.

2. Die Zahl 8 soll so in die Summe zweier Zahlen x und y zerlegt werden, daß
   a) das Produkt $x \cdot y$ maximal wird,
   b) die Summe ihrer Quadrate minimal wird.

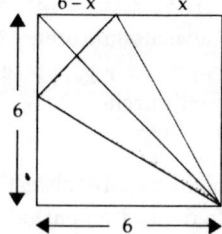

3. Einem Quadrat mit der Seitenlänge $a = 6\,\text{cm}$ soll ein gleichschenkliges Dreieck so einbeschrieben werden, daß seine Spitze in einer Ecke des Quadrates liegt (siehe Abbildung). Wie lang sind seine Seiten zu wählen, damit der Flächeninhalt maximal wird?

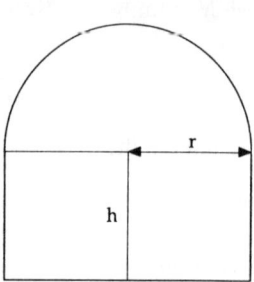

4. Ein Fenster soll die Form eines Rechtecks mit aufgesetztem Rundbogen haben (siehe nebenstehende Abbildung). Die Umrahmung soll insgesamt 6 m lang sein. Bestimmen Sie die Maße für das Fenster, wenn die Fensterfläche möglichst groß sein soll. Wie groß ist in diesem Falle die Fläche?

5. Ein Wurf mit der Anfangsgeschwindigkeit v_0 und dem Abwurfwinkel α gegenüber der Horizontalen läßt sich im x-y-Koordinatensystem (Abwurfpunkt im Nullpunkt) beschreiben durch

$$y = x \tan \alpha - \frac{9,81}{2(v_0 \cos \alpha)^2} x^2$$

(siehe S. 64). Bei einer Anfangsgeschwindigkeit von 15 m/sec und einem Abwurfwinkel $\alpha = 45°$ entsteht die Wurfparabel

$$y = x - \frac{9,81}{2 \cdot (7,5\sqrt{2})^2} x^2 = x - 0,0436 x^2 \,.$$

Wie hoch ist dieser Wurf an seinem höchsten Punkt?

6.* Begründen Sie: Unter allen Dreiecken gleicher Höhe über derselben Strecke hat das gleichschenklige minimalen Umfang.

7. Ein Geldverleiher verlangt im ersten Jahr 10% Zinsen. Im zweiten Jahr will er den Zinssatz so anheben, daß er „im Schnitt" einen Zinssatz von 15% pro Jahr erreicht. Dabei sollen die Zinsen zusammen mit der Rückzahlung des Kapitals am Ende des zweiten Jahres fällig sein. Der Geldverleiher erhöht dazu den Zinssatz im zweiten Jahr auf 20%. Beurteilen Sie das Verhalten des Geldverleihers.

8.* Ein Autofahrer hat auf der ersten Hälfte seiner Strecke nur die Geschwindigkeit von 50 km/h erreicht. Nun möchte er die zweite Streckenhälfte so schnell fahren, daß er „im Schnitt" auf eine Geschwindigkeit von 100 km/h kommt. Er glaubt, er müsse die zweite Hälfte der Strecke mit 150 km/h fahren.
a) Erläutern Sie, daß sich der Fahrer irrt.
b) Begründen Sie, daß der Fahrer nach der ersten Hälfte der Strecke 100 km/h als Durchschnittsgeschwindigkeit prinzipiell nicht mehr erreichen kann.

9. Mit wieviel 80%igem Alkohol muß man 8 Liter 40%igen Alkohol mischen, damit 50%iger Alkohol entsteht ?

10. Eine Aufgabe zur Mischungsrechnung von ADAM RIESE: *Einer hat gekörntes Silber. 1 Mark hat einen Feingehalt von 9 Lot. Er will einen Feingehalt von 11 Lot haben. Wieviel Feinsilber soll er einer Mark zusetzen ? (1 Mark = 16 Lot)*

11. Von einer Ware werden die Mengen $M_1, M_2, \ldots, M_n$ zu den Preisen $P_1, P_2, \ldots, P_n$ pro Mengeneinheit eingekauft. Erläutern Sie, daß sich der Durchschnittspreis pro Mengeneinheit entsprechend der folgenden Formel (*Mischkalkulation*) bestimmen läßt:

$$P = \frac{M_1 P_1 + M_2 P_2 + \ldots + M_n P_n}{M_1 + M_2 + \ldots + M_n} .$$

12. a) Ein Ölhändler hat verschiedene Mengen Heizöl zu verschiedenen Preisen eingekauft (entsprechend der nebenstehenden Tabelle). Bestimmen Sie den durchschnittlichen Einkaufspreis pro Tonne Heizöl.
b) Der Ölhändler muß zusätzlich Heizöl zu 390 DM pro Tonne einkaufen. Wieviel kann davon eingekauft werden, oh-

Menge in t	Preis pro T in DM
1200	412,-
2750	325,-
1600	295,-

ne daß ein durchschnittlicher Einkaufspreis von 350 DM pro Tonne für die gesamten vier Einkäufe überschritten wird ?

III. 4 Rechnen mit Näherungswerten

Die folgenden Beispiele zeigen typische Situationen, in denen Näherungswerte auftreten:

- Die Zeit des Siegers beim 100 m-Lauf betrug 10,18 sec.
- Die Dichte von Quecksilber ist 13,60 g/cm^3.
- Beim Fußballspiel gibt der Stadionsprecher die Zuschauerzahl mit 55 000 an.
- Einwohnerzahl von Wuppertal: 400 (Angabe in Tausend).
- $\pi \approx 3,1415$ oder $\pi \dot{=} 3,1415$
- $\sqrt{5} \dot{=} 2,24$ ($\dot{=}$ bedeutet gerundet gleich).

Bei den beiden ersten Angaben handelt es sich um Größenangaben, um *Meßwerte*, die mit Hilfe geeigneter Instrumente ermittelt worden sind. Dabei liegt die Modellvorstellung zugrunde, daß eine „genaue Maßzahl" existiert und daß man je nach Bedarf bessere Meßwerte erzielen kann.

Bei der dritten und der vierten Angabe liegen *große Anzahlen* vor. Die Zuschauerzahl mag eine Schätzung des Stadionsprechers sein, die dieser aufgrund langjähriger Erfahrung macht. Bei Einwohnerzahlen von Großstädten sind „Angaben in Tausend" oder „Angaben in Zehntausend" üblich. Eine Angabe wie „395863 am 1.1.1993" könnte als Momentaufnahme für eine bestimmte Tageszeit des Stichtages richtig sein. Die Bevölkerung einer Großstadt auf Tausend Einwohner genau zu zählen, ist aber schon ein großes Problem. Genauere Angaben machen wenig Sinn, wenn man bedenkt, daß stündlich Menschen geboren werden oder sterben können, daß täglich Einwohner weg- oder zuziehen.

Die beiden letzten Angaben beschreiben *Dezimalzahlen*, rationale Näherungen für die irrationalen Zahlen π bzw. $\sqrt{5}$. Dabei ist es prinzipiell möglich, beliebig viele Dezimalstellen anzugeben, praktisch rechnen kann man aber nur mit einer endlichen Stellenzahl, d.h. mit Näherungswerten.

Zusammenfassend kann man feststellen, daß gerade bei Anwendungen Näherungswerte die Regel sind, genaue Werte dagegen nur in Ausnahmefällen auftreten. Wichtig ist dabei, daß man sich Rechenschaft über die Genauigkeit der benutzten Angaben ablegt. Zur Beschreibung eines Näherungswertes a gehört wesentlich eine Angabe über die Größe des Fehlers ε_a gegenüber dem exakten Wert. Im dritten Beispiel mag die genaue Zuschauerzahl $Z = 53237$ gewesen sein. Die Differenz zwischen dem Näherungswert a (der Angabe des Stadionsprechers) und dem exakten Wert Z ist der *wahre Fehler* $\varepsilon_a = a - Z = 1763$. Der wahre Fehler ist allerdings praktisch ohne Bedeutung, da man in der Regel den exakten Wert nicht kennt (und damit auch den wahren Fehler nicht ermitteln kann). Meist wird die Genauigkeit eines Näherungswertes a gekennzeichnet durch die Angabe einer *Fehlerschranke*. $x = a \pm \Delta a$ bedeutet, daß der exakte Wert x im Intervall

$$[a - \Delta a, \, a + \Delta a]$$

liegt. Dies kann auch als Ungleichungskette,

$$a - \Delta a \leq x \leq a + \Delta a$$

oder als Betragsungleichung

$$|a - x| \leq \Delta a$$

geschrieben werden. Im Gegensatz zum wahren Fehler, der positiv oder negativ sein kann, ist die Fehlerschranke Δa stets positiv. Δa wird auch als *absoluter Fehler* bezeichnet. (Obwohl es ja eigentlich viele absolute Fehler geben kann.)

Bei Meßwerten sollte der absolute Fehler als Meßgenauigkeit oder Toleranz der Messung angegeben sein oder aus dem Kontext klar sein. So ist die Zeitmessung des 100 m-Laufs im ersten Beispiel auf Hundertstel-Sekunde genau, d.h. $\Delta t = 0,005$ sec. Beim Rechnen mit Dezimalzahlen wird häufig keine Genauigkeitsaussage gemacht. Angaben wie $\pi \approx 3,14$ oder $\pi \doteq 3,14$ oder einfach $\pi = 3,14$ werden nebeneinander verwendet. Das führt aber nur dann zu keinen Problemen, wenn man sich an die Vereinbarung hält, nur solche Dezimalstellen anzugeben, die aus längeren Darstellungen durch *Runden* entstanden sind oder entstanden sein könnten. Die Bezeichnung „$\doteq$" bringt dies explizit zum Ausdruck. $\pi \doteq 3,142$ ist also gleichbedeutend mit $\pi = 3,142 \pm 0,005$ oder $3,1415 \leq \pi < 3,1424$. Diese Fehleraussage folgt aus der *Rundungsregel* (formuliert für die n-te Stelle einer Dezimalzahl):
Es wird abgerundet, wenn an der $(n + 1)$-ten Stelle eine der Ziffern 0,1,2,3 oder 4 steht. Die Ziffern bis zur n-ten Stelle bleiben dann, wie sie sind.
Es wird aufgerundet, wenn an der $(n + 1)$-ten Stelle eine der Ziffern 5,6,7,8 oder 9 steht. Die Ziffer an der n-ten Stelle wird dann um 1 erhöht.

Teilweise wird bezogen auf die Ziffer 5 noch eine *differenziertere Rundungsregel* verwandt. Dabei wird festgesetzt:
a) Folgt nach der Ziffer 5 noch eine weitere von 0 verschiedene Ziffer, dann wird aufgerundet.
b) Ist die Ziffer 5 durch Aufrunden entstanden, dann wird abgerundet.
c) Handelt es sich um eine genaue 5 oder eine 5 unbekannter Herkunft, dann wird aufgerundet.

Dezimalziffern in Näherungswerten, die durch Runden entstanden sind, heißen *geltende* oder auch *zuverlässige* Ziffern.

Statt die Dezimaldarstellungen einer Zahl zu runden, kann man sie auch einfach abbrechen. So verfahren viele einfache Taschenrechner. Dabei erhält man z.B. als Näherungswert für π mit 3 Stellen nach dem Komma 3,141. Auch bei 3,1419... wäre durch Abbrechen 3,141 entstanden. Der absolute Abbrechfehler ist in diesem Falle 0,001, allgemein der doppelte Rundungsfehler.

Runden von Dezimalzahlen bietet also gegenüber Abbrechen den Vorteil, daß der Näherungswert einen kleineren absoluten Fehler aufweist. Für Runden spricht ferner, daß die Fehler verschiedene Vorzeichen haben können und sich daher bei längeren Rechnungen teilweise aufheben können. Man denke etwa an Additionsketten. Es gibt jedoch auch Fälle, in denen es günstiger ist, Dezimalzahlen abzubrechen als Dezimalzahlen zu runden. Ein durch Abbrechen entstandener Näherungswert ist nämlich stets kleiner als der wahre Wert. Bei Abschätzungen z.B. ist es wichtig, die Zahlen nur in eine Richtung zu verändern.

Man findet häufig Aussagen, bei denen die Genauigkeit der Näherungswerte nicht vertretbar ist.

Beispiel 9: a) Anläßlich der Massenkarambolage eines amerikanischen Raketenzuges in einem badischen Dorf berichtete der **Spiegel** (Nr. 45 / 1982, S.32) über die Dienstanweisungen an die deutschen Pershing-Geschwader. Dort heißt es für den Fall, daß Fahrzeuge eines Pershing-Trupps in Brand geraten: *„Soweit sie (die Soldaten) am Brandherd nicht gebraucht werden, haben sie eine andere Aufgabe. Ihnen obliegt es, sofort einen Sicherheitsgürtel in 610 m Entfernung rund um den Konvoi zu bilden und dabei jede nur mögliche Deckung auszunutzen."* ... *„Ist es für die das Feuer bekämpfenden Soldaten nötig, den Brandherd zu verlassen, ziehen sie sich auf eine Entfernung von 430 m zurück."*
Die unsinnigen Angaben 610 m und 430 m sind wahrscheinlich bei der Übersetzung aus dem Englischen entstanden. 610 m waren vielleicht 2000 Fuß. Dem Übersetzer gelingt es nicht, die grobe Entfernungsangabe durch eine entsprechend grobe zu ersetzen. Hier wäre eine Entfernung von 500 m angemessen gewesen.
b) Bei den Olympischen Spielen in München 1972 wurden die Zeiten beim Schwimmwettkampf auf tausendstel Sekunde gemessen. Über 400 m Lagen gewann der Schwede Gunnar Larson die Goldmedaille in 4:31,981 min vor dem Amerikaner Alexander Mc Kee in 4:31,983 min. Die Zeitdifferenz von 2 Tausendstel Sekunde bedeutet bei der Durchschnittsgeschwindigkeit von 1,471 m/sec ($400 : 271,981 \doteq 1,471$ m/sec) einen Vorsprung unter 3 mm ($1,471 \cdot 0,002 = 0,002942$ m). Dies als Vorsprung zu bezeichnen, ergibt aber nur Sinn, wenn die Länge der Bahnen auf Millimeter genau übereinstimmt, was technisch wohl nicht realisierbar ist. Nachmessungen ergaben in der Tat, daß die 50 m-Bahn des Zweiten, Mc Kee, mehr als einen Millimeter länger war als die von Larson. Nach 1972 hätten beide Schwimmer die Goldmedaille bekommen, weil die Tausendstel-Sekunde-Zeitmessung wieder aufgegeben wurde.
Es macht wenig Sinn, die in einem Bereich (hier der Zeitmessung) realisierbare Genauigkeit in einem Umfeld zu benutzen, das nicht den Genauigkeitsansprüchen genügt. □

Der absolute Fehler ist in gewisser Hinsicht ungeeignet, die Genauigkeit von Näherungswerten zu vergleichen. Die Zeitmessung eines 100 m-Laufs mit $t = 10,18 \pm 0,005$ sec ist bezogen auf den absoluten Fehler viel genauer als der Wert für die Loschmidtsche Zahl (Anzahl der Atome in einem Grammatom der jeweiligen Substanz) mit $L = (6,022 \pm 0,0004) 10^{23}$. Das liegt an der sehr unterschiedlichen Größenordnung dieser Zahlen. Beide Angaben haben vier zuverlässige Ziffern, was ihre Genauigkeit vergleichbar macht. Zum Vergleich der Genauigkeit von Näherungswerten betrachtet man den *relativen Fehler*. Für einen Näherungswert a ist dieser definiert als

$$\delta_a = \frac{\Delta a}{a}.$$

In den Beispielen gilt

$$\delta_t = \frac{0,005}{10,18} \doteq 0,49 \cdot 10^{-3} \;,\; \delta_L = \frac{0,0004}{6,022} \doteq 0,66 \cdot 10^{-4}\,.$$

Die Loschmidtsche Zahl stellt also bezogen auf den relativen Fehler den genaueren Näherungswert dar.

Der *absolute Fehler* eines Näherungswertes ist bestimmt durch die *Anzahl der Stellen* des Näherungswertes *nach dem Komma*. Man spricht daher von *Stellengenauigkeit*. Ist ein Näherungswert a auf k Stellen nach dem Komma genau, so hat er stets einen absoluten Fehler $\Delta a = 0,5 \cdot 10^{-k}$. Der *relative Fehler* eines Näherungswertes ist bestimmt durch die *Anzahl der zuverlässigen Ziffern*. Man spricht daher von *Zifferngenauigkeit*. Ist ein Näherungswert a auf n Ziffern genau, so hat sein relativer Fehler stets die Größenordnung 10^{-n}. (Es entsteht nur eine Größenordnungsaussage, da $\frac{\Delta a}{a}$ bei gleichbleibendem Δa mit der Größe von a variiert.)

Taschenrechner und Computer geben heute die Möglichkeit, Zahlenwerte mit einer größeren Anzahl von Ziffern zu berechnen. Problematisch wird dies, wenn außer Acht gelassen wird, welche der berechneten Ziffern wirklich zuverlässig sind, wenn der relative Fehler der Ergebnisse nicht beachtet wird.

Beispiel 10: Für die politische Diskussion, aber auch für die wirtschaftliche Entwicklung selbst haben Zahlenangaben über Wirtschaftswachstum, sei es positiv oder negativ, eine erhebliche Bedeutung. Das Institut der Deutschen Wirtschaft in Köln gibt z.B. zum Bruttosozialprodukt für die Bundesrepublik Deutschland an:

    1987: 1.890,3   1988: 1.960,5   (Angaben in Milliarden).

Die Wachstumsrate wird daraus berechnet gemäß:

$$\frac{1960,5 - 1890,3}{1890,3} \doteq 0,037\,137\,.$$

Das Wachstum von 1987 auf 1988 wird daraufhin mit $3,7\%$ angegeben. Die folgende Tabelle zeigt, welche Wachstumsraten man erhalten hätte, wenn das Bruttosozialprodukt 1% höher bzw. niedriger geschätzt worden wäre; wenn also die obigen Angaben mit einem relativen Fehler von 1% behaftet wären:

| | -1% | | $+1\%$ |
	$1871,4$	$1890,3$	$1909,2$
$(-1\%)\ 1940,9$	$3,7\%$	$2,7\%$	$1,7\%$
$1960,5$	$4,7\%$	$3,7\%$	$2,7\%$
$(+1\%)\ 1980,1$	$5,8\%$	$4,8\%$	$3,8\%$

Das Rechenbeispiel verdeutlicht, wie ungerechtfertigt es wäre, aus einer Steigerung der Wachstumsrate von $3,7\%$ auf vielleicht $4,1\%$ im darauffolgenden Jahr auf wirtschaftlichen Fortschritt oder Aufschwung schließen zu wollen. Vielleicht wurden nur die Daten für das nächste Jahr etwas optimistischer geschätzt. Die Tabelle zeigt ferner, daß Institute, die stets etwas höher schätzen, und solche mit durchgehend niedrigeren Schätzungen durchaus zum gleichen Ergebnis kommen können. (In der Diagonale findet man jeweils 3,7%.) Kritisch ist besonders, wenn eine höhere gegen eine niedrigere Schätzung verrechnet wird oder eine niedrigere gegen eine höhere.

Die obige Beispielrechnung, die Bedenken gegen einen unvorsichtigen Umgang mit Daten zum Wirtschaftswachstum erzeugen sollte, unterstellte für die Ausgangswerte einen relativen Fehler von 1%. Die Bedenken sind umso ernster zu nehmen, als maßgebende Wirtschaftswissenschaftler feststellen, daß Wirtschaftsstatistiken mit einem Fehler unter 7% bis 10% überhaupt nicht existieren. Damit enthalten die obigen Angaben zum Bruttosozialprodukt höchstens zwei zuverlässige Ziffern. Mit diesen Fehlerüberlegungen wird die folgende Aussage von O. MORGENSTERN verständlich: „Überall bilden empirische Daten die Grundlage und überall enthalten sie irgendeine Fehlerkomponente. Könnte man verläßliche Wachstumsraten und Angaben über ihre Veränderung erhalten, so wäre dies von unerhörtem Nutzen für die Wirtschaftsanalyse und die Wirtschaftspolitik. Leider werden sie jedoch sorglos berechnet und wahllos verwendet, so als stünde ihre Genauigkeit und daher auch ihr Wert gar nicht in Frage. Zu dieser wahllosen Verwendung kommt noch, wie erwartet, hinzu, daß man mit entsprechend unauffälliger Manipulation nahezu jede Argumentation unterstützen kann, ..., solange es skrupellose Autoren und gutgläubige Leser gibt." (MORGENSTERN, O.: On the Accuracy of Economic Observations. Princeton University Press, Princeton [4] 1973.) □

Auch Tabellenwerte sind in der Regel Näherungswerte. Die nebenstehende Abbildung zeigt den Ausschnitt aus einer vierstelligen Tafel für Zehnerlogarithmen. Die angegebenen Werte enthalten also vier zuverlässige Ziffern, sie sind auf vier Dezimalen gerundet.

x	0	1	2	3	4	5	6	7	8	9
200	3010	12	15	17	19	21	23	25	28	30
201	32	34	36	38	41	43	45	47	49	51
202	54	56	58	60	62	64	66	69	71	73
203	75	77	79	81	84	86	88	90	92	94
204	96	98	01	03	05	07	09	11	13	15
205	3118	20	22	24	26	28	30	32	34	37
206	39	41	43	45	47	49	51	53	56	58
207	60	62	64	66	68	70	72	74	76	79
208	81	83	85	87	89	91	93	95	97	99
209	3201	04	06	08	10	12	14	16	18	20
210	22	24	26	28	30	33	35	37	39	41
211	43	45	47	49	51	53	55	57	59	61
212	63	65	67	69	72	74	76	78	80	82
213	84	86	88	90	92	94	96	98	00	02
214	3304	06	08	10	12	14	16	18	20	22
215	24	26	28	30	32	34	36	39	41	43
216	45	47	49	51	53	55	57	59	61	63
217	65	67	69	71	73	75	77	79	81	83
218	85	87	89	91	93	95	97	98	00	02
219	3404	06	08	10	12	14	16	18	20	22
220	24	26	28	30	32	34	36	38	40	42
221	44	46	48	50	52	54	56	58	60	62
222	64	65	67	69	71	73	75	77	79	81
223	83	85	87	89	91	93	95	97	99	01
224	3502	04	06	08	10	12	14	16	18	20
225	22	24	26	28	30	31	33	35	37	39
226	41	43	45	47	49	51	53	55	56	58
227	60	62	64	66	68	70	72	74	76	77
228	79	81	83	85	87	89	91	93	95	96
229	98	00	02	04	06	08	10	12	14	15
230	3617	19	21	23	25	27	29	30	32	34
231	36	38	40	42	44	46	47	49	51	53
232	55	57	59	60	62	64	66	68	70	72
233	74	75	77	79	81	83	85	87	88	90
234	92	94	96	98	00	01	03	05	07	09
235	3711	13	14	16	18	20	22	24	25	27
236	29	31	33	35	36	38	40	42	44	46
237	47	49	51	53	55	57	58	60	62	64
238	66	68	69	71	73	75	77	79	80	82
239	84	86	88	89	91	93	95	97	98	00

Tafeln geben die entsprechenden Funktions-Werte (Logarithmen, Sinus-, Cosi-
nuswerte ...) nur in gewissen Abständen an. Häufig benötigt man jedoch da-
zwischenliegende Funktionswerte. Es ist üblich, diese durch **Interpolation** zu
bestimmen. Dabei liegt folgender Gedanke zugrunde: Von einer Funktion f seien
die Werte an den Stellen x_1 und x_2 bekannt. Man möchte $f(x^*)$ für eine Zwi-
schenstelle $x_1 < x^* < x_2$ näherungsweise bestimmen. Dazu denkt man sich die
Punkte $(x_1 ; f(x_1))$ und $(x_2 ; f(x_2))$ durch eine Gerade verbunden.

Man ersetzt also die zur Funktion f
gehörende Kurve zwischen x_1 und x_2 durch
eine Strecke, wie es die nebenstehende Abbildung zeigt. Für Punkte $(x^* ; y^*)$ auf dieser Strecke gilt dann

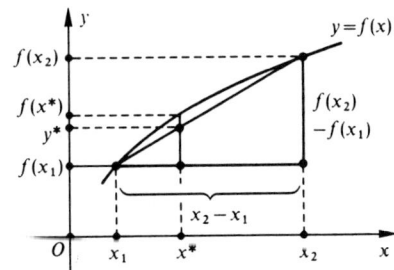

$$\frac{y^* - f(x_1)}{x^* - x_1} = \frac{f(x_2) - f(x_1)}{x_2 - x_1}.$$

Damit erhält man y^*, den Näherungswert
für $f(x^*)$, gemäß

$$y^* = f(x_1) + \frac{x^* - x_1}{x_2 - x_1} (f(x_2) - f(x_1)).$$

Beispiel 11: Hätte man die Zehnerlogarithmen nur für dreistellige x-Werte (Man-
tissen), dann könnte man aus $\lg 2,35 = 0,3711$ und $\lg 2,36 = 0,3729$ (vgl. den
Tafelausschnitt) einen Näherungswert für $\log 2,352$ durch Interpolation bestimmen. Im Sinne der obigen Formel entsteht:

$$\lg 2,352 \approx y^* = 0,3711 + \frac{0,002}{0,01} \cdot 0,0018 = 0,3711 + \frac{2}{10} \cdot 0,0018 \doteq 0,3715$$

Der durch Interpolation ermittelte Wert weicht in der letzten Ziffer vom Tafelwert
$\lg 2,352 = 0,3714$ ab. Diese Abweichung beruht auf der Tatsache, daß man die
Kurve der Logarithmusfunktion zwischen 2,35 und 2,36 durch ein Geradenstück
ersetzt hat.

Entsprechend verfährt man natürlich, wenn für einen Logarithmenwert der
Numerus bestimmt werden soll. Gesucht sei der Numerus zu 0,0581. Als Tafelwerte seien gegeben $\lg 1,14 = 0,0569$ und $\lg 1,15 = 0,0607$. In diesem Falle wird
die Umkehrfunktion $y = f(x) = 10^x$ interpoliert. Für diese gilt

$$f(0,0569) = 1,14 \quad \text{und} \quad f(0,0607) = 1,15.$$

Die obige Formel liefert dann

$$f(0,0581) \approx y^* = 1,14 + \frac{0,0012}{0,0038} \cdot 0,01 = 1,14 + 0,003157\ldots \doteq 1,143. \; \square$$

Bei Näherungswerten, die wie im Beispiel durch Interpolation ermittelt wurden, hat man keine Fehlerabschätzung. Im Prinzip könnte die Funktion zwischen

x_1 und x_2 ja großen Schwankungen unterliegen. Tafelwerte beziehen sich aber in der Regel auf Funktionen, deren glatter Verlauf zwischen den aufgeführten Werten gesichert ist.

Was bisher mit Interpolation bezeichnet wurde, hätte eigentlich *lineare* Interpolation heißen müssen. Die Funktion f wurde ja im betrachteten Bereich durch eine Gerade ersetzt. Allgemein spricht man von Interpolation, wenn $n+1$ Punkte (x_i, y_i) $(i = 0, 1, 2, \ldots, n)$ vorgegeben sind. Gesucht ist dann ein Polynom p von möglichst kleinem Grad mit $p(x_i) = y_i$ für $i = 0, 1, 2, \ldots, n$, das sogenannte Interpolationspolynom. Ein Beispiel für diese allgemeinere Form der Interpolation bietet Aufgabe 5.

Rechnet man mit Näherungswerten, dann sind natürlich auch die Rechenergebnisse Näherungswerte. Damit stellt sich die Frage nach der *Fehlerfortpflanzung*, nach der Genauigkeit der Rechenergebnisse in Abhängigkeit von der Genauigkeit der Ausgangswerte.

Zur Frage der Fehlerfortpflanzung für die *Addition* gehen wir aus von $x = a \pm \Delta a$ und $y = b \pm \Delta b$, d.h. von

$$a - \Delta a \;\leq\; x \;\leq\; a + \Delta a$$
$$b - \Delta b \;\leq\; y \;\leq\; b + \Delta b.$$

Durch Addition dieser Ungleichungsketten erhält man

$$(a + b) - (\Delta a + \Delta b) \leq x + y \leq (a + b) + (\Delta a + \Delta b).$$

Eine entsprechende Aussage erhält man auch für die Differenz $x - y$ (siehe Aufgabe 6). Damit folgt:

Bei der *Addition* und der *Subtraktion* von Näherungswerten addieren sich die *absoluten Fehler*.

Für Dezimalzahlen ist der absolute Fehler bestimmt durch die Anzahl der zuverlässigen Stellen nach dem Komma. Hier läßt sich die obige Aussage in Form der *1. Regel der Ziffernzählung* benutzen:

In Summe und Differenz von Dezimalzahlen werden nur so viele Stellen nach dem Komma angegeben, wie der ungenaueste Summand aufweist.

Bei Multiplikation und Division von Näherungswerten spielt der absolute Fehler nicht die entscheidende Rolle für die Fehlerfortpflanzung, wie das folgende Rechenbeispiel zur Multiplikation verdeutlicht:

Beispiel 12: Es gilt

$$30 \cdot 30 = 2 \cdot 450 = 900.$$

Setzt man statt der als exakt angenommenen Werte 2, 30 und 450 Näherungswerte mit dem gleichen absoluten Fehler 0,2 ein, so erhält man in den ungünstigsten Fällen

$$29,8 \cdot 29,8 = 900 - 0,2 \cdot (30 + 30) + 0,2^2 = 900 - 12 + 0,04 = 888,04$$
$$30,2 \cdot 30,2 = 900 + 0,2 \cdot (30 + 30) + 0,2^2 = 900 + 12 + 0,004 = 912,04$$

aber

$$1,8 \cdot 449,8 = 900 - 0,2 \cdot (450 + 2) + 0,2^2 = 900 - 90,4 + 0,04 = 809,64$$
$$2,2 \cdot 450,2 = 900 + 0,2 \cdot (450 + 2) + 0,2^2 = 900 + 90,4 + 0,04 = 990,44 \,.$$

Obwohl die Ausgangswerte die gleichen absoluten Fehler haben, zeigt das Produkt $2 \cdot 450$ mit 90,4 einen beträchtlich größeren Fehler als das Produkt $30 \cdot 30$ mit 12,0. Die genauere Rechnung läßt auch den Grund deutlich werden: Der Fehler 0,2 wird im Produkt der sehr verschieden großen Zahlen mit 2 und mit 450 multipliziert, bei der Berechnung von $(30 \pm 0,2) \cdot (30 \pm 0,2)$ aber nur jeweils mit 30. □

Bei der Multiplikation addieren sich die relativen Fehler. Zur Begründung dieser Aussage betrachten wir das Produkt der Ungleichungen

$$a - \Delta a \leq x \leq a + \Delta a \quad \text{und} \quad b - \Delta b \leq y \leq b + \Delta b \,.$$

Dabei sei $a - \Delta a \geq 0$ und $b - \Delta b \geq 0$ vorausgesetzt.

$$(a - \Delta a)(b - \Delta b) \leq x \cdot y \leq (a + \Delta a)(b + \Delta b)$$

Umformung ergibt

$$ab - (a\Delta b + b\Delta a) + \Delta a \Delta b \leq x \cdot y \leq ab + (a\Delta b + b\Delta a) + \Delta a \Delta b \,.$$

Wenn die Fehler Δa und Δb klein gegenüber den Näherungswerten a bzw. b sind, wird das Fehlerprodukt $\Delta a \Delta b$ sehr klein gegenüber dem Hauptfehlerterm $a\Delta b + b\Delta a$. Dies sieht man auch im obigen Rechenbeispiel. Man vernachlässigt daher in der Regel $\Delta a \Delta b$ und gibt den absoluten Fehler des Produktes mit

$$\Delta(ab) = a\Delta b + b\Delta a$$

an. Dividiert man diese Gleichung durch ab, so entsteht

$$\frac{\Delta(ab)}{ab} = \frac{\Delta b}{b} + \frac{\Delta a}{a} \quad \text{oder} \quad \delta_{ab} = \delta_a + \delta_b \,,$$

also die behauptete Aussage für die relativen Fehler. Eine entsprechende Aussage gilt auch für die Division (siehe Aufgabe 6).

Bei Dezimalzahlen sind die relativen Fehler durch die Anzahl der zuverlässigen Ziffern bestimmt. Für diese läßt sich die obige Aussage in Form der *2. Regel der Ziffernzählung* praktisch anwenden: In Produkten und Quotienten von Näherungswerten werden nur so viele Dezimalziffern angegeben, wie der ungenaueste Wert aufweist.

Rechnet man mit Näherungswerten, dann sind algebraisch äquivalente Rechenwege keineswegs immer gleichwertig. Die Regeln der Fehlerfortpflanzung sind dann geeignet, bei zwei Rechenwegen den günstigeren auszuwählen, der das genauere Ergebnis liefert.

Beispiel 13: Es gilt

$$\frac{1}{(\sqrt{5}+2)^2} = (\sqrt{5}-2)^2 = 9 - 4\sqrt{5}.$$

Setzt man für $\sqrt{5}$ den Näherungswert 2,2 ein, dann liefern der linke und der rechte Term keineswegs das gleiche Ergebnis. Man erhält

$$\frac{1}{4,2^2} \doteq 0,057 \neq 9 - 8,8 = 0,2.$$

Dabei ist der linke Wert viel genauer als der rechte. Ersetzt man nämlich $\sqrt{5}$ durch 2,2, so hat dieser Näherungswert und damit auch 4,2 als Näherungswert für $\sqrt{5}+2$ den absoluten Fehler 0,05. Der relative Fehler von 4,2 ist also $\frac{0,05}{4,2} \doteq 0,012$. Das Ergebnis wird aus dem Näherungswert 4,2 durch Quadrieren und Bildung des Reziproken bestimmt. Dabei verdoppelt sich der relative Fehler. Also gilt

$$\delta_l := \delta_{\text{linkeSeite}} \doteq 0,024$$

und damit

$$\Delta l = 0,057 \cdot 0,024 \doteq 0,0014.$$

Der absolute Fehler des Terms auf der rechten Seite ist deutlich größer, nämlich

$$\Delta r = 4 \cdot 0,05 = 0,2.$$

Der algebraisch einfacher erscheinende, rechte Term erweist sich rechnerisch gesehen als der ungünstigere. □

Besonders anfällig bezogen auf den relativen Fehler ist die Subtraktion, wie der folgende Fehlerterm zeigt:

$$\delta_{x-y} = \frac{\Delta x + \Delta y}{x - y}.$$

Kritisch ist dabei insbesondere die Subtraktion etwa gleich großer Zahlen. Dann wird $x - y$ wesentlich kleiner als die Anfangswerte und der Quotient damit deutlich größer. Dies bedingt letztlich auch die Schwankungen bei der *Wachstumsrate* (Beispiel 10). Das folgende Beispiel verdeutlicht die Problematik anhand der Lösung quadratischer Gleichungen.

Beispiel 14: Benutzt man bei quadratischen Gleichungen der Form

$$x^2 + px + q = 0$$

die Lösungsformeln

$$\begin{aligned}
x_1 &= -\tfrac{1}{2}(p - \sqrt{p^2 - 4q}) \\
x_2 &= -\tfrac{1}{2}(p + \sqrt{p^2 - 4q}),
\end{aligned}$$

dann tritt bei der Lösung x_1 für $p > 0$ und $|q|$ sehr klein gegenüber p die Differenz der etwa gleich großen Zahlen p und $\sqrt{p^2 - 4q}$ auf. Betrachtet sei das Zahlenbeispiel

$$x^2 - 100,2x + 0,3 = 0.$$

Es werde hier mit 5-stelligen Zahlen gerechnet. Dabei erhält man

$$x_1 = -\frac{1}{2}(100,2 - \sqrt{100,2^2 - 1,2}) = -\frac{1}{2}(100,2 - \sqrt{10040 - 1,2}) =$$

$$= -\frac{1}{2}(100,2 - \sqrt{10039}) = -\frac{1}{2}\mathbf{(100,2 - 100,19)} = -\frac{\mathbf{0,01}}{\mathbf{2}} = -0,005.$$

Die fettgedruckte Gleichung zeigt, wie durch die Subtraktion Stellen verlorengehen, so daß nur noch eine Ziffer übrigbleibt. Von daher ist der Begriff „Subtraktionsauslöschung" verständlich.

In der obigen Lösungsformel ist die Subtraktion vermeidbar, indem man x_1 mit $p + \sqrt{p^2 - 4q}$ erweitert und somit den komplizierter aussehenden Term

$$x_1' = \frac{-2q}{p + \sqrt{p^2 - 4q}}$$

erhält. Dieser liefert als Wert für die Lösung

$$x_1' = \frac{-0,6}{100,2 + 100,19} = \frac{-0,6}{200,39} \doteq 0,00299.$$

Rechnet man mit einem 8-stelligen Taschenrechner, so entsteht

$$x_1'' = 0,0029941.$$

x_1' ist also der bessere Wert, was auch durch Fehlerüberlegungen verständlich wird. Die Differenz $p - \sqrt{p^2 - 4q}$ hat einen deutlich größeren relativen Fehler als die Summe $p + \sqrt{p^2 - 4q}$. Bei der Division addieren sich die relativen Fehler, so daß in unserem Falle der relative Fehler von x_1 deutlich größer ist als der von x_1'. Das gleiche gilt dann aber auch für die absoluten Fehler, da es sich jeweils um Ausdrücke für die gleiche Zahl handelt. $\square$

Aufgaben

1. Welche der folgenden Größen sind genau, welche sind Näherungswerte ?
   a) Die Dichte von Wasser bei 4° beträgt $1\,g \cdot cm^{-3}$.
   b) Der Siedepunkt von Wasser liegt bei 100° C.
   c) Frau Maier hat die Telefonnummer 0202475143
   d) Bei einem Zahnradgetriebe hat das treibende Rad 10, das getriebene 40 Zähne. Wie viele Umdrehungen macht das getriebene Rad in der Zeit, in der das treibende eine volle Umdrehung macht ?

f) Wie hoch ist die Fallgeschwindigkeit eines frei fallenden Körpers am Ende der 15. Sekunde, wobei 15 sec als genaue Zahl gelten soll.

g) Die größte im Jahre 1978 bekannte Primzahl war $2^{21701} - 1$. Der Computer rechnete zur Bestätigung dieser Tatsache 3 Jahre und 440 Stunden.

2. In der Kartographie gilt eine Strecke von 0,1 mm als Grenzgenauigkeit. Eine Karte habe den Maßstab 1:2 500 000.

a) Der Karte wurde ein Abstand von 29 mm als Entfernungsangabe zwischen Ort A und Ort B entnommen. Welchen Abstand haben die Orte in der Wirklichkeit ?

b) Welche Toleranz bezogen auf die Wirklichkeit muß man bei der Karte entnommenen Entfernungsangaben einkalkulieren ?

3. Runden Sie $\frac{17}{12}$ ($\frac{5}{17}$; $\frac{13}{111\,111}$) auf 4 Nachkommastellen, und geben Sie eine Fehlerschranke an.

4. Um Rechenergebnisse größenordnungsgemäß zu erfassen, werden Überschlagsrechnungen durchgeführt. Dabei wird mit stark vereinfachten Zahlen gerechnet, so daß die Ersatzrechnung im Kopf ausgeführt werden kann. Häufig werden die Zahlen durch Runden vereinfacht, etwa

$$37, 134 \cdot 128, 9 = (4786, 5726)$$

Überschlag: $40 \cdot 100 = 4000$ oder $40 \cdot 130 = 5200$.
Vielfach ist es aber auch nicht sinnvoll, die Zahlen zum Überschlag durch Runden zu vereinfachen, etwa
$52854 : 6$ ($= 8809$)   Überschlag: $54000 : 6 = 9000$ oder
$\sqrt{8000}$ ($\doteq 89, 44$)   Überschlag: $\sqrt{8100} = 90$.
Geben Sie je 5 Beispiele an, bei denen Runden zum Überschlag die geeignete (nicht die geeignete) Vereinfachung der Zahlen liefert.

5. Zurückgehend auf ARCHIMEDES bestimmt man Näherungswerte für die Kreiszahl π, indem man den Einheitskreis durch einbeschriebene (oder umbeschriebene) n-Ecke annähert (siehe S. 73). Der halbe Umfang des Einheitskreises ist π. Der halbe Umfang des einbeschriebenen 4-Ecks liefert $2\sqrt{2} \doteq 2, 8284$, der halbe Umfang des einbeschriebenen 6-Ecks liefert 3, beides schlechte Näherungswerte für π. Wir bezeichnen diese Näherungswerte mit y_{90} bzw. y_{60} entsprechend der Gradzahl der Mittelpunktswinkel der die n-Ecke zerlegenden Dreiecke. Fassen wir nun die Punkte $(90; y_{90})$, $(-90; y_{90})$, $(60; y_{60})$ und $(-60; y_{60})$ als Punkte auf dem Graphen einer Funktion auf, welche *jedem* Mittelpunktswinkel φ des Dreiecks im n-Eck den halben Umfang zuordnet und welche symmetrisch zur y-Achse ist

(siehe die folgende Abbildung).

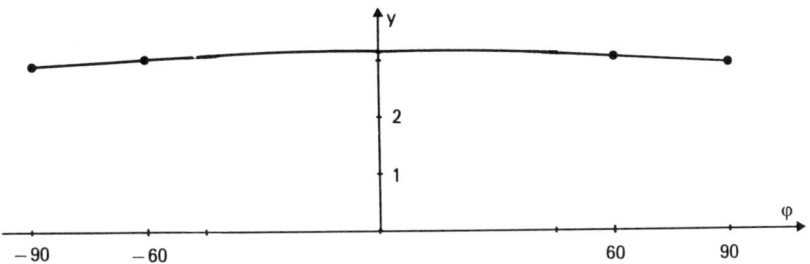

Vom Funktionswert für $\varphi = 0$ darf man hoffen, daß er eine bessere Näherung für π liefert. Bestimmen Sie das Polynom $p_2(\varphi) = a\varphi^2 + b\varphi + c$, dessen Graph durch die vier oben genannten Punkte verläuft (Interpolationspolynom). Bestimmen Sie insbesondere den Wert $p_2(0)$.

6. Begründen Sie die Regeln für die Fehlerfortpflanzung
   a) der Subtraktion: $\Delta(a - b) = \Delta a + \Delta b$
   b) der Division: $\delta_{\frac{a}{b}} \approx \delta_a + \delta_b$

7. Es gilt $\left(\frac{\sqrt{2}-1}{\sqrt{2}+1}\right)^3 = 99 - 70\sqrt{2}$. Begründen Sie die Gültigkeit dieser Gleichung. Für $\sqrt{2}$ werde der Näherungswert 1,41 eingesetzt. Welcher der beiden Terme liefert das genauere Ergebnis? Begründen Sie!

8. Die Werte a, b, c seien bis zur vierten Nachkommastelle genau, d.h. $\Delta a = \Delta b = \Delta c = 0,5 \cdot 10^{-4}$. Schätzen Sie den Fehler im Term $(a+b+c)(a^2+b^2+c^2)$ ab.

9.* In zwei Punkten A und B liegt auf der Höhe h ein Balken auf. Er wird bei C durch einen Träger der Länge h unterstützt, damit er sich nicht durchbiegt. Um wieviel senkt sich der Punkt C ab, wenn der Fußpunkt F der Stütze sich um ein kleines Stück s verschiebt? Es sei $h = 3\,\mathrm{m} \pm 1\,\mathrm{cm}$ und $s = 10\,\mathrm{cm} \pm 0,5\,\mathrm{cm}$.

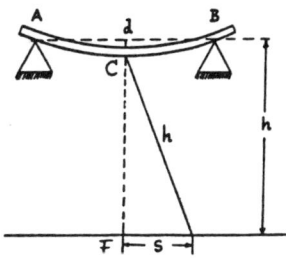

10.* Fehlerfortpflanzung läßt sich auch mit Mitteln der Analysis behandeln. Die Funktion f beschreibe die Abhängigkeit einer Größe $f(x)$ von einer Aus-

gangsgröße x. Die Fehlerfortpflanzung des Meßwertes $x_0 \pm \Delta x$ hin
zum Ergebnis $f(x_0) \pm \Delta f$ läßt
sich, wie die nebenstehende Abbildung zeigt, näherungsweise beschreiben mit Hilfe der ersten Ableitung gemäß

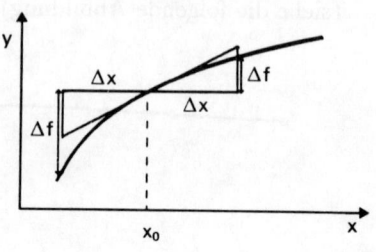

$$\Delta f \approx |f'(x_0)|\Delta x .$$

Bestimmen Sie in den folgenden Fällen die Genauigkeit, mit welcher die
abhängige Größe bestimmt werden kann:

a) $A = \pi r^2$ (Fläche eines Kreises mit Radius r); $r_0 = 2\,\text{cm}$, $\Delta r = 0,05\,\text{cm}$

b) $V = \frac{2}{3}\pi r^3$ (Volumen einer Kugel vom Radius r); $r_0 = 2\,\text{cm}$, $\Delta r = 0,05\,\text{cm}$

c) $V = \frac{\pi}{3}(6 - h)h^2$ (Inhalt eines kugelförmigen Tanks vom Durchmesser $4\,\text{m}$
bei einer Füllhöhe h); $h_0 = 1,20\,\text{m}$, $\Delta h = 1\,\text{cm}$

d) $v = \sqrt{2gh}$ mit $g = 981\,\text{cm/sec}^2$ (Erdbeschleunigung) Ausflußge-
schwindigkeit einer Flüssigkeit aus einem Gefäß, wenn die Öffnung h cm
unter dem Flüssigkeitsspiegel liegt (Gesetz von TORRICELLI); $h_0 = 28,8\,\text{cm}$,
$\Delta h = 0,05\,\text{cm}$.

IV Kombinatorik

Kombinatorik bedeutet „Kunst des Zählens". Sie beschäftigt sich mit Möglichkeiten, die Anzahl der Elemente bei endlichen Mengen zu bestimmen.

IV. 1 Additions- und Multiplikationsprinzip

Die Anzahl der Elemente einer (endlichen) Menge A bezeichnen wir mit $|A|$. Sind A und B endliche Mengen, dann gilt das *Additionsprinzip*

$$|A \cup B| = |A| + |B| - |A \cap B|.$$

In der Summe $|A| + |B|$ werden nämlich die Elemente von $A \cup B$, die zu A *und* zu B gehören, doppelt gezählt. Im Spezialfall, daß A und B elementefremd (disjunkt) sind, folgt natürlich

$$|A \cup B| = |A| + |B|,$$

denn es gilt $A \cap B = \emptyset$.

Sind A, B, C drei endliche Mengen, dann lautet das *Additionsprinzip*

$$\begin{aligned} |A \cup B \cup C| = {}& |A| + |B| + |C| \\ & - |A \cap B| - |A \cap C| - |B \cap C| \\ & + |A \cap B \cap C| . \end{aligned}$$

Dies kann man sich an einem Mengenbild klar machen oder formal aus der Formel für zwei Mengen herleiten:

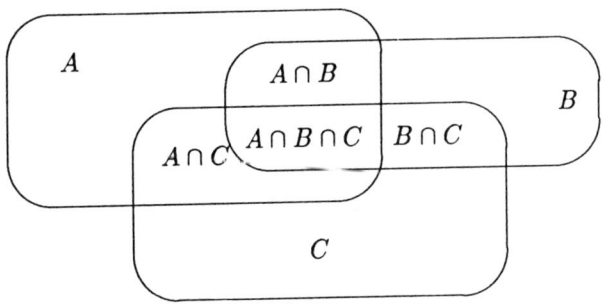

$$
\begin{aligned}
|A \cup B \cup C| &= |A \cup B| + |C| - |(A \cup B) \cap C| \\
&= |A \cup B| + |C| - |(A \cap C) \cup (B \cap C)| \\
&= |A| + |B| - |A \cap B| + |C| \\
&\quad - (|A \cap C| + |B \cap C| - |(A \cap C) \cap (B \cap C)|) \\
&= |A| + |B| + |C| - |A \cap B| \\
&\quad - |A \cap C| - |B \cap C| + |A \cap B \cap C| \, .
\end{aligned}
$$

Beispiel 1: In einer Schule mit 777 Schülern, von denen jeder mindestens eine Fremdsprache lernen muß, lernen 530 Schüler Englisch, 324 Schüler Französisch, 446 Schüler Latein,
167 Schüler Englisch *und* Französisch,
286 Schüler Englisch *und* Latein,
87 Schüler alle drei Sprachen.

Wie viele lernen
(1)   Französisch und Latein,
(2)   genau eine Fremdsprache,
(3)   genau zwei Fremdsprachen ?

Lösung: Bezeichnen wir die Mengen der Schüler, die Englisch, Französisch bzw. Latein lernen, mit E, F bzw. L, dann läßt sich Frage (1) mit Hilfe des Additionsprinzips für drei Mengen beantworten. In der Formel

$$
|E \cup F \cup L| = |E| + |F| + |L| - |E \cap F| - |E \cap L| - |F \cap L| + |E \cap F \cap L|
$$

kennt man nämlich alle Werte außer $|F \cap L|$. Es gilt

$$
777 = 530 + 324 + 446 - 167 - 286 - |F \cap L| + 87.
$$

Damit erhält man $|F \cap L| = 157$; es lernen also 157 Schüler Französisch und Latein.

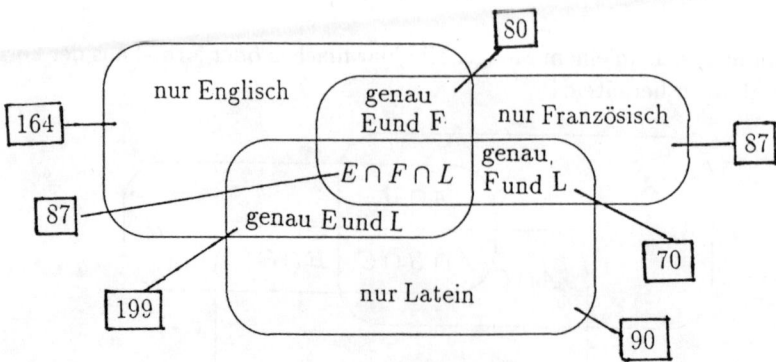

Nun kann man im Mengenbild die Anzahlen aller *getrennten* Bereiche angeben.

Dabei erhält man z.B. die Anzahl der Schüler, die *genau Englisch und Latein* als Fremdsprache lernen, gemäß

$$|E \cap L| - |E \cap F \cap L| = 286 - 87 = 199.$$

Die Anzahl der Schüler, die *nur Latein* lernen, erhält man gemäß

$$|L| - |L \cap E| - |L \cap F| + |E \cap F \cap L| = 446 - 286 - 157 + 87 = 90 .$$

Insgesamt hat man damit 341 ($= 164 + 90 + 87$) mit *genau einer Fremdsprache* und 349 ($= 199 + 80 + 70$) Schüler mit *genau zwei Fremdsprachen*. □

Aufbauend auf das Additionsprinzip für 2 und 3 Mengen läßt sich eine allgemeine Formel für n Mengen mit vollständiger Induktion beweisen. Dabei ist der Induktionsschluß durch den Übergang von $n = 2$ zu $n = 3$ vorgezeichnet, soll hier aber nicht allgemein durchgeführt werden.

Satz 1: Sind $A_1, A_2, \ldots, A_n$ endliche Mengen, dann lautet das Additionsprinzip:

$$
\begin{aligned}
&|A_1 \cup A_2 \cup A_3 \cup \cdots A_n| \\
&= (|A_1| + |A_2| + |A_3| + \cdots + |A_n|) \\
&\quad -(|A_1 \cap A_2| + |A_1 \cap A_3| + \cdots + |A_{n-1} \cap A_n|) \\
&\quad +(|A_1 \cap A_2 \cap A_3| + \cdots + |A_{n-2} \cap A_{n-1} \cap A_n|) \\
&\quad - + \cdots \\
&\quad +(-1)^{n-1}|A_1 \cap A_2 \cap A_3 \cap \cdots \cap A_n|
\end{aligned}
$$

In dieser Formel, die wegen der wechselnden Vorzeichen auch Einschalt-Ausschalt-Formel genannt wird, stehen in der ersten Klammer die Anzahlen der n Mengen A_i. Die Klammer enthält also n Summanden. In der zweiten Klammer stehen die Anzahlen der Schnittmengen von je *zwei* der Mengen A_i, sie enthält $\frac{n(n-1)}{2}$ Summanden. In der dritten Klammer stehen die Anzahlen der Schnittmengen von je *drei* der Mengen A_i, Sie enthält $\frac{n(n-1)(n-2)}{1 \cdot 2 \cdot 3}$ Summanden. Als letzter Summand erscheint die Anzahl der Schnittmenge *aller* n Mengen, versehen mit einem Minuszeichen, wenn n gerade ist. Die oben angegebenen Summandenanzahlen in den einzelnen Klammern sind Binomialkoeffizienten, auf welche weiter unten noch eingegangen wird.

Beispiel 2: Bestimmt werden soll die Anzahl der Zahlen von 1 bis 2100, welche durch 2, durch 3, durch 5 oder durch 7 teilbar sind. Dazu sei allgemein die Menge der durch d teilbaren Zahlen aus $\{1, 2, 3, \ldots, 2100\}$ mit M_d bezeichnet. Es gilt

$$|M_2| = 1050; \quad |M_3| = 700; \quad |M_5| = 420; \quad |M_7| = 300$$

und

$$\begin{aligned}
|M_2 \cap M_3| &= |M_6| = 350, \\
|M_2 \cap M_5| &= |M_{10}| = 210, \\
|M_2 \cap M_7| &= |M_{14}| = 150, \\
|M_3 \cap M_5| &= |M_{15}| = 140, \\
|M_3 \cap M_7| &= |M_{21}| = 100, \\
|M_5 \cap M_7| &= |M_{35}| = 60,
\end{aligned}$$

ferner

$$\begin{aligned}
|M_2 \cap M_3 \cap M_5| &= |M_{30}| = 70, \\
|M_2 \cap M_3 \cap M_7| &= |M_{42}| = 50, \\
|M_2 \cap M_5 \cap M_7| &= |M_{70}| = 30, \\
|M_3 \cap M_5 \cap M_7| &= |M_{105}| = 20
\end{aligned}$$

und schließlich

$$|M_2 \cap M_3 \cap M_5 \cap M_7| = |M_{210}| = 10$$

Also folgt

$$\begin{aligned}
|M_2 \cup M_3 \cup M_5 \cup M_7| &= (1050 + 700 + 420 + 300) \\
&\quad -(350 + 210 + 150 + 140 + 100 + 60) \\
&\quad +(70 + 50 + 30 + 20) - 10 \\
&= 2470 - 1010 + 170 - 10 \\
&= 1620
\end{aligned}$$

Genau 1620 der 2100 Zahlen von 1 bis 2100 sind also durch mindestens eine der Primzahlen 2,3,5 oder 7 teilbar. $\square$

Sind A und B endliche Mengen, dann gilt für die *Produktmenge* (das kartesische Produkt)

$$A \times B := \{(a,b)|\ a \in A \wedge b \in B\}$$

das **Multiplikationsprinzip**

$$|A \times B| = |A| \cdot |B| .$$

Diese Aussage wird unmittelbar verständlich, wenn man die Elemente von $A \times B$ in einem Rechteckschema notiert.

		$B:$			
		b_1	b_2	$\ldots$	b_m
$A:$	a_1	(a_1,b_1)	(a_1,b_2)	$\ldots$	(a_1,b_m)
	a_2	(a_2,b_1)	(a_2,b_2)	$\ldots$	(a_2,b_m)
	$\vdots$	$\vdots$	$\vdots$		$\vdots$
	a_n	(a_n,b_1)	(a_n,b_2)	$\ldots$	(a_n,b_m)

In diesem Sinne benutzt man die Produktmenge bereits im 2. Schuljahr als Anschauungshintergrund für die Multiplikation, etwa anhand der Fragestellung:

Eine Lehrerin besitzt 4 Röcke und 5 Blusen. Auf wie viele Arten kann sie diese kombinieren ? Antwort: $4 \cdot 5 = 20$.

Mit vollständiger Induktion erhält man wieder das Multiplikationsprinzip für n (endliche) Mengen $A_1, A_2, \ldots, A_n$:

$$|A_1 \times A_2 \times \cdots \times A_n| = |A_1| \cdot |A_2| \cdot \ldots \cdot |A_n| \, .$$

Aufgaben

1. In einer Schulklasse von 36 Kindern haben 15 einen Bruder, 12 eine Schwester, 8 Bruder und Schwester. Wie viele Kinder haben weder Bruder noch Schwester ?

2. Wie viele Zahlen aus $M = \{1, 2, 3, \ldots, 100\}$ sind durch 2,3,5 oder 7 teilbar ? Wie viele Primzahlen gibt es folglich in M ?

3. Formulieren Sie das Additionsprinzip für 4 Mengen A, B, C, D.

4. Von 497 Personen werden in gleicher Anzahl „Der Merkur", „Der Spiegel" und „Die Zeit" gelesen. Eine genaue Analyse zeigt:
   26 lesen „Spiegel" und „Zeit",
   50 lesen „Merkur" und „Zeit",
   38 lesen „Spiegel" und „Merkur",
   11 lesen alle drei Zeitungen.
   Wie viele Personen lesen
   a) nur den „Merkur"   b) nur die „Zeit"   c) nur eine dieser drei Zeitungen ?
   Zeichnen Sie ein Mengenbild.

5. Es sei $|A \cup B| = 8$ und $|A \cap B| = 6$. Welche Möglichkeiten gibt es dann für $|A|$ und $|B|$?

6. Drücken Sie für endliche Mengen A, B die Elementezahl der *symmetrischen Differenz* $A \star B$ $(:= (A \cup B) \setminus (A \cap B))$ durch $|A|, |B|$ und $|A \cap B|$ aus. Drücken Sie für endliche Mengen A, B, C die Anzahl von $A \star B \star C$ entsprechend aus.

7. Will man die Bevölkerung der Bundesrepublik Deutschland charakterisieren, dann sind sicher folgende Merkmale von Interesse:
   Geschlecht, Nationalität (Deutscher, Ausländer); Alter (unter 20, 20-30, 30-40, 40-50, 50-60, über 60 Jahre); berufliche Situation (Angestellter, Arbeiter, Arbeitsloser, Beamter, Hausfrau, Selbständiger); Wohnsituation (in welchem der 16 Bundesländer; in Großstadt, Kleinstadt, ländlichem Bezirk); Familienstand (alleinstehend - verheiratet; mit - ohne Kinder).
   Wie viele Personen müßte eine „repräsentative" Umfrage mindestens erfassen, wenn diese Merkmale berücksichtigt werden sollen ?

8. Die Autokennzeichen in einem Landkreis haben die Form $AB - XYZ$ oder $A - XYZU$, wobei A, B für einen von 20 Buchstaben und X, Y, Z, U für eine Ziffer steht. Es dürfen aber nicht alle Ziffern 0 sein. Wie viele Kennzeichen gibt es insgesamt ?

9. Folgende Daten von Betriebsangehörigen sollen auf Lochkarten festgehalten werden. Geschlecht, Geburtsjahr (1930,1931,...,1965), Familienstand (led., vh., verw., gesch.), Lohngruppe (I,II,...,X), Betriebszugehörigkeit (seit 1944,1945,...,1990). Wie viele unterschiedlich gelochte Karten kann es höchstens geben ?

10*. a) Ein Taschenrechner mit sogenannter wissenschaftlicher Notation stellt die von 0 verschiedenen Zahlen in der Form $\pm z_1, z_2 z_3 \ldots z_n \cdot 10^{\pm k}$ dar, wobei die erste Ziffer z_1 stets ungleich 0 ist. Beispielsweise wird die Zahl 0,00318 als $3, 18 \cdot 10^{-3}$ angezeigt. Wie viele von Null verschiedene Zahlen gibt es für einen solchen Taschenrechner, wenn er mit

α) 4stelligen Zahlen und 1 stelligen Exponenten

β) n-stelligen Zahlen und 2 stelligen Exponenten rechnet?

b) Bei einem Taschenrechner mit n-stelliger Anzeige sei das erste Feld für das Vorzeichen der Zahl reserviert und die übrigen für die $n - 1$ Ziffern. Das Komma kann beliebig hinter eine der Ziffern gesetzt werden.

$\pm$	z_1	z_2	......	z_{n-1}

Wie viele verschiedene Zahlen kann man in einem solchen Taschenrechner eingeben? Hinweis: Man zähle zunächst die Anzahl der möglichen Ziffernfolgen ohne Komma, wobei kürzere Ziffernfolgen „nach rechts" mit Nullen ergänzt werden.

IV. 2 Die vier kombinatorischen Grundaufgaben

Abschnitt IV.1 beschäftigte sich mit der Anzahl von endlichen Mengen, indem wir uns diese aus anderen Mengen aufgebaut dachten. Hier wird die Anzahl von Möglichkeiten bestimmt, Elemente aus einer gegebenen endlichen Menge auszuwählen. Beim Auswählen von Elementen einer Menge kann man die *Reihenfolge* beachten, in der ausgewählt wird, oder auch nicht. Ferner kann es zugelassen oder verboten sein, ein Element *mehrfach* auszuwählen. Die entstehenden vier Fälle beinhalten die vier kombinatorischen Grundaufgaben.

Aus einer n-elementigen Menge A (n-Menge) werden k Elemente ausgewählt. Notiert man diese unter **Beachtung der Reihenfolge**, so entstehen **k-Tupel** $(x_1, \ldots, x_k)$ mit $x_i \in A$. Fragt man nach der Anzahl der Möglichkeiten, dann ist zu unterscheiden ob

(1) Wiederholungen zugelassen sind, ob also $x_i = x_j$ für $i \neq j$ sein darf,
   oder ob
(2) Wiederholungen bei den Komponenten x_i verboten sind.

Bei den **k-Tupeln mit Wiederholungen** handelt es sich um die Elemente von A^k ($= A \times \ldots \times A$ mit k Faktoren). Es liegt also ein Spezialfall des Multiplikationsprinzips vor. Wegen $|A^k| = n^k$ gibt es somit n^k Möglichkeiten im Falle (1).

Beispiel 3: Bei der 11er-Wette im Fußballtoto soll der Spielausgang für 11 Spiele vorausgesagt werden. Dabei hat man bei jedem Spiel zu wählen zwischen

        0: unentschieden
        1: Sieg der Heimmannschaft
        2. Sieg der Gastmannschaft.

Eine Tipreihe der 11er-Wette kann man also als 11-Tupel mit Wiederholungen aus $A = \{0, 1, 2\}$ betrachten. Damit gibt es $3^{11} = 177\,147$ verschiedene Tipreihen. ⊓

Bei den Möglichkeiten für **k-Tupel ohne Wiederholungen** liegt kein Spezialfall des Multiplikationssatzes vor. Die Menge, aus der man das zweite Element auswählt, variiert nämlich mit der Auswahl des ersten Elements. Entsprechendes gilt für die Auswahlen der weiteren Elemente. Bei Auswahlen aus einer n-Menge hat man aber in jedem Falle für die

    1. Stelle: n Möglichkeiten,
    2. Stelle: jeweils noch $n - 1$ Möglichkeiten,
    3. Stelle: jeweils noch $n - 2$ Möglichkeiten,
    $\vdots$
    k. Stelle: jeweils noch $n - (k - 1)$ Möglichkeiten.

Insgesamt findet man damit

$$n(n-1)(n-2) \cdot \ldots \cdot (n-k+1) \qquad (k \text{ Faktoren})$$

k-Tupel ohne Wiederholungen aus einer n-Menge. Dabei muß natürlich $k \leq n$ gelten.

Beispiel 4: An einem Pferderennen nehmen 7 Pferde teil. Wie viele Möglichkeiten gibt es, einen Wettschein auszufüllen, der die Reihenfolge der ersten drei im Ziel einlaufenden Pferde voraussagt ?
Für den 1. Platz gibt es 7 Möglichkeiten, für den 2. Platz 6 und für den 3. Platz 5, insgesamt also $7 \cdot 6 \cdot 5 = 210$ Möglichkeiten. Diese Fälle lassen sich gut mit Hilfe eines **Baumdiagramms** (*Zählbaumes*) erfassen (siehe nächste Seite).
Die gesuchte Anzahl ist gegeben durch die Anzahl der Möglichkeiten, den Baum von links nach rechts zu durchlaufen (durch die Anzahl der *Pfade* in diesem Baum). Der in der Abbildung skizzierte Baum enthält also insgesamt 210 Pfade. □

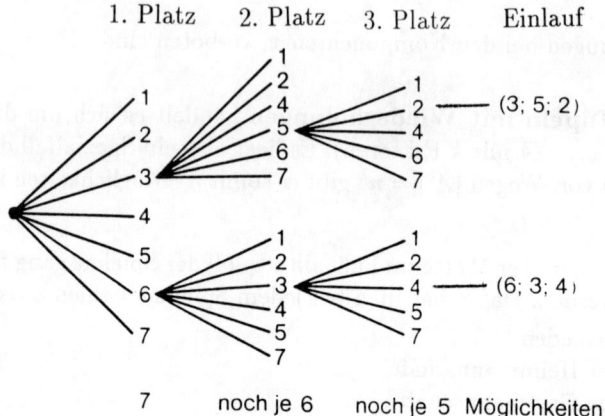

Statt von „k-Auswahlen mit (ohne) Wiederholungen aus einer n-Menge" spricht man häufig auch von „k-maligem Ziehen aus einer Urne mit (ohne) Zurücklegen" oder von „geordneten Stichproben mit (ohne) Wiederholungen".

Ein k-Tupel von Elementen aus A kann ferner als Abbildung der Menge $\{1, 2, 3, \ldots, k\}$ in die Menge A aufgefaßt werden. Die Abbildung

$$
\begin{aligned}
1 &\mapsto a_1 \\
2 &\mapsto a_2 \\
&\vdots \\
k &\mapsto a_k
\end{aligned}
$$

mit $a_1; a_2; \ldots; a_k \in A$ stellt das k-Tupel

$$(a_1; a_2; \ldots; a_k) \in A^k$$

dar. Jeder Platznummer wird ein Element aus A zugeordnet. Ist die Abbildung injektiv, so erhält man k-Tupel ohne Wiederholungen.

Im Sinne dieser Deutung ist die Anzahl der Abbildungen der k-Menge $\{1, 2 \ldots, k\}$ in die endliche Menge A mit $|A| = n$ gegeben durch n^k. Dann ist auch die Anzahl der Abbildungen einer beliebigen k-Menge B in die n-Menge A gleich n^k, also gleich $|A|^{|B|}$. Diese Anzahlbeziehung ist ein Grund dafür, daß die Menge aller Abbildungen von B in A mit A^B bezeichnet wird. Dann gilt nämlich

$$|A^B| = |A|^{|B|} \,.$$

Besonderes Interesse verdient die Anzahl der n-Tupel ohne Wiederholungen aus einer n-elementigen Menge. Bei diesen n-Tupeln tritt nämlich *jedes Element der Menge genau einmal auf*. Es handelt sich um die Anzahl der **Anordnungen**

(**Numerierungen, Permutationen**) der Elemente von A. Nach der Formel für die Anzahl der n-Tupel ohne Wiederholungen gibt es also

$$n(n-1) \cdot \ldots \cdot 2 \cdot 1$$

Anordnungen einer n-Menge. Die Zahl $n(n-1) \cdot \ldots \cdot 2 \cdot 1$ nennt man „n-Fakultät" und bezeichnet sie mit $n!$.

Mit dem Fakultätssymbol läßt sich die Anzahl der k-Tupel ohne Wiederholungen aus einer n-Menge schreiben als

$$n(n-1) \cdot \ldots \cdot (n-k+1) = \frac{n!}{(n-k)!}.$$

Berechnet wird diese Anzahl aber natürlich gemäß dem linken Produkt. Dieses erfordert weniger Multiplikationen; auch läßt sich das linke Produkt mit einem Taschenrechner häufig noch berechnen, wenn $n!$ schon den Bereich der Taschenrechneranzeige überschreitet.

Wählt man k verschiedene Elemente (ohne Wiederholungen) aus einer n-elementigen Menge A aus, und beachtet man dabei nicht die Reihenfolge, dann erhält man eine k-elementige **Teilmenge** von A (eine k-Teilmenge).

Beispiel 5: Bei der Ziehung der Lottozahlen („6 aus 49") werden aus einer Urne nacheinander sechs der von 1 bis 49 numerierten Kugeln gezogen (und dann noch eine siebte als Zusatzzahl). Die Ergebnisse der Lottoziehungen sind 6-Tupel ohne Wiederholungen, sofern man die Reihenfolge beachtet, und zwar gibt es insgesamt

$$49 \cdot 48 \cdot 47 \cdot 46 \cdot 45 \cdot 44$$

solcher 6-Tupel. Für das Ausspielungsergebnis ist es aber gleichgültig, in welcher Reihenfolge die Zahlen gezogen werden. Für das Ausspielungsergebnis $\{3, 12, 15, 16, 19, 45\}$ beispielsweise gibt es $6!$ Möglichkeiten, diese 6 Zahlen in verschiedener Reihenfolge zu ziehen. Allgemein stimmen bei den $49 \cdot 48 \cdot 47 \cdot 46 \cdot 45 \cdot 44$ möglichen 6-Tupeln je $6!$ als Ausspielungsergebnisse überein. Es gibt also beim Zahlenlotto

$$\frac{49 \cdot 48 \cdot 47 \cdot 46 \cdot 45 \cdot 44}{6 \cdot 5 \cdot 4 \cdot 3 \cdot 2 \cdot 1} = 13\,983\,816$$

verschiedene Möglichkeiten. Dies ist die Anzahl der 6-Teilmengen der Menge $\{1, 2, 3, \ldots, 49\}$. $\square$

Allgemein läßt sich die Anzahl der k-Teilmengen einer n-Menge A wie in Beispiel 5 ermitteln. Man betrachtet zunächst die k-Tupel ohne Wiederholungen aus A. Davon gibt es $n(n-1) \cdot \ldots \cdot (n-k+1)$ viele. Nun berücksichtigt man, daß sich jeweils $k!$ dieser k-Tupel nur in der Reihenfolge ihrer Komponenten unterscheiden. So erhält man

$$\frac{n(n-1) \cdot \ldots \cdot (n-k+1)}{k(k-1) \cdot \ldots \cdot 2 \cdot 1}.$$

Diese Anzahlen der k-Teilmengen einer n-Menge bezeichnet man mit $\binom{n}{k}$, gelesen „n über k". Man nennt sie auch die **Binomialkoeffizienten**, da sie im binomischen Lehrsatz auftreten (siehe Abschnitt IV.3). Der obige Quotient zur Bestimmung von $\binom{n}{k}$ liefert direkt die Eigenschaft

$$\binom{n}{k} = \frac{n}{k}\binom{n-1}{k-1} \quad (1 \le k \le n).$$

Für große n und k ist eine Berechnung gemäß

$$(n:k) \cdot ((n-1):(k-1)) \cdot \ldots \cdot ((n-k+2):2) \cdot (n-k+1)$$

vernünftig, wenn Zähler und Nenner des Gesamtbruches Größenordnungen erreichen, die bei Taschenrechnern zu Problemen führen.

Mit Hilfe des Fakultätsymbols lassen sich die Binomialkoeffizienten $\binom{n}{k}$ schreiben als

$$\binom{n}{k} = \frac{n(n-1)\cdot\ldots\cdot(n-k+1)(n-k)\cdot\ldots\cdot 3\cdot 2\cdot 1}{k(k-1)\cdot\ldots\cdot 2\cdot 1\cdot (n-k)\cdot\ldots\cdot 3\cdot 2\cdot 1} = \frac{n!}{k!(n-k)!}.$$

Der Term $\frac{n!}{k!(n-k)!}$ ist dabei zunächst nur für $0 < k < n$ definiert. Für $k = 0$ und für $k = n$ steht im Nenner nämlich der Faktor $0!$. Man definiert aber $0! := 1$ und hat damit $\binom{n}{0} = \binom{n}{n} = 1$. Diese Vereinbarung über $0!$ ist sinnvoll, denn es gibt genau eine Teilmenge mit 0 Elementen, die leere Menge, und eine Teilmenge mit n Elementen, die n-Menge A selbst.

Die vierte kombinatorische Grundaufgabe zählt die Anzahl der möglichen k-Auswahlen aus einer n-Menge **ohne** Berücksichtigung der **Reihenfolge**, wobei aber Wiederholungen zugelassen sind (**mit Wiederholungen**). In diesem Falle spricht man auch von **k-Kollektionen** aus einer n-Menge.

Beispiel 6: Man möchte 12 Bonbons kaufen; dabei stehen 3 Sorten (<u>H</u>imbeer, <u>Z</u>itrone, <u>E</u>ukalyptus) zur Verfügung. Wie viele Möglichkeiten gibt es, 12 Bonbons auszuwählen?

Es sei a-mal die Sorte H, b-mal die Sorte Z und c-mal die Sorte E gewählt. Obwohl es auf die Reihenfolge nicht ankommt, kann man die Bonbons übersichtlich anordnen, etwa

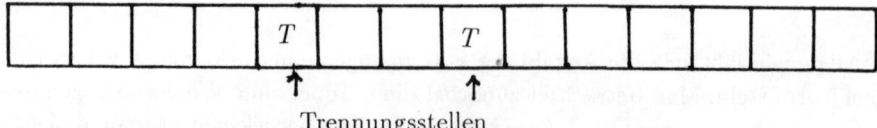

Trennungsstellen

Die Bonbons werden so abgelegt, daß zwischen den einzelnen Sorten Trennungsstellen eingefügt werden. Die Auswahlmöglichkeiten sind also dadurch bestimmt, daß aus $14 = 12 + 2$ Plätzen in einer Reihe zwei Trennungsstellen ausgesucht werden. Der erste freie Abschnitt wird dann mit Bonbons der Sorte H gefüllt, der zweite mit Bonbons der Sorte Z und der dritte Abschnitt mit Bonbons der Sorte E. Ebenso könnte man natürlich zunächst die 12 Bonbons sortenweise auf 14 Plätze verteilen und dann die freibleibenden Plätze mit Trennungszeichen belegen. Insgesamt gibt es also $\binom{14}{2} = \binom{14}{12} = 91$ solche 12-Kollektionen aus den drei Bonbonsorten. $\square$

Allgemein gibt es $\binom{n+k-1}{k}$ k-Kollektionen aus einer n-Menge. Wir betrachten zur Begründung die k-Kollektionen aus der Menge $\{1, 2, \ldots, n\}$. Diese bestehen aus

a_1 Elementen der Sorte   1,

a_2 Elementen der Sorte   2,

$\vdots$

a_n Elementen der Sorte n,

wobei $a_1 + a_2 + \cdots + a_n = k$ gilt. Diese k-Kollektionen kann man eindeutig durch $(n + k - 1)$-Tupel aus den Zeichen 0 und T in folgender Weise beschreiben:

$$(\overbrace{0, \ldots, 0}^{a_1}, T, \overbrace{0, \ldots, 0}^{a_2}, T, 0, \ldots, 0, T, \overbrace{0, \ldots, 0}^{a_n}) \ .$$

In diesen $(n + k - 1)$-Tupeln steht wegen $a_1 + a_2 + \cdots + a_n = k$ genau k-mal das Zeichen 0 und $(n - 1)$-mal das Zeichen T. Die k Plätze, auf denen das Zeichen 0 steht, kann man dabei auf genau $\binom{n+k-1}{k}$ Arten auswählen. Damit ist die Anzahl der k-Kollektionen aus einer n-Menge also gegeben durch $\binom{n+k-1}{k}$.

Für die Binomialkoeffizienten rechnet man leicht allgemein nach, daß die Beziehung $\binom{n}{k} = \binom{n}{n-k}$ gilt (siehe Abschnitt IV.3). Die Anzahl der k-Kollektionen aus einer n-Menge ist demgemäß auch anzugeben als $\binom{n+k-1}{n-1}$, was inhaltlich im Sinne der obigen Argumentation die Anzahl der Möglichkeiten angibt, die Plätze für die Trennungszeichen T auszuwählen.

Die Ergebnisse unserer Überlegungen zu den vier kombinatorischen Grundaufgaben lassen sich übersichtlich in einer Tabelle zusammenfassen:

k-Auswahl aus einer n-Menge	**mit** Berücksichtigung der Reihenfolge	**ohne** Berücksichtigung der Reihenfolge
mit Wiederholungen	*k-Tupel,* wobei gleiche Komponenten zugelassen sind Anzahl: n^k Beispiel: Toto	*k-Kollektionen* aus einer n-Menge Anzahl: $\binom{n+k-1}{k}$ Beispiel: Bonbons
ohne Wiederholungen	*k-Tupel* mit lauter verschiedenen Komponenten Anzahl: $\frac{n!}{(n-k)!}$ Beispiel: Einlaufwette	*k-Teilmengen* einer n-Menge Anzahl: $\binom{n}{k}$ Beispiel: Lotto

Aufgaben

1. Wie viele 5stellige Zahlen kann man mit den Ziffern 1 bis 7 bilden, wenn Wiederholungen von Ziffern   a) erlaubt   b) verboten sind ?

2. Wie viele Wurfbilder sind möglich, wenn jemand
   a)   mit 5 unterschiedlichen Würfeln würfelt,
   b)   mit 20 unterscheidbaren Münzen wirft ?

3. Ein Parkplatz hat noch 5 freie Plätze. Auf wie viele Arten können diese genutzt werden, wenn   a) 3   b) 5   c) 8   Autos gleichzeitig auf dem Parkplatz ankommen ?

4. Wie viele symmetrische Tachostände gibt es, wenn der Zähler aus   a) 5, b) 6 Ziffern besteht ? (z.B. 02120 oder 134431)

5. In einer Stadt mit 10 Millionen Einwohnern habe jeder dritte Einwohner ein Telefon. Die Telefonnummern bestehen aus den Ziffern 0 bis 9, wobei 0 nicht als erste Ziffer vorkommen darf. Wie viele Stellen müssen die Telefonnummern mindestens haben ?

6. Ein Fußballspiel endet 3:3. Wie viele Möglichkeiten gibt es für die Torfolge ? Wie viele sind es, wenn man weiß, daß es zur Halbzeit 1:1 stand ?

7. Bei einer Schaltung müssen 5 Drähte mit ihren Gegenstücken verbunden werden. Wie viele falsche Möglichkeiten könnte ein Laie ausprobieren, bevor er die richtige Verdrahtung gefunden hat ?

8. Jemand schreibt alle Zahlen von 1 bis 1000 auf. Wie oft schreibt er eine 0 ? Wie oft schreibt er eine 1 ?

9. Wie viele Zahlen zwischen 100 und 1000 enthalten lauter verschiedene Ziffern ? Berechnen Sie die Summe aller Zahlen zwischen 100 und 1000 mit lauter verschiedenen Ziffern.

10. Vier Damen, fünf Herren und drei Kinder wollen im Theater in einer Reihe so Platz nehmen, daß Damen, Herren und Kinder jeweils zusammen sitzen. Auf wie viele Arten geht das ?

11. Auf wie viele Arten kann man 8 Türme so auf ein Schachbrett stellen, daß kein Turm einen anderen „bedroht", daß also in jeder „Zeile" und in jeder „Spalte" genau ein Turm steht ?

12. Auf wie viele Arten kann man aus 10 Personen einen Dreierausschuß wählen ?

13. Auf einer Kreislinie wähle man n Punkte und zeichne von jedem dieser Punkte zu jedem anderen die Sehne. Wie viele Sehnen sind es ? Wie viele Dreiecke mit Ecken auf der Kreislinie entstehen ?

14. Auf wie viele Arten kann man die Zahlen von 1 bis 10 in zwei Fünferreihen derart untereinander schreiben, daß die 5 Zahlen in jeder Reihe der Größe nach dastehen ?

| 1 | 2 | 5 | 7 | 8 |
| 3 | 4 | 6 | 9 | 10 |

15. Auf einer Party sind 4 Damen und 5 Herren beisammen. Auf wie viele Arten können sich 3 Tanzpaare bilden ?

16. Wie viele verschiedene Steine enthält ein Dominospiel mit
    a) 0 bis 6   b) 0 bis 8 Punkten ?

17. Für 4 Parallelklassen stehen 20 Freikarten zu einer Sportveranstaltung zur Verfügung. Es gibt 10 Interessenten aus Klasse A, je 8 aus B und C und 9 aus Klasse D. Wie viele Möglichkeiten gibt es, die Karten zu verteilen, wenn
    a) 20 der Interessenten ausgelost werden,
    b) jede Klasse 5 Freikarten erhält ?

18. Wie viele Spielpaarungen gibt es in der Fußball-Bundesliga bei 18 Vereinen, wenn jeder gegen jeden zu Hause und auswärts spielt ?

19.* Wie viele Spiele müssen im DFB-Vereinspokal ausgetragen werden, wenn 128 Mannschaften beteiligt sind und nach dem K.o.-System gespielt wird (Wiederholungsspiele bleiben unberücksichtigt.) ?

20. Wie viele Personen befinden sich in einer Gesellschaft, wenn beim Anstoßen 253 mal die Gläser klingen ?

21. Wie viele verschiedene Wurfbilder gibt es beim Kegeln ?

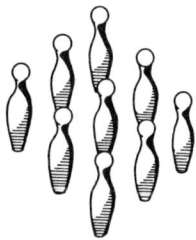

22. Beim Kegeln soll nach drei Würfen ein „Kranz" erreicht sein. Es darf also nur der Kegel in der Mitte stehen bleiben. Eine solche Möglichkeit veran-

schaulicht die folgende Abbildung

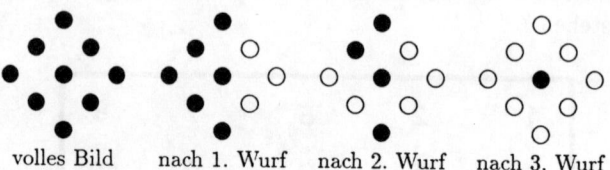

volles Bild   nach 1. Wurf   nach 2. Wurf   nach 3. Wurf

Wie viele Möglichkeiten gibt es insgesamt, wenn
a) bei einzelnen Würfen auch „Pudel" zugelassen sind ?
b*) bei jedem Wurf mindestens ein Kegel fallen muß ?
Beachten Sie, daß man für jeden der 8 Kegel unterscheiden muß, ob er im
ersten, zweiten oder dritten Wurf fällt. Jede Möglichkeit, einen Kranz zu
werfen, kann man also gemäß der folgenden Skizze als Abbildung auffassen

$$
f: \begin{cases} \text{Kegel 1} \\ \text{Kegel 2} \\ \text{Kegel 3} \\ \text{Kegel 4} \\ \text{Kegel 5} \\ \text{Kegel 6} \\ \text{Kegel 7} \\ \text{Kegel 8} \end{cases} \longrightarrow \begin{cases} \text{1. Wurf} \\ \text{2. Wurf} \\ \text{3. Wurf} \end{cases}
$$

23. Es stehen 4 Sorten von Briefmarken zu 10 Pfennig zur Verfügung. Auf wie
viele Arten kann man mit solchen Marken eine Postkarte mit 60 Pfennig
frankieren ?

24. An einer Losbude kann man „Gewinne", „Trostpreise" und „Nieten" ziehen.
Klaus nimmt 12 Lose. Wie viele verschiedene 12-Kollektionen kann er dabei
bekommen ?

25. Es soll eine 10-köpfige Kommission aus Mitgliedern des Parlaments gebildet werden. Im Parlament sind vier Parteien (mit jeweils mehr als 10 Ab-
geordneten) vertreten. Wie viele verschiedene Möglichkeiten bezüglich der
Parteizugehörigkeit ihrer Mitglieder gibt es für diese Kommission ?

26. Auf wie viele Arten kann man 10 als Summe
a) von drei Zahlen aus $\mathbb{N}_0$,
b) von höchstens 7 Zahlen aus $\mathbb{N}$
darstellen, wenn man auf die Reihenfolge der Summanden achtet ?

27*. Viele Artikel, z.B. praktisch alle Lebensmittelverpackungen, tragen heute
Strichcodes. Diese gestatten eine schnelle Kassenführung, eine permanente
Inventur und vieles andere mehr. Gebräuchlich ist z.B. der 3-Striche-Code

2|5. Bei diesem besteht jedes Zeichen aus 5 Elementen, nämlich 3 Strichen und 2 Lücken, wobei genau 2 Elemente breit und 3 schmal sein müssen. Die Lücke zwischen den 5 Tupeln ist ohne Information.

a) Wie viele Zeichen lassen sich mit diesem Code bilden ?

b) Mit Hilfe des Codes lassen sich die Ziffern 0–9 gemäß der abgebildeten Codetabelle darstellen. Entziffern Sie das abgebildete Beispiel. Skizzieren Sie die Strichcodedarstellung der Zahlen 367 und 7208.

Zeichen	S1	L1	S2	L2	S3
1	1	0	0	0	1
2	0	1	0	0	1
3	1	1	0	0	0
4	0	0	1	0	1
5	1	0	1	0	0
6	0	1	1	0	0
7	0	0	0	1	1
8	1	0	0	1	0
9	0	1	0	1	0
0	0	0	1	1	0
Start	0	0	0		
Stopp	1	0	0		

S1 – S3 = Strich 1 – 3, L1 – L2 = Lücke 1 – 2

1 = Breiter Strich / Lücke, 0 = Schmaler Strich / Lücke

IV. 3 Der binomische Lehrsatz

Die Binomialkoeffizienten $\binom{n}{k}$ kamen im vorigen Abschnitt bei den Grundaufgaben der Kombinatorik vor. Sie geben die Anzahl der k-elementigen Teilmengen einer n-elementigen Menge an. Ihren Namen verdanken sie dem Auftreten im binomischen Lehrsatz. Dieser verallgemeinert die bekannte „binomische Formel" für $(a + b)^2$. Für die ersten 6 Fälle von $(a + b)^n$ gilt

$$
\begin{aligned}
(a + b)^0 &= 1 \\
(a + b)^1 &= a + b \\
(a + b)^2 &= a^2 + 2ab + b^2 \\
(a + b)^3 &= a^3 + 3a^2b + 3ab^2 + b^3 \\
(a + b)^4 &= a^4 + 4a^3b + 6a^2b^2 + 4ab^3 + b^4 \\
(a + b)^5 &= a^5 + 5a^4b + 10a^3b^2 + 10a^2b^3 + 5ab^4 + b^5
\end{aligned}
$$

Die Koeffizienten der Potenzprodukte $a^{n-i}b^i$ sind gerade die Binomialkoeffizienten $\binom{n}{i}$. So tritt z.B. bei $(a + b)^4$ der Summand a^2b^2 mit dem Faktor 6 auf, denn $\binom{4}{2} = \frac{4 \cdot 3}{2 \cdot 1} = 6$. Allgemein gilt:

Satz 2: binomischer Lehrsatz

Für alle $n \in \mathbb{N}$ und beliebige Zahlen a, b gilt

$$
(a + b)^n = \binom{n}{0} a^n + \binom{n}{1} a^{n-1}b + \binom{n}{2} a^{n-2}b^2 + \cdots
$$

$$
\cdots + \binom{n}{i} a^{n-i}b^i + \cdots + \binom{n}{n-1} ab^{n-1} + \binom{n}{n} b^n .
$$

Beweis: Beim Ausmultiplizieren der n Klammern

$$
(a + b)(a + b) \cdot \ldots \cdot (a + b)
$$

entsteht das Potenzprodukt

$$
a^{n-i}b^i ,
$$

wenn man aus i Klammern den Faktor b wählt und aus den übrigen $n - i$ Klammern den Faktor a. Numeriert man die n Klammern mit $1, 2, 3, \ldots, n$, so muß man also aus der Menge $\{1, 2, 3, \ldots, n\}$ eine i-elementige Teilmenge auswählen. Dies ist auf genau $\binom{n}{i}$ Arten möglich. Damit tritt das Potenzprodukt $a^{n-i}b^i$ in der Summe genau $\binom{n}{i}$-mal auf. $\square$

Die Formel für $(a + b)^5$ kann man auch erhalten, indem man die rechte Seite von $(a + b)^4$ mit $a + b$ ausmultipliziert. Dabei entsteht das Potenzprodukt a^3b^2 in zwei Fällen, einmal wenn a^2b^2 mit a multipliziert wird, und ebenfalls wenn a^3b mit b multipliziert wird.

$$
\begin{aligned}
(a + b)^5 &= a^5 + 5a^4b + 10a^3b^2 + 10a^2b^3 + 5ab^4 + b^5 \\
(a + b)^4 &= a^4 + 4a^3b + 6a^2b^2 + 4ab^3 + b^4
\end{aligned}
$$

Demgemäß gilt in diesem Beispiel $10 = 4 + 6$. Geschrieben als $\binom{5}{3} = \binom{4}{3} + \binom{4}{2}$, weist diese Überlegung auf einen allgemeinen Zusammenhang zwischen den Binomialkoeffizienten hin.

Satz 3: Eigenschaften der Binomialkoeffizienten

(1) Für $0 < k \leq n$ gilt: $\dbinom{n+1}{k} = \dbinom{n}{k} + \dbinom{n}{k-1}$.

(2) Für $0 \leq k \leq n$ gilt: $\dbinom{n}{k} = \dbinom{n}{n-k}$.

Beweis: Zu (1): $\binom{n+1}{k}$ bestimmt die Anzahl der k-Teilmengen einer $(n+1)$-Menge M. Sei $M = \{a_1, a_2, \ldots, a_{n+1}\}$. Die k-Teilmengen von M kann man danach unterscheiden, ob sie das Element a_{n+1} enthalten oder nicht. Es gibt genau $\binom{n}{k}$ Teilmengen von M, die a_{n+1} *nicht* enthalten, denn bei diesen handelt es sich um die k-Teilmengen der n-elementigen Menge $M \setminus \{a_{n+1}\}$. Ferner gibt es genau $\binom{n}{k-1}$ Teilmengen von M, die a_{n+1} enthalten; denn zu a_{n+1} muß man aus den übrigen n-Elementen weitere $k-1$ hinzunehmen, um eine k-Teilmenge von M zu erhalten. Insgesamt ergibt sich damit die Aussage (1).

Zu (2): Zu jeder k-Teilmenge T einer n-Menge M gehört als Restmenge $M \setminus T$ eindeutig eine $(n-k)$-Teilmenge. Es gibt also ebenso viele k-Teilmengen von M wie $(n-k)$-Teilmengen. $\square$

Für kleine Werte von m eignen sich diese Formeln, um die Binomialkoeffizienten $\binom{m}{k}$ ausgehend von $\binom{m}{0} = \binom{m}{m} = 1$ sukzessive zu berechnen. Dabei benutzt man sinnvoller Weise die folgende Schreibweise in Gestalt eines Dreiecks.

$$
\begin{array}{ccccccc}
 & & & \dbinom{0}{0} & & & \\[2mm]
 & & \dbinom{1}{0} & & \dbinom{1}{1} & & \\[2mm]
 & \dbinom{2}{0} & & \dbinom{2}{1} & & \dbinom{2}{2} & \\[2mm]
\dbinom{3}{0} & & \dbinom{3}{1} & & \dbinom{3}{2} & & \dbinom{3}{3}
\end{array}
$$

$$
\begin{array}{ccccccccc}
\dbinom{4}{0} & & \dbinom{4}{1} & & \dbinom{4}{2} & & \dbinom{4}{3} & & \dbinom{4}{4}
\end{array}
$$

$$
\begin{array}{ccccccccccc}
\dbinom{5}{0} & & \dbinom{5}{1} & & \dbinom{5}{2} & & \dbinom{5}{3} & & \dbinom{5}{4} & & \dbinom{5}{5}
\end{array}
$$

$$
\dbinom{6}{4}
$$

```
                    1
                1       1
            1       2       1
        1       3       3       1
    1       4       6       4       1
1       5      10      10       5       1
                        \ + /
                         15
```

Dieses Schema nennt man das **Pascalsche Dreieck** nach BLAISE PASCAL (1623–1662). Wegen der durch Eigenschaft (2) gegebenen Symmetrie genügt es dabei, die rechte oder linke Hälfte der Zahlen zu berechnen.

Die durch den binomischen Lehrsatz gegebene Umformungsmöglichkeit spielt an vielen Stellen eine Rolle. Für Zahlen, die nahe bei einer Zehnerpotenz liegen, kann man z.B. mit ihrer Hilfe leicht höhere Potenzen berechnen:

$$103^4 \;=\; 100^4 + 4 \cdot 100^3 \cdot 3 + 6 \cdot 100^2 \cdot 3^2 + 4 \cdot 100 \cdot 3^3 + 3^4$$
$$=\; 100\,000\,000 + 12\,000\,000 + 540\,000 + 10\,800 + 81$$
$$=\; 112\,550\,881$$

oder

$$998^3 \;=\; (1000 - 2)^3 = 1000^3 - 3 \cdot 1000^2 \cdot 2 + 3 \cdot 1000 \cdot 2^2 - 2^3$$
$$=\; 1\,000\,000\,000 - 6\,000\,000 + 12\,000 - 8$$
$$=\; 994011992$$

Anschaulich bedeutet die binomische Formel für $n = 2$

$$(a + b)^2 = a^2 + 2ab + b^2 \,,$$

daß sich die Fläche eines Quadrates mit der Kantenlänge $a + b$ zerlegen läßt in zwei Quadrate mit den Längen a bzw. b und zwei Rechtecke mit den Seiten a und b (siehe Abbildung).
Im Falle $n = 3$ wird entsprechend ein Würfel mit der Kantenlänge $a + b$ zerlegt in zwei Würfel der Kantenlängen a bzw. b, in 3 quadratische Säulen der Form $a \times a \times b$ und 3 quadratische Säulen der Form $a \times b \times b$.

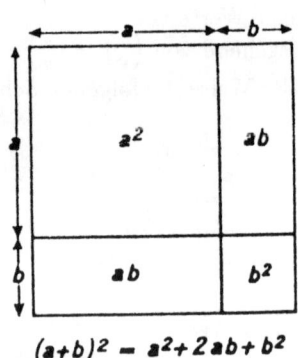

$$(a+b)^2 \;=\; a^2 + 2\,ab + b^2$$

Ist b gegenüber a klein, dann fällt im Falle $n = 2$ die Fläche des kleinen Quadrates gegenüber den übrigen Flächen kaum ins Gewicht. Ebenso ist im Falle $n = 3$ das Volumen des kleinen Würfels gegenüber den anderen Volumina evtl. vernachlässigbar.
Rechnerisch bedeutet das z.B., daß man $(1,03)^2$ näherungsweise berechnen kann als

$$(1,03)^2 = (1 + 0,03)^2 \approx 1 + 2 \cdot 0,03 = 1,06 \,,$$

wobei nur $(0,03)^2 = 0,0009$ vernachlässigt worden ist.

Aufgaben

1. Auf dem Spielplan (Abbildung 1) darf man nur aufwärts zu einem der benachbarten Punkte gehen. Wie groß ist die Anzahl der möglichen Zickzackwege von 0 zu den Punkten A_i $(i = 0, 1, \ldots, n)$? (Ähnliche Spielpläne findet man auch bei Materialien zur Propädeutik von Kombinatorik und Wahrscheinlichkeitsrechnung. Abbildung 3 zeigt den Spielplan zum Würfelspiel „Geisterstadt" aus dem Mathematischen Labor des Klett-Verlages).

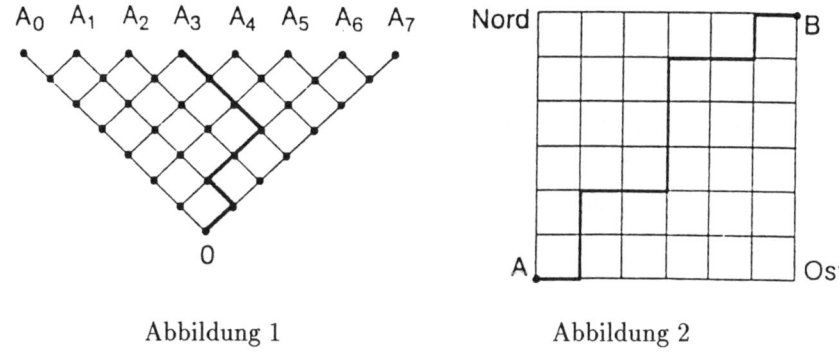

Abbildung 1   Abbildung 2

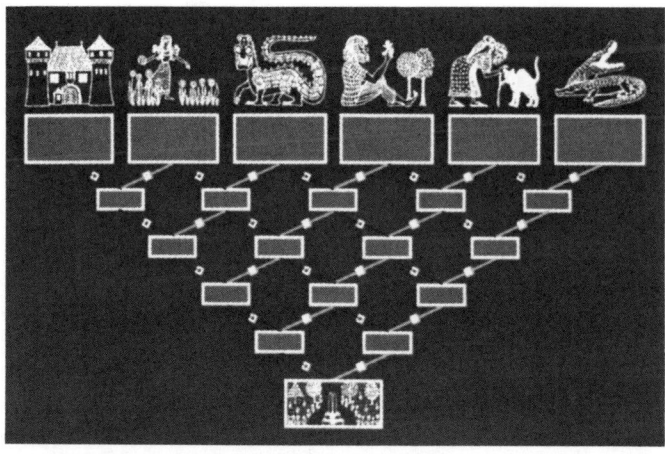

Abbildung 3

2. Abbildung 2 zeigt einen Ausschnitt aus der Straßenkarte einer „ideal" geplanten Stadt. Für einen Taxifahrer, der von A nach B kommen möchte, gibt es eine ganze Reihe kürzester Verbindungen. Eine solche ist beschrieben durch eine 12-stellige Folge mit 6 mal „n" (nach Norden) und 6 mal „o" (nach Osten). Wie viele kürzeste Wege von A nach B gibt es?

3. Beweisen Sie durch Einsetzen geeigneter Zahlen in die binomische Formel

a) $\binom{n}{0} + \binom{n}{1} + \binom{n}{2} + \ldots + \binom{n}{n} = 2^n \quad (n \in \mathbb{N})$

b) $\binom{n}{0} - \binom{n}{1} + \binom{n}{2} - \ldots + (-1)^k \binom{n}{k} + \ldots + (-1)^n \binom{n}{n} = 0 \quad (n \in \mathbb{N})$

c) $\binom{n}{0} + 2\binom{n}{1} + 4\binom{n}{2} + \ldots + 2^k \binom{n}{k} + \ldots + 2^n \binom{n}{n} = 3^n \quad (n \in \mathbb{N})$

4. a) Begründen Sie mit Hilfe von Aufgabe 3 a), daß eine n-Menge genau 2^n Teilmengen besitzt.

b) Beweisen Sie die Aussage in Aufgabe 3 a), indem Sie die n-stelligen Morsezeichen auf zwei Arten zählen.

5. Bestimmen Sie die Summendarstellung von $(a + b + c)^n$. Setzen Sie dabei zunächst $(b + c) = v$ und beschreiben Sie $(a + v)^n$. Entwickeln Sie dann die auftretenden Ausdrücke $v^m = (b + c)^m$.

6. Bestimmen Sie die drei nächsten Zeilen des Pascalschen Dreiecks (S. 159).

7. Beweisen Sie rechnerisch die Beziehungen von Satz 3

$$\binom{n+1}{k} = \binom{n}{k} + \binom{n}{k-1} \quad \text{und} \quad \binom{n}{k} = \binom{n}{n-k},$$

indem Sie von $\binom{n}{k} = \frac{n!}{k!(n-k)!}$ ausgehen.

8. Im Pascalschen Dreieck ergibt die Summe der Zahlen längs einer nach links unten laufenden Schräglinie gerade die rechts unter dem letzten Summanden stehende Zahl. D.h.

$$\binom{n}{n} + \binom{n+1}{n} + \binom{n+2}{n} + \ldots + \binom{n+k}{n} = \binom{n+k+1}{n+1} \quad (k, n \in \mathbb{N}_0)$$

Beweisen Sie diese Aussage.

9. Zeigen Sie unter Verwendung der Aussage von Aufgabe 8:

a) $1 \cdot 2 + 2 \cdot 3 + 3 \cdot 4 + \ldots + n(n + 1) = \frac{n(n+1)(n+2)}{3}$

b) $1 \cdot 2 \cdot 3 + 2 \cdot 3 \cdot 4 + \ldots + n(n + 1)(n + 2) = \frac{n(n+1)(n+2)(n+3)}{4}$

10. Berechnen Sie mit Hilfe des binomischen Lehrsatzes

a) $1,01^3$ b) $1,03^4$ c) $0,19^5$ d) 97^5 e) $1,99^6$ f) 398^4

11. Ist im Term $(1 + x)^n$ die Größe x deutlich kleiner als 1, dann werden die Summanden in der binomischen Formel mit den höheren Potenzen von x so klein, daß sie praktisch vernachlässigt werden können. Will man z.B. $(1 - \frac{1}{10})^7$ auf zwei Stellen nach dem Komma genau berechnen, dann müssen die vernachlässigten Glieder weniger als 0,005 ergeben. Im Sinne der Entwicklung

$$\left(1 - \frac{1}{10}\right)^7 = 1 - \frac{7}{10} + \frac{21}{100} - \frac{35}{1000} + \frac{35}{10000} - \frac{21}{100000} \ldots$$

$$= 1 - 0,7 + 0,21 - 0,035 + 0,0035 - 0,00021 \ldots$$

braucht man 0,0035 und die folgenden Summanden nicht mehr zu berück-

sichtigen, da diese zusammen kleiner als 0,005 bleiben. Damit erhält man $0,9^7 \approx 0,48$.
a) Berechnen Sie $1,03^4$ und $0,95^5$ auf 2 Stellen nach dem Komma genau.
b) Bestimmen Sie $1,1^8$ ($1,05^{20}$; $1,01^7$; $1,01^{100}$) mit vierstelliger Genauigkeit.

12. Gemäß der binomischen Formel kann man $4,4^5$ schreiben als

$$(4+0,4)^5 = 4^5(1+0,1)^5 \quad = \quad 4^5(1+5\cdot0,1+10\cdot0,01+10\cdot0,001$$
$$+5\cdot0,0001+0,15) \quad \approx \quad 1024\cdot1,61$$

Berechnen Sie ebenso mit drei genauen Ziffern
a) $9,8^7$ b) $3,15^{11}$ c) $\left(\frac{12}{11}\right)^8$

13. Jährliche Verzinsung eines Kapitals K mit $p\%$ ergibt nach einem Jahr ein Kapital von $K(1+\frac{p}{100})$. Monatliche Verzinsung des Kapitals K mit $\frac{p}{12}\%$ ergibt nach Ablauf eines Jahres ein Kapital von $K(1+\frac{p}{12\cdot100})^{12}$. Im Sinne der binomischen Formel gilt

$$(1+\tfrac{p}{12\cdot100})^{12} = 1+\tfrac{p}{100}+\tfrac{11}{24}\tfrac{p^2}{10000}+\cdots$$

Ein Kapital von 1000 DM werde über ein Jahr hin verzinst. Welches Endkapital erhält man
a) bei jährlicher Verzinsung mit 6% ?
b) bei monatlicher Verzinsung mit $\frac{6}{12}\%$ ($=\frac{1}{2}\%$)?
c) wenn man mit einem Verzinsungsfaktor rechnet, der von der binomischen Formel für $(1+\frac{p}{12\cdot100})^{12}$ auch das Glied mit p^2 berücksichtigt ?

IV. 4 Glücksspiele

Fragen der Chancen bei Glücksspielen und damit verbunden Probleme des Zählens von Möglichkeiten haben in den Anfängen von Kombinatorik und Wahrscheinlichkeitsrechnung bei GALILEO GALILEI (1546–1642) und BLAISE PASCAL (1623–1662) eine wesentliche Rolle gespielt. Die Kombinatorik bietet auch rund um die heute üblichen Glücksspiele wie Lotto, Toto, Poker oder Skat vielfältige Möglichkeiten, Phänomene verstehbar zu machen, wie etwa die Bewertung verschiedener Spielausgänge oder die Größenordnung möglicher Gewinnquoten.

Zahlenlotto ist schon als Musteraufgabe für eine der vier Grundaufgaben der Kombinatorik betrachtet worden. $\binom{49}{6}$ ($= 13\,983\,816$) zählt die Anzahl der Möglichkeiten, 6 aus 49 Zahlen ohne Beachten der Reihenfolge auszuwählen, die Anzahl der möglichen Lottotips.

Beispiel 7: Wie viele Möglichkeiten gibt es für einen Lottotip mit genau „i Richtigen" ($0 \leq i \leq 6$) ?
Man erhält i Richtige, wenn man i der 6 „Gewinnzahlen" ankreuzt und $6-i$ der 43 „Nichtgewinnzahlen". (Die Abbildung veranschaulicht diese Auswahl für den Fall „4 Richtige".) Das ergibt insgesamt

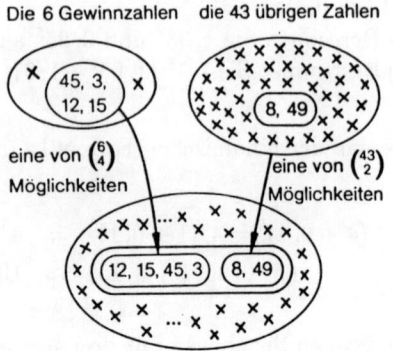

Die 6 Gewinnzahlen   die 43 übrigen Zahlen

eine von $\binom{6}{4}$ Möglichkeiten   eine von $\binom{43}{2}$ Möglichkeiten

$$\binom{6}{i}\binom{43}{6-i}$$

Möglichkeiten und im einzelnen als Zahlenwerte für die Gewinnklassen:

„6 Richtige" : $\binom{6}{6} \cdot \binom{43}{0} = 1$

„5 Richtige" : $\binom{6}{5} \cdot \binom{43}{1} = 6 \cdot 43 = 258$

„4 Richtige" : $\binom{6}{4} \cdot \binom{43}{2} = 15 \cdot 903 = 13\,545$

„3 Richtige" : $\binom{6}{3} \cdot \binom{43}{3} = 20 \cdot 12\,341 = 246\,820$ □

Die Gewinnklasse „5 Richtige" entspricht noch nicht der beim Zahlenlotto tatsächlich benutzten. Wir haben nämlich „5 Richtige mit Zusatzzahl" nicht gesondert berücksichtigt. Dabei muß neben 5 Gewinnzahlen die zusätzlich ausgespielte „Zusatzzahl" angekreuzt sein. Für die Gewinnklasse „5 Richtige" kann die 6. Zahl dann nur noch aus 42 möglichen ausgewählt werden. Damit erhält man:

„5 Richtige mit Zusatzzahl" : $\binom{6}{5} = 6$

„5 Richtige" : $6 \cdot 42 = 252$.

Die Anzahlen der Möglichkeiten unterscheiden sich für die Gewinnklassen größenordnungsmäßig. Es ist also plausibel, daß auch die Gewinne in den Klassen verschiedene Größenordnung haben. Eine genauere Vorstellung vermittelt die folgende Modellrechnung.

Beispiel 8: Die Gewinnquoten beim Zahlenlotto werden ermittelt, indem man nach einem 50 prozentigen Abzug die Summe der Einsätze gleichmäßig auf vier Gewinnklassen verteilt. Dabei wird der Betrag für die erste Gewinnklasse je zur Hälfte für „6 Richtige" und für „5 Richtige mit Zusatzzahl" eingesetzt. Nehmen wir an, jeder der $\binom{49}{6}$ möglichen Tips sei genau einmal abgegeben worden, und jeder Tip koste 1 DM, dann erhielte man als Quoten für die Gewinnklassen:

„6 Richtige" : $\frac{13\,983\,816}{2 \cdot 4 \cdot 2}$ DM $= 873\,988,50$ DM

„5 Richtige mit Zusatzzahl": $\frac{13\,983\,816}{2\cdot4\cdot6}$ DM $= 145\,664{,}75$ DM

„5 Richtige": $\frac{13\,983\,816}{2\cdot4\cdot252}$ DM $= 6\,936{,}42$ DM

„4 Richtige": $\frac{13\,983\,816}{2\cdot4\cdot13545}$ DM $= 129{,}05$ DM

„3 Richtige": $\frac{13\,983\,816}{2\cdot4\cdot246820}$ DM $= 7{,}08$ DM $\quad\square$

Die tatsächlichen Gewinnquoten, die wöchentlich in den Zeitungen veröffent-licht werden, weichen z.T. deutlich von den in dieser Modellrechnung ermittelten ab, insbesondere in den oberen Gewinnklassen. Dieses Phänomen wird dadurch verständlich, daß nicht jede Tippreihe die gleiche Chance hat, von einem Spieler angekreuzt zu werden. So wird z.B. der Tip 7, 13, 25, 36, 37, 42 sicher häufiger abgegeben als der Tip 1, 2, 3, 4, 5, 6.

Zum Zahlenlotto werden auch Wettsysteme angeboten. Gebräuchlich sind sol-che mit „Bankzahlen", die in jedem Tip auftreten, und „Systemzahlen", mit denen die Tippreihen in allen möglichen Kombinationen aufgefüllt werden.

Beispiel 9: Beim Wettsystem 411 muß der Spieler 4 Bankzahlen und 11 System-zahlen auswählen.
a) Wie viele Tippreihen umfaßt das System 411 ?
b) Man habe bei den Bankzahlen 3 Gewinnzahlen getroffen und bei den System-zahlen 2 Gewinnzahlen. Wie oft hat man dann 5, 4 bzw. 3 Richtige ?

Lösung: Zu a): Die Anzahl der möglichen Tippreihen ist bestimmt durch die An-zahl der Möglichkeiten 2 der 11 Systemzahlen auszuwählen, also $\binom{11}{2} = 55$.
Zu b): Man trifft 5 Richtige, wenn man zu den 3 richtigen Bankzahlen gerade die 2 richtigen Systemzahlen ankreuzt, also 1 mal.
Man erhält 4 Richtige in den $\binom{2}{1} \cdot \binom{9}{1} = 18$ Fällen, in denen eine der beiden richtigen und eine der neun falschen Systemzahlen angekreuzt worden sind.
Man erhält 3 Richtige in den $\binom{9}{2} = 36$ Fällen, in denen 2 der 9 falschen System-zahlen angekreuzt wurden. $\square$

Bei Spielen wie **Poker** kann man mit kombinatorischen Mitteln die Anzahlen möglicher Realisierungen für die einzelnen Konfigurationen bestimmen und da-mit deren Bewertung verständlich machen.

Beispiel 10: Gepokert werde mit einem 52-er Kartenspiel (4 Farben mit je 13 Blatt). Dabei sind die Konfigurationen der folgenden Aufstellung von Interesse. Die berechneten Anzahlen beziehen sich auf die Möglichkeit, ein solches Blatt bei der ersten Verteilung der Karten zu erhalten. Das Ergebnis zeigt, daß die Konfi-gurationen in der angegebenen Reihenfolge seltener werden, daß ihre Bewertung im Spiel also entsprechend steigen muß.

Konfiguration beim Pokern	Anzahl möglicher Realisierungen
(I) *One Pair* (z.B. 2 Könige)	$\binom{13}{4}\binom{4}{3}\binom{4}{1}^3\binom{4}{2} = 1\,098\,240$
(II) *Two Pairs* (z.B. 2 Neunen und 2 Könige)	$\binom{13}{3}\binom{3}{2}\binom{4}{2}^2\binom{4}{1} = 123\,552$
(III) *Three of a Kind* (z.B. 3 Siebenen)	$\binom{13}{3}\binom{3}{2}\binom{4}{1}^2\binom{4}{3} = 54\,912$
(IV) *Straight* (5 fortlaufende Werte beliebiger Farbe, wobei über das As hinaus weiter gezählt werden darf; z.B. Dame, König, As, 2, 3 von beliebigen Farben)	$13(4^5 - 4) = 13\,260$
(V) *Flush* (5 Karten gleicher Farbe; z.B. alle von Kreuz)	$4(\binom{13}{5} - 13) = 5096$
(VI) *Full House* (ein Dreier und ein Paar; z.B. 3 Siebenen und 2 Könige)	$\binom{13}{2}\binom{2}{1}\binom{4}{3}\binom{4}{2} = 3744$
(VII) *Four of a Kind* (z.B. 4 Damen)	$\binom{13}{1}\binom{48}{1} = 624$
(VIII) *Straight Flush* (5 fortlaufende Werte gleicher Farbe; z.B. 4, 5, 6, 7, 8 von Herz)	$13 \cdot 4 = 52$

Die Anzahlen möglicher Realisationen können für die einzelnen Gruppen auf verschiedene Arten bestimmt werden. Für zwei Fälle sei der Gedankengang erläutert, der den hier angegebenen Berechnungen zugrunde liegt.

(I) *One Pair*: $\binom{13}{4}$ · $\binom{4}{3}\binom{4}{1}^3$ · $\binom{4}{2}$

   4 Werte werden   von 3 dieser 4 Werte   vom 4. Wert
     ausgewählt   wird je 1 Karte   werden 2 Karten
                              gewählt   gewählt

(VII) *Four of a Kind*: Man wählt einen der 13 Werte aus und von diesem alle 4 Karten; dazu wählt man als 5. Karte irgendeine der 48 übrigen: $\binom{13}{1}\binom{48}{1}$ □

Innerhalb jeder der einzelnen Gruppen wird eine Rangfolge der Blätter durch den Wert oder die Farbe der Karten bestimmt. Beispielsweise ist ein *Straight Flush* am wertvollsten, wenn er mit dem As endet, also die Form 10, Bube, Dame, König, As hat („Royal Flush"); unter diesen ist derjenige mit der Farbe Kreuz am wertvollsten.

Aufgaben

1. Wie viele Möglichkeiten gibt es für die 11-er Wette beim Fußball-Toto einen Schein mit i Richtigen auszufüllen ($0 \leq i \leq 11$) ?

2. Beim Fußball-Toto läßt sich mit mehr Hintergrund als beim Lotto ein System aufbauen, das 11 Richtige ermöglicht. Ein Kenner rechnet z.B. damit, daß bei 3 bestimmten Spielen nur die „1" (Sieg der Heimmannschaft) stehen kann; von 4 weiteren Spielen weiß er, daß sie mit „1" oder „0" enden werden; bei einem Spiel glaubt er fest an einen Sieg der Gastmannschaft („2"). Nur in den verbleibenden Fällen will er keine Prognose über den Spielausgang wagen. Wie viele Totoscheine muß der Experte ausfüllen, um 11 Richtige zu haben, falls seine Voraussagen zutreffen ?

3. Wie viele verschiedene Lottotips sind denkbar, die weniger als 3 Richtige liefern ? Hinweis: Betrachten Sie die Möglichkeiten mit 0, 1 und 2 Richtigen.

4. Die am häufigsten benutzten Lotto-Systeme werden mit 0 bis 5 Bankzahlen und 7 bis 12 Systemzahlen gebildet. Die Bezeichnung des Systems lautet dann z.B. 109 (1 Bankzahl, 9 Systemzahlen). Berechnen Sie die Anzahl der auszufüllenden Tippreihen für jedes dieser 36 Lotto-Systeme, also für 007, 008, . . . , 511, 512.

5. Ein Lottospieler hat 6 Richtige mit der Systemwette 411 erzielt. Wie oft hat er dann noch mit demselben 55er-Tip 5, 4 und 3 Richtige getroffen ?

6. Begründen Sie in der Sprechweise möglicher Lotto-Tips die Gleichung

$$\sum_{i=0}^{6} \binom{6}{i}\binom{43}{6-i} = \binom{49}{6}$$

7. Beim Skatspielen werden 32 Karten an 3 Spieler verteilt; jeder der Spieler A, B, C erhält 10 Karten; die 2 verbleibenden kommen in den „Skat". Auf wie viele Arten ist eine Verteilung der Skatkarten möglich ?

8*. Aus einem Skatspiel (32 Karten) sollen 6 Karten so entnommen werden, daß jede „Farbe" (Kreuz, Pik, Herz, Karo) dabei mindestens einmal vertreten ist. Welche der hier angegebenen Formeln gibt die Anzahl der möglichen 6-Kombinationen richtig wieder ?

   a) $\binom{8}{1}^{4}\binom{28}{4} = 1\,548\,288$

   b) $\binom{32}{6} - \binom{24}{6} = 771\,596$

   c) $\binom{32}{6} - \left[4\binom{24}{6} - 6\binom{16}{6} + 4\binom{8}{6}\right] = 415\,744$

9. Begründen Sie die Anzahl der Möglichkeiten für die auf Seite 166 beschriebenen Konfigurationen (II), (III), (IV), (V), (VI), (VIII) beim Pokern. Geben Sie in mindestens zwei Fällen unterschiedliche Rechenwege an.

10. Für die Konfigurationen *Straight* (IV) und *Straight Flush* (VIII) findet man
teilweise eine andere Definition. Es darf dabei nicht über das As hinaus-
gezählt werden. Bestimmen Sie für die so definierten Konfigurationen die
Anzahlen möglicher Realisierungen, und prüfen Sie, ob sich dadurch die
Rangfolge der Konfigurationen ändert.

11*. Pokert man mit einem Skatspiel (32 Karten), so ändert sich teilweise die
Reihenfolge in der Bewertung der Konfigurationen. Bestimmen Sie für diesen
Fall die Anzahlen möglicher Realisierungen.

12. Beim Würfelspiel „Kniffel" wird mit 5 Würfeln gewürfelt. Dabei sind die
folgenden Konfigurationen von Interesse.

Konfigurationen bei Kniffel	Anzahl der Möglichkeiten
drei gleiche Augenzahlen	$\binom{5}{3} \cdot 6 \cdot 5 \cdot 4$
vier gleiche Augenzahlen	$\binom{5}{4} \cdot 6 \cdot 5$
fünf gleiche Augenzahlen	
drei gleiche und zwei gleiche Augenzahlen	
vier aufeinander folgende Augenzahlen	
fünf aufeinander folgende Augenzahlen	$2 \cdot 5!$

Der Reiz von Kniffel liegt darin, daß man den Wurf mit einer beliebigen Anzahl der fünf Würfel zweimal wiederholen darf. Die Bewertung der Konfigu-
ration erfolgt dennoch nach ihrer Realisierbarkeit im ersten Wurf. Begründen
Sie die Anzahlen möglicher Realisierungen der obigen Tabelle, ergänzen Sie
diese, und stellen Sie eine Rangordnung der Konfigurationen auf.

V Statistik und Wahrscheinlichkeitsrechnung

V. 1 Beschreibende Statistik

In zunehmenden Maße wird es heute wichtig, *Massenerscheinungen*, die auf dem Zusammenwirken vieler Einzelerscheinungen beruhen, zu erfassen und zu beurteilen. Da sich viele Ursachen überlagern, ist eine Beschreibung nach dem *Ursache-Wirkungschema* in solchen Fällen ungeeignet, eine Beschreibung nach dem *Zufallsprinzip* mit statistischen Mitteln dagegen geeignet. Statistische Erhebungen über Verkehrsaufkommen, Wirtschaftsentwicklung, Schülerzahlen usw. spielen heute für die Planung der näheren und ferneren Zukunft eine wichtige Rolle. Die geeigneten Beschreibungsmuster hierzu liefert die beschreibende Statistik.

Die folgenden Abbildungen zeigen verschiedene Darstellungen von **Häufigkeitsverteilungen.**

Die nebenstehende Abbildung gibt die Altersverteilung der Teilnehmer eines Sportfestes durch eine *Häufigkeitstabelle* und durch ein *Stabdiagramm* an.

Alter	14	15	16	17	18	19	20
Abs. Häuf.	3	15	22	24	15	10	7

Dabei sind in der Häufigkeitstabelle den einzelnen Möglichkeiten, die das *Merkmal "Alter"* bezogen auf die 96 Teilnehmer des Sportfestes zuläßt, den *Merkmalsausprägungen*, die *absoluten Häufigkeiten* zugeordnet. Im Stabdiagramm sind dagegen die Anteile der einzelnen Altersklassen an der gesamten Teilnehmerzahl, die *relativen Häufigkeiten*, als Prozentwerte auf der vertikalen Achse aufgetragen.

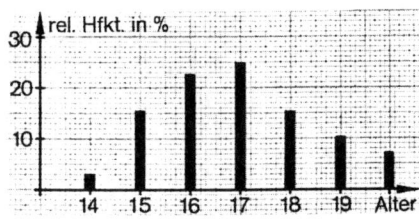

Die nächsten Abbildungen zeigen drei weitere Darstellungsmöglichkeiten für Häufigkeitsverteilungen, nämlich *Kreisdiagramme*, *Balkendiagramme* und ein *Piktogramm*.

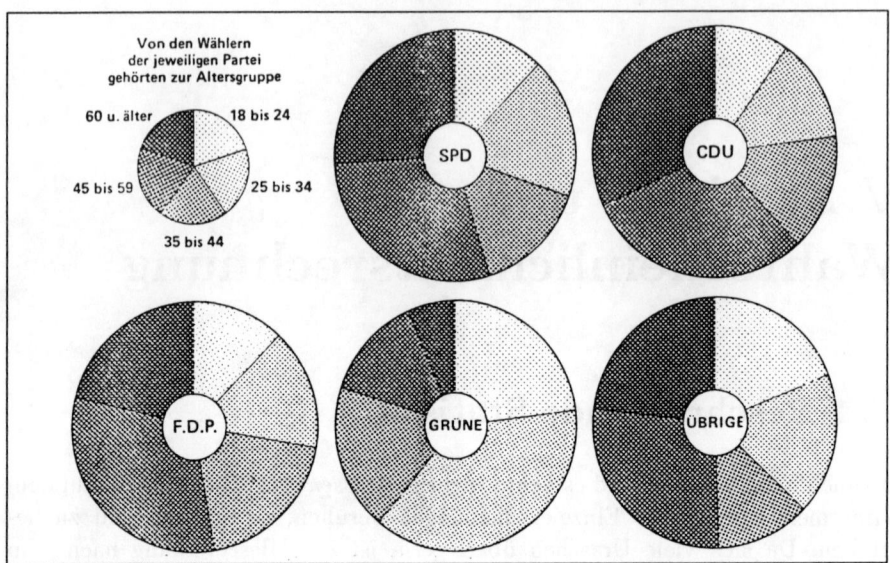

Kreisdiagramme werden hier benutzt, um das Wahlverhalten (bei der Bundestagswahl von 1987) in verschiedenen Altersklassen vergleichbar zu machen. Dabei beschreiben die Flächeninhalte der einzelnen Kreissektoren jeweils die Stimmenanteile der Parteien.

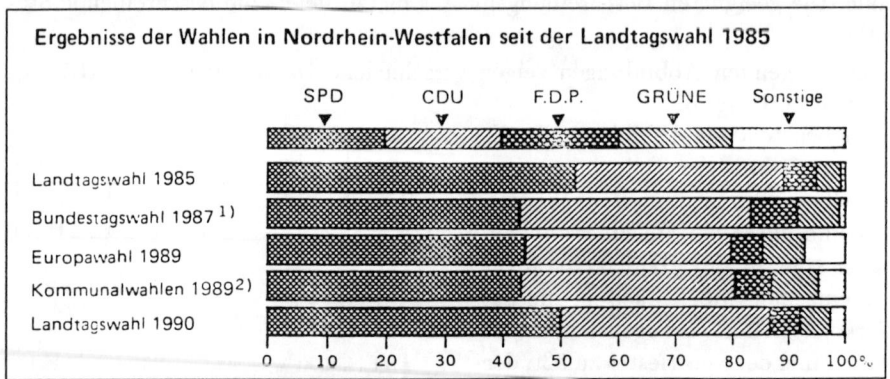

Diese Abbildung beschreibt mit Hilfe von *Balkendiagrammen* die Veränderung der Stimmenanteile der Parteien bei den verschiedenen Wahlen in Nordrhein-Westfalen seit 1985. Die jeweiligen Flächeninhalte geben dabei die Stimmenanteile an. (Für die Bundestagswahl von 1987 sind die Zweitstimmen gezählt.)

Bei Darstellungen, die sich um mehr Konkretisierung bemühen, findet man häufig *Piktogramme*. Dabei werden in der Regel absolute Häufigkeiten dargestellt. Das folgende Piktogramm beschreibt die soziale Struktur einer Gemeinde. Bei den 20000 Beschäftigten fand man 8000 Arbeiter, 5000 Angestellte, 3000 Beamte und 4000 Selbständige. (Das sind natürlich gerundete Zahlen.) Ein „Strichmännchen" steht somit für 1000 Beschäftigte.

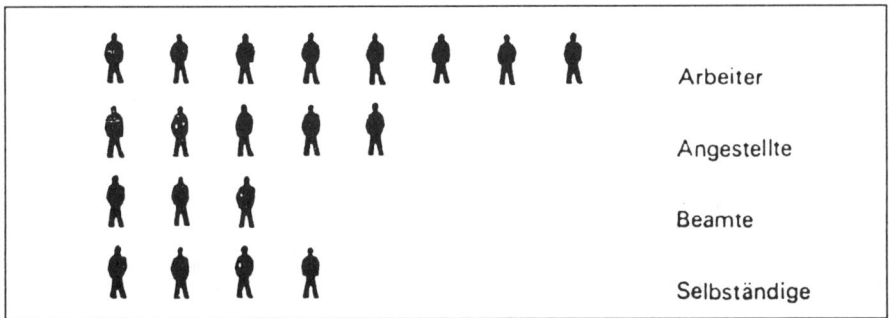

Für Merkmale wie Parteizugehörigkeit (SPD, CDU, FDP, Grüne, Sonstige) oder Beschäftigungsart (Arbeiter, Angestellter, Beamter, Selbständiger) kann man eigentlich kein Stabdiagramm zeichnen. Man kann diese ja nicht auf einem Zahlenstrahl (einer Skala) auftragen wie etwa beim Merkmal „Alter" (siehe Abb. 1). Wir betrachten im folgenden nur solche Merkmale, deren mögliche Werte Größen sind, die sich also auf einer Skala auftragen lassen.

Bei Meßwerten sind vielfach in einem gewissen Bereich alle möglichen Werte realisierbar. Man kommt dann erst zu einer übersichtlichen Häufigkeitsverteilung, wenn man die Werte in **Klassen** (Intervalle) einteilt. Entscheidend ist dabei natürlich, wie diese Klassierung gewählt wird.

Beispiel 1: In einer Klinik wurde über längere Zeit das Geburtsgewicht der Neugeborenen aufgezeichnet. Bei der Erhebung wurde festgehalten, in welchem der vorgegebenen Intervalle das jeweilige Gewicht liegt.

K	Geburtsgewicht x in Gramm	$\Delta(K)$	rel. Hfkt.
1	$2500 \leq x < 2900$	400	$6,1\%$
2	$2900 \leq x < 3300$	400	$20,2\%$
3	$3300 \leq x < 3500$	200	$16,2\%$
4	$3500 \leq x < 3700$	200	$22,2\%$
5	$3700 \leq x < 3900$	200	$18,2\%$
6	$3900 \leq x < 4300$	400	$10,0\%$
7	$4300 \leq x < 5000$	700	$7,1\%$
			$100,0\%$

Da Intervalle verschiedener Breite ΔK_i vorliegen, benutzt man hier zur Veranschaulichung ein *Histogramm*. Dabei wird über der Klasse (dem Intervall) K_i ein Rechteck so gezeichnet, daß der Flächeninhalt die relative Häufigkeit darstellt. Die Höhe des Rechtecks $d(K_i)$ muß dann gemäß $d(K_i)\Delta K_i = h(K_i)$ gewählt werden. Damit entsteht

K_i	K_1	K_2	K_3	K_4	K_5	K_6	K_7
$d(K_i)$	0,015	0,051	0,081	0,111	0,091	0,025	0,01

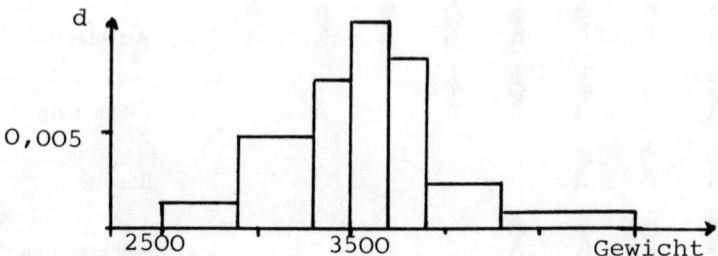

Die Rechteckshöhe $d(K_i)$ über der Klasse K_i nennt man die *Dichte* (Häufigkeits-dichte). Man denkt sich also die Häufigkeit einer Klasse gleichmäßig über das Intervall verteilt. Die stückweise konstante Funktion d mit

$$d : \begin{cases} \mathbb{R} \longrightarrow \mathbb{R} \\ x \longmapsto \dfrac{h(K)}{\Delta K}, \text{ falls } x \in K \end{cases}$$

heißt *Häufigkeitsdichte* oder *Dichtefunktion* der Verteilung bezüglich der vorge-gebenen Klassierung.

Beim Vergleich von Häufigkeitsverteilungen ist man daran interessiert, diese durch wenige Angaben (*Kenngrößen*) zu beschreiben. Eine sehr wichtige Kenngröße ist der Mittelwert, das **arithmetische Mittel**.
Eine Erhebung habe die folgende Häufigkeitsverteilung ergeben:

Meßwerte	x_1	x_2	x_3	$\cdots$	x_k	Summe
abs. Häufkt.	n_1	n_2	n_3	$\cdots$	n_k	n
rel. Häufkt.	h_1	h_2	h_3	$\cdots$	h_k	1

Dann bestimmt man das arithmetische Mittel $\overline{x}$ gemäß

$$\overline{x} = \frac{1}{n}(n_1 x_1 + n_2 x_2 + \ldots + n_k x_k) = h_1 x_1 + h_2 x_2 + \ldots + h_k x_k$$

Beispiel 2: Zur Montage eines Auspuffs wird für einen Fahrzeugtyp in der Regel eine feste Arbeitszeit berechnet. Um eine solche zu bestimmen, wurde 10 mal die genaue Arbeitszeit notiert. Man fand (jeweils in Minuten)

$$53, 66, 64, 58, 61, 55, 62, 64, 52, 57.$$
Als mittlere Arbeitszeit bestimmt man

$$\overline{x} = \frac{1}{10}(53 + 66 + \ldots + 57) = 59,2.$$

Man wird aber wohl doch eine Arbeitszeit von einer Stunde für die Montage des Auspuffs in Rechnung stellen. $\square$

Je nach Datenmenge ist das arithmetische Mittel nicht immer geeignet, den mittleren Wert einer Stichprobe zu beschreiben. Häufig sortiert man die Beobachtungswerte auch der Größe nach und wählt den Beobachtungswert z als mittleren Wert, bei dem $x_i \leq z$ und $x_i \geq z$ für jeweils mindestens die Hälfte der x_i gilt. Diese Zahl heißt **Zentralwert** oder **Median** der Stichprobe. (Bei einer geraden Anzahl von Beobachtungswerten nimmt man das arithmetische Mittel der beiden mittleren Werte als Zentralwert.)

Beispiel 3: Bei 10 Spielen der zweiten Fußball-Bundesliga wurden folgende Zuschauerzahlen ermittelt:

$$1400,\ 1900,\ 2200,\ 3700,\ 2700,\ 2900,\ 2300,\ 3500,\ 4100,\ 39\,200\,.$$

Die durchschnittliche Zuschauerzahl im Sinne des arithmetischen Mittels beträgt $\overline{x} = 6390$ Zuschauer. Diese ist jedoch durch den *Ausreißer* 39 200, durch die große Zahl beim Spitzenspiel, geprägt. Der Zentralwert $z = 2800$ $(= \frac{1}{2}(2700 + 2900))$ charakterisiert diese Stichprobe besser, er liegt nahe beim arithmetischen Mittel ohne den Ausreißer von 2744 Zuschauern. $\square$

Neben dem Mittelwert wird die Art und Weise, wie die Beobachtungswerte zum Mittelwert hin konzentriert sind, wie sie um den Mittelwert streuen, zur Kennzeichnung von Häufigkeitsverteilungen benutzt. Das am häufigsten benutzte Maß für die Streuung um den Mittelwert $\overline{x}$ ist die *mittlere quadratische Abweichung*. Für Beobachtungswerte $x_1, \ldots, x_k$ mit den relativen Häufigkeiten $h_1, \ldots, h_k$ berechnet man diese als

$$\sigma^2 := \sum_{i=1}^{k} h_i\, (x_i - \overline{x})^2\,.$$

Dieser Wert heißt **Varianz** der Häufigkeitsverteilung.

Wenn die Beobachtungswerte Größen sind und damit Benennungen wie m oder kg haben, dann hat die Varianz σ^2 die Benennung m^2 bzw. kg^2. Dies ist ein Grund dafür, daß man noch häufiger die Wurzel aus der Varianz als Streuungsmaß wählt.

$$\sigma := \sqrt{\sum_{i=1}^{k} h_i\, (x_i - \overline{x})^2}$$

Man bezeichnete diese Größe, welche die gleiche Dimension wie die Beobachtungswerte hat, als **Standardabweichung**.

Es ist vernünftig, die Streuung in dieser Weise durch die Quadrate der Abweichungen zu bestimmen. Dadurch wirken Abweichungen in beiden Richtungen in gleicher Weise. Ferner leisten große Abweichungen vom Mittelwert $\overline{x}$ einen stärkeren Beitrag als kleine Abweichungen.

Varianz und Standardabweichung werden in der Regel auf das arithmetische Mittel (als Mittelwert) bezogen. Es besteht nämlich ein (mathematischer) Zusammenhang. Die Funktion f mit

$$f : x \longmapsto \sum_{i=1}^{k} h_i\, (x - x_i)^2$$

und auch ihre Wurzel nehmen an der Stelle $\overline{x} = \sum_{i=1}^{k} h_i x_i$ ihr absolutes Minimum an. Davon überzeugt man sich leicht mit Hilfe der Ableitung (siehe Aufgabe 6). Zum Zentralwert z als Mittelwert gehört in ähnlicher Weise die mittlere lineare Abweichung

$$\sum_{i=1}^{k} h_i \, |z - x_i|$$

als „natürliches" Streuungsmaß (siehe Aufgabe 7*).

Bei klassierten Daten, wie etwa dem Geburtsgewicht von Neugeborenen (Beispiel 1), kennt man die Meßwerte, die zu einer Klasse gehören, nicht genau. Die Kenngrößen wie Mittelwert und Standardabweichung lassen sich daher nur näherungsweise berechnen. Dazu ersetzt man alle Werte der Klasse K_i durch den mittleren Wert von K_i, die *Klassenmitte* m_i

Beispiel 4: Zwei Weitspringer haben Statistik über ihre im Training erzielten Weiten geführt:

Weite (in cm)	]700; 720]	]720; 740]	]740; 760[	]760; 780]	]780; 800]	]800; 820]
A	19	24	26	27	10	5
B	4	8	52	40	32	24

Die Weitspringer erreichten also als durchschnittliche Weite

$$\overline{x}_A = \frac{1}{111}(19 \cdot 710 + 24 \cdot 730 + \cdots + 10 \cdot 790 + 5 \cdot 810) = 750$$

$$\overline{x}_B = \frac{1}{160}(4 \cdot 710 + 8 \cdot 730 + \cdots + 32 \cdot 790 + 24 \cdot 810) = 770$$

Weitspringer B erzielte nicht nur eine größere Durchschnittsweite, seine Sprünge lagen auch im Schnitt näher am Mittelwert, wie Varianz und Standardabweichung belegen:

$$\sigma_A{}^2 = \frac{1}{111}\left(19 \cdot (710 - 750)^2 + \ldots + 5 \cdot (810 - 750)^2\right) \approx 764$$
$$\sigma_A \approx 27,6 \,\text{cm}$$
$$\sigma_B{}^2 = \frac{1}{160}\left(4 \cdot (710 - 770)^2 + \ldots + 24 \cdot (810 - 770)^2\right) \approx 620$$
$$\sigma_B \approx 24,9 \,\text{cm} \qquad \square$$

Mit Hilfe der Standardabweichung lassen sich bei jeder Häufigkeitsverteilung Intervalle um den Mittelwert angeben, in denen stets ein gewisser Anteil der Beobachtungswerte liegen muß. Dies leistet die folgende *Ungleichung von Tschebyscheff* (nach P. L. TSCHEBYSCHEFF, 1821–1894):

$$\sum_{|\overline{x} - x_i| < k\sigma} h_i \geq 1 - (\frac{1}{k})^2$$

D.h.: Zählt man nur die relativen Häufigkeiten der Beobachtungswerte im Intervall von $\overline{x} - k\sigma$ bis $\overline{x} + k\sigma$, so muß deren Anteil mindestens $1 - (\frac{1}{k})^2$ betragen.

Beweis: Betrachtet man nur die x_i außerhalb des Intervalls $]\overline{x} - k\sigma; \overline{x} + k\sigma[$, dann gilt

$$\sigma^2 \geq \sum_{|\overline{x}-x_i|\geq k\sigma} h_i \, (\overline{x} - x_i)^2 \geq \sum_{|\overline{x}-x_i|\geq k\sigma} h_i(k\sigma)^2 \; .$$

Der Anteil der Beobachtungswerte, der außerhalb des Intervalls $]\overline{x} - k\sigma; \overline{x} + k\sigma[$ liegt, und der Anteil der Beobachtungswerte innerhalb dieses Intervalls ergänzen sich natürlich zu 100%. Also gilt

$$\sum_{|\overline{x}-x_i|\geq k\sigma} h_i = 1 - \sum_{|\overline{x}-x_i|< k\sigma} h_i$$

und eingesetzt in die obige Ungleichung

$$\sigma^2 \geq k^2\sigma^2(1 - \sum_{|\overline{x}-x_i|< k\sigma} h_i) \; .$$

Dies läßt sich umformen zu der behaupteten Ungleichung:

$$\sum_{|\overline{x}-x_i|< k\sigma} h_i \geq \frac{k^2\sigma^2 - \sigma^2}{k^2\sigma^2} = 1 - (\frac{1}{k})^2 \; . \; \square$$

Bei jeder Häufigkeitsverteilung liegen also
im 2σ-Intervall $]\overline{x} - 2\sigma; \overline{x} + 2\sigma[$ mindestens 75%
aller Beobachtungswerte ($k = 2 : 1 - (\frac{1}{2})^2 = 0,75$) und
im 3σ-Intervall $]\overline{x} - 3\sigma; \overline{x} + 3\sigma[$ mindestens 89%
aller Beobachtungswerte ($k = 3 : 1 - (\frac{1}{3})^2 = 0,\overline{8}$).

Häufigkeitsverteilungen beziehen sich immer auf eine bestimmte Grundgesamtheit von Beobachtungswerten. Aussagen, die aufgrund einer statistischen Erhebung gemacht werden, sind zunächst nur Aussagen über diese Grundgesamtheit. Nun führen die Weitspringer (Beispiel 4) natürlich Buch über ihre Trainingsleistungen, um Anhaltspunkte für ihre zu erwartenden Wettkampfleistungen zu erhalten. Auch bei einer Meinungsumfrage wird nur eine zufällige Auswahl von Individuen einer Grundgesamtheit, eine sogenannte Stichprobe, befragt. Bei Wahlprognosen etwa ist etwas anderes aus Zeit- oder Kostengründen überhaupt nicht möglich. Dabei möchte man eigentlich eine Aussage über die volle Grundgesamtheit haben. Die Stichprobe kann zwar eine gewisse aber keine vollständige und sichere Auskunft liefern. Das wesentliche Problem, den Rahmen zu beschreiben, in dem von einer Stichprobe auf die Grundgesamtheit geschlossen werden darf, ist Sache nicht der beschreibenden, sondern der **beurteilenden Statistik**. Diese benutzt dabei als wichtige Hilfsmittel Aussagen der Wahrscheinlichkeitsrechnung.

Aufgaben

1. Die Dicke einer bestimmten Sorte Silberdraht wurde 100 mal gemessen

Drahtstärke in mm	0,97	0,98	0,99	1,00	1,01	1,02	1,03
absolute Häufigkeit	3	6	16	38	22	11	4

a) Veranschaulichen Sie diese Häufigkeitsverteilung durch ein Stabdiagramm.

b) Bestimmen Sie die durchschnittliche Drahtstärke und die Standardabweichung.

2. Eine Klausur in einem Kurs mit 24 Teilnehmern erbrachte folgendes Ergebnis:

Erreichte Punktzahl	0	1	2	3	4	5	6	7	8	9	10
abs. Hfkt.	0	0	1	0	1	0	0	2	0	1	1

Erreichte Punktzahl	11	12	13	14	15	16	17	18	19	20	
abs. Hfkt.	2	3	4	4	2	0	1	1	0	1	24

Nun wurden die Noten nach folgendem Schema verteilt:

Punktzahl	0-3	4-9	10-13	14-16	17-18	19-20
Note	6	5	4	3	2	1

a) Veranschaulichen Sie die durch die Notengebung klassierten Daten in Form eines Histogramms.

b) Vier Schüler wollen ihre Durchschnittsleistung bestimmen. Sie erreichten 5, 10, 17 bzw. 19 Punkte. Vergleichen Sie die durchschnittliche Punktzahl mit der Durchschnittsnote.

Bemerkung: Es gibt Argumente, welche die Bildung einer Durchschnittsnote im Sinne des arithmetischen Mittels als unzulässig erscheinen lassen. Die Noten stellen nur eine Rangfolge der schulischen Leistungen dar. Man kann aber z.B. nicht sagen, daß der Leistungsunterschied zwischen einer „sehr guten" und einer „befriedigenden" Leistung der gleiche ist wie derjenige zwischen einer „ausreichenden" und einer „ungenügenden". Ebenso kann man von einer mit „4" bewerteten Leistung nicht sagen, sie sei doppelt so schlecht wie eine mit „2" bewertete Leistung. Streng genommen ist es deshalb nicht zulässig, mit Noten wie mit Zahlen zu rechnen. Man sollte diese Argumente kennen, um Vorsicht bei der Interpretation von Durchschnittsnoten walten zu lassen.

3. Bei Häufigkeitsverteilungen interessiert vielfach auch die summierte Häufigkeitsverteilung, die jedem Beobachtungswert x_i den Anteil der Werte kleiner oder gleich x_i zuordnet:

$$x_i \longmapsto \sum_{j=1}^{i} h_j .$$

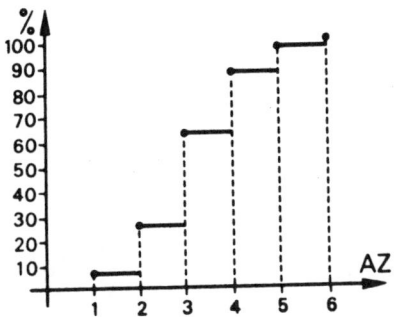

Bei der Veranschaulichung entsteht ein Schaubild der nebenstehenden Art.

a) Zeichnen Sie eine solche Summenkurve für den Weitspringer A aus Beispiel 4.

b) Im Wettkampf erreicht Springer A die Weite von 770 cm und B die Weite von 790 cm. Welcher hat bezogen auf seine Trainingsleistungen das bessere Ergebnis erzielt ?

4. In sogenannten Sterbetafeln wird notiert, wie viele von 100 000 Lebendgeborenen das Alter k erreichen. Diese Werte sind hier getrennt nach Geschlechtern aufgeführt. Mit h_k ist jeweils der Anteil der Personen bezeichnet, die das Alter k aber nicht das Alter $k + 10$ erreichten, also

$$h_k := \frac{x_k - x_{k+10}}{100\,000} .$$

Der Mittelwert, der durch die h_k gegebenen Häufigkeitsverteilung gibt die mittlere Lebenserwartung an. Bestimmen Sie die mittlere Lebenserwartung für männliche (weibliche) Personen anhand dieser Tabelle.

k	männlich		weiblich	
	x_k	h_k	x_k	h_k
0	100000	0,04380	100000	0,03421
10	95620	0,00808	96579	0,00391
20	94812	0,01646	96188	0,00703
30	93166	0,01948	95485	0,01301
40	91218	0,03988	94184	0,02742
50	87230	0,10578	91442	0,05958
60	76652	0,22191	85484	0,14644
70	54461	0,30305	70840	0,32333
80	24156	0,21064	38507	0,32027
90	3092	0,03054	6480	0,06338
100	38	0,00038	142	0,00142

Verkürzte Sterbetafel für die Bundesrepublik Deutschland 1960 / 62. (Bei der allgemeinen Sterbetafel werden Jahressprünge betrachtet)

5. Berechnen Sie das arithmetische Mittel und den Zentralwert der elf Zahlen 1, 2, 3, 4, 5, 6, 7, 8, 9, 10, 100. Erklären Sie an diesem Beispiel einen Vorteil des Zentralwertes gegenüber dem arithmetischen Mittel.

6. Zeigen Sie, daß die Funktion

$$f : x \longmapsto \sum_{i=1}^{k} h_i(x - x_i)^2$$

an der Stelle $\bar{x} = \sum_{i=1}^{k} h_i x_i$ minimal wird.

7.* Für Meßwerte $x_1, x_2, \ldots x_k$ mit den relativen Häufigkeiten $h_1, h_2, \ldots, h_k$ ist der Zentralwert z bestimmt durch

$$\sum_{x_i \leq z} h_i \geq \frac{1}{2} \quad \text{und} \quad \sum_{x_i \geq z} h_i \geq \frac{1}{2}$$

Zeigen Sie, daß die Funktion

$$f : x \longmapsto \sum_{i=1}^{k} h_i |x - x_i|$$

im Zentralwert z ihr absolutes Minimum annimmt.

8. Tankstellen einer Firma stehen längs einer Fernstraße. Die Tabelle gibt an, bei welchen km-Steinen die Tankstellen stehen und welche Umsätze sie haben:

Umsatz	240 t	320 t	140 t	510 t	700 t	250 t
bei km	17	54	97	110	118	140

Wo an dieser Straße ist das Depot anzulegen, um die Summe der Transportwege möglichst niedrig zu halten?

9. Zur automatischen Abfüllung von Zucker werden einer Firma zwei Maschinen A und B angeboten. Ein Test, bei dem die Maschinen jeweils auf den Sollwert 500 g eingestellt waren, brachte folgendes Ergebnis:

Füllgewicht in g	494	496	498	500	502	504	506
relative Hfkt. bei A	0,02	0,05	0,19	0,50	0,16	0,05	0.03
relative Hfkt. bei B	0,02	0,07	0,13	0,55	0,15	0,06	0,02

Welche der beiden Maschinen hält den Sollwert besser ein?

10. Bei 318 Schülern einer Jahrgangsstufe wurde das Gewicht untersucht. Man fand

Gewicht in kg	40	41	42	43	44	45	46	47	48	49	50	51	52	53	54	55
abs. Hfkt.	7	11	19	15	22	30	32	35	33	29	27	20	17	11	9	3

a) Bestimmen Sie das 2σ- und das 3σ-Intervall um das Durchschnittsgewicht.
b) Geben Sie an, wieviel Prozent der Werte jeweils in diesem Intervall liegen.

11. Die Schüler einer Schule wurden nach der Anzahl ihrer Geschwister (einschließlich ihnen selbst) befragt. Warum ist der Mittelwert dieser Befragung kein vernünftiger Schätzwert für die durchschnittliche Kinderzahl pro Haushalt in der gesamten Bundesrepublik Deutschland?

V. 2 Wahrscheinlichkeitsrechnung – Grundbegriffe

Beim Würfeln, beim Werfen einer Münze oder beim Drehen eines Glücksrades sind verschiedene *Ausfälle* möglich. Zwar kennt man die *Menge der möglichen Ausfälle*. Man weiß aber bei einem „Versuch" nie im Voraus, welcher Ausfall erscheinen wird. Daher spricht man von einem **Zufallsversuch**. Zur Beschreibung eines Zufallsversuchs muß man die Menge seiner möglichen Ausfälle angeben. Diese wird häufig mit Ω (griechischer Buchstabe „Omega") bezeichnet. Elemente aus Ω bezeichnet man entsprechend mit ω (griechischer Kleinbuchstabe „Omega").

Beim Würfeln gilt $\Omega = \{1, 2, 3, 4, 5, 6\}$; beim Werfen einer Münze gilt $\Omega = \{w, z\}$ mit „w" für den Ausfall „Wappen" und „z" für den Ausfall „Zahl" liegt oben.

Beim Glücksrad der nebenstehenden Abbildung gilt

$$\Omega = \{0, 1, 2, 3, 4, 5, 6, 7, 8, 9\}.$$

Teilweise beschreibt der Zufallsmechanismus einen Zufallsversuch nicht ausreichend. Man muß angeben, welche Art von Ausfällen protokolliert wird. Beim zweimaligen Würfeln erhält man verschiedene Zufallsversuche je nachdem, ob man die Paare der Würfelaugen oder die Augensummen als Ausfälle sieht:

$$\Omega_1 = \{(1;1), (1;2), (1;3), \ldots, (6;4), (6;5), (6;6)\}$$

$$\Omega_2 = \{2, 3, 4, 5, 6, 7, 8, 9, 10, 11, 12\}$$

Bei statistischen Erhebungen liegen ebenfalls Zufallsversuche vor, wie das folgende Beispiel zeigt:

Beispiel 6: Ein Touristikunternehmen führt eine Befragung durch, um den Kundenwünschen besser gerecht werden zu können. Dabei wird nach folgenden Merkmalen gefragt:

a) Bevorzugtes Reiseland
$L = \{$Deutschland, Österreich, Italien, Spanien, Frankreich, andere$\}$

b) Bevorzugte Reisezeit
$J = \{$Frühjahr, Sommer, Herbst, Winter$\}$

c) Bevorzugtes Beförderungsmittel
$B = \{$Bahn, Auto, Flugzeug, Schiff, andere$\}$

Die Ausfälle sind hier Tripel aus $L \times J \times B$. Dabei sind die Merkmalsausprägungen in den einzelnen Komponenten vorgegeben, um die Antworten besser auswerten zu können. Der Zufallsmechanismus besteht in der „zufälligen Auswahl" eines Kunden, etwa anhand einer Kundenkartei. Soll die Auswahl wirklich „zufällig" sein, dann darf man natürlich nicht nur Mitglieder z.B. des Sauerländischen Gebirgsvereins befragen. □

Bei vielen Zufallsversuchen ist die Menge Ω unendlich, d.h. man kann unendlich viele Ausfälle unterscheiden. Oft ist es dann sinnvoll, durch die Bildung geeigneter Teilmengen von Ω zu einem Zufallsversuch mit nur endlich vielen Ausfällen überzugehen.

Beispiel 7: Wirft man mit einem Wurfpfeil auf eine Scheibe, und gilt als Ausfall die getroffene Stelle, dann sind mathematisch gesehen unendlich viele Ausfälle möglich. Ist die Scheibe aber wie in nebenstehender Abbildung in Ringe eingeteilt, dann wird dadurch ein Zufallsversuch mit nur 5 Ausfällen definiert. □

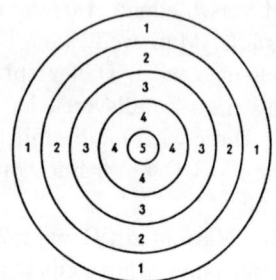

Führt man einen Zufallsversuch n-mal hintereinander durch und notiert jeweils die Ausfälle, dann spricht man von einer *Zufallsversuchsreihe* der Länge n. Ist dabei der Ausfall ω genau $k$mal aufgetreten, dann gilt für die *relative Häufigkeit* von ω in dieser Versuchsreihe $h(\omega) = \frac{k}{n}$. Bezogen auf alle Ausfälle von $\Omega = \{\omega_1, \ldots, \omega_r\}$ gilt

$$h(\omega_1) + h(\omega_2) + \ldots + h(\omega_r) = 1 \ .$$

Beispiel 8: Zweimaliges Würfeln und Bestimmen der Augensumme wird schon ab dem zweiten Schuljahr für Vorerfahrungen zur Wahrscheinlichkeitsrechnung genutzt. Vielfach geschieht es in der Form, daß alle möglichen Ausfälle $2, 3, 4, 5, 6, 7, 8, 9, 10, 11, 12$ erreicht werden sollen. Die Schüler erfahren, daß die Zahlen $6, 7$ und 8 vielfach schnell erreicht werden, daß man auf die 2 oder die 12 aber eher warten muß. In einer Klasse hielt die Lehrerin bei 1000maliger Durchführung alle Ergebnisse fest. Es entstanden die folgenden Häufigkeiten:

i	2	3	4	5	6	7	8	9	10	11	12
k_i	25	58	77	125	137	156	149	111	83	51	29
h_i	2,5%	5,8%	7,7%	12,5%	13,7%	15,6%	14,9%	11,1%	8,3%	5,1%	2,9%

Die absoluten Häufigkeiten k_i müssen in der Summe die Anzahl 1000 ergeben und entsprechend die relativen Häufigkeiten in der untersten Zeile als Summe 100 %. Dies kann zur Kontrolle genutzt werden. Das nebenstehende Stabdiagramm der Häufigkeitsverteilung veranschaulicht schön die Tendenz, daß man auf die Randzahlen eher als auf die mittleren Zahlen warten muß.

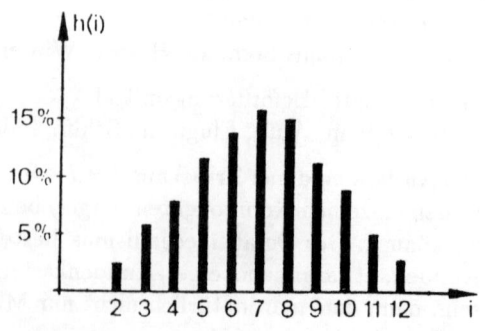

Der Reiz dieser Aufgabenstellung bezogen auf die Grundschule besteht darin, daß man die Erfahrung bereits mit Mitteln des zweiten Schuljahres erklären kann (siehe hierzu Aufgabe 7). □

Bei anderen Versuchsreihen, etwa mit noch größeren Serien, hätte man zwar andere absolute Häufigkeiten aber ähnliche relative Häufigkeiten erhalten. Die relative Häufigkeit eines Ausfalls hängt stets von der speziellen Zufallsversuchsreihe ab. Bei sehr langen Versuchsreihen unterscheiden sich die relativen Häufigkeiten eines Ausfalls in der Regel nur sehr wenig. Diese immer wieder sich bestätigende Erfahrung nennt man das **empirische Gesetz der großen Zahl**.

Die folgende Abbildung veranschaulicht diese Stabilisierung der relativen Häufigkeiten h_n anhand von 2000 Münzwürfen. Dabei wurde nach den ersten 100, 200, 300, usw. Würfen jeweils die relative Häufigkeit von „Wappen" bestimmt.

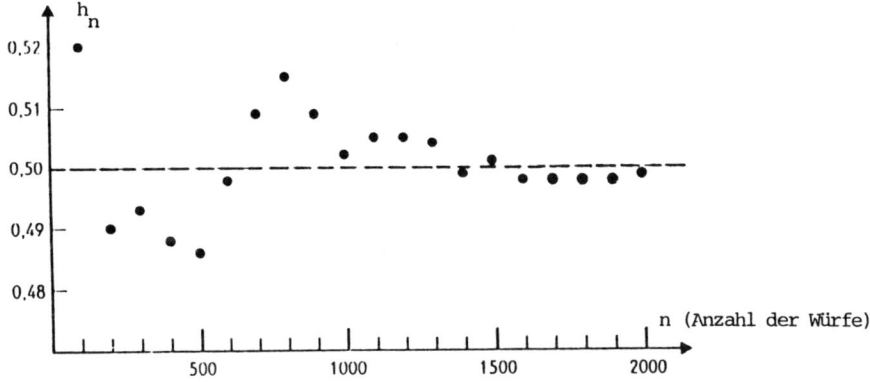

Als mathematische Idealisierung des empirischen Gesetzes der großen Zahl wird jedem Ausfall ω eine reelle Zahl p als **Wahrscheinlichkeit** zugeordnet. Man schreibt $P(\omega) := p$. Liegen relative Häufigkeiten von hinreichend langen Versuchsreihen zum Ausfall ω vor, dann ist p die Zahl, zu der hin sich die relativen Häufigkeiten $h_n(\omega)$ stabilisieren. Bezogen auf zukünftige Versuchsreihen ist $P(\omega)$ die beste Vorhersage, die man für die zu erwartende relative Häufigkeit abgeben kann.

Für die Wahrscheinlichkeiten eines Zufallsversuchs mit endlich vielen Ausfällen $\omega_1, \omega_2, \ldots, \omega_r$ fordert man natürlich entsprechend dem, was für relative Häufigkeiten gilt,

$$0 \leq P(\omega_i) \leq 1 \qquad (i = 1, 2, \ldots, r)$$

und

$$P(\omega_1) + P(\omega_2) + \ldots + P(\omega_r) = 1.$$

Bei manchen Zufallsversuchen läßt sich am Zufallsmechanismus sofort die

Wahrscheinlichkeit der Ausfälle ablesen. Hat z.B. ein Glücksrad einen weißen Sektor von 120° und einen roten Sektor von 240°, dann hat „weiß" die Wahrscheinlichkeit $\frac{1}{3}$ und „rot" die Wahrscheinlichkeit $\frac{2}{3}$. Bei einer langen Versuchsreihe erwartet man „weiß" in einem Drittel aller Fälle.

Besonders leicht läßt sich die Wahrscheinlichkeit der Ausfälle angeben, wenn diese Ausfälle *gleichwahrscheinlich* sind. Das ist z.B. gegeben bei einer „idealen" Münze ($\Omega = \{w, z\}$), beim „idealen" Würfel ($\Omega = \{1, 2, 3, 4, 5, 6\}$) oder bei einem „idealen" Glücksrad wie auf S. 179 ($\omega = \{0, 1, 2, \ldots, 9\}$). Ein solcher Zufallsversuch, bei dem alle Ausfälle die gleiche Wahrscheinlichkeit haben, heißt **Laplace-Versuch** (nach P. S. DE LAPLACE, 1749–1827). Besitzt ein Laplace-Versuch genau r Ausfälle, so hat jeder die Wahrscheinlichkeit $\frac{1}{r}$. Um die Anzahl r zu bestimmen, benutzt man häufig Hilfsmittel aus der Kombinatorik. (Siehe die Aufgaben 8, 9, 10.)

Beispiel 9: Erbliche Merkmale (z.B. die Farbe oder die Form von Blüten) sind durch die Chromosomen in den Körperzellen bestimmt. Dabei treten die Chromosomen stets paarweise auf. Keimzellen enthalten dagegen jeweils nur ein Chromosom. Man geht davon aus, daß beide Chromosomen des Paares in den Körperzellen mit gleicher Wahrscheinlichkeit in den Keimzellen enthalten sein können. Bei der Vereinigung zweier Keimzellen entsteht dann wieder ein Chromosomenpaar, welches die Merkmale der nächsten Generation (Tochtergeneration) festlegt. Betrachten wir die Farbmerkmale „schwarz" und „weiß", und gehen wir von Eltern mit Chromosomenpaaren (w; s) aus (gemischterbige Genotypen). Dann treten in der Tochtergeneration die Chromosomenpaare (w; w), (w; s), (s; w), (s; s) mit gleicher Wahrscheinlichkeit $\frac{1}{4}$ auf. (Bei dieser Schreibweise wird als erstes das Chromosom aus der Ei- und als zweites das aus der Samenzelle aufgeführt). Damit ist die *zweite Mendelsche Regel* (nach JOHANN GREGOR MENDEL, 1822–1884) verständlich, welche besagt: Bei der Kreuzung gemischterbiger Genotypen entstehen reinerbige und gemischterbige Genotypen im Verhältnis 1 : 2 : 1.

Ist eines der Merkmale dominant, dann gibt es bei gemischterbigen Genotypen nur eine sichtbare Merkmalsausprägung (Phänotyp). Ist schwarz dominant, dann führen die Chromosomenpaare (w; s), (s; w) beide zum Merkmal „schwarz". In der Tochtergeneration tritt also nur in dem Viertel der Fälle mit dem Chromosomenpaar (w; w) das Farbmerkmal „weiß" auf.
J. G. Mendel fand seine Vererbungsregeln experimentell. Er bestätigte damit die Annahme, daß die Kombinationen der Chromosomen *zufällig* zustandekommen. ☐

Aufgaben

1. Es wird zweimal gewürfelt und mit den geworfenen Augenzahlen die kleinere zweistellige Zahl gebildet (niedrige „Hausnummern"). Welche Ausfälle sind möglich?

2. Wird ein Glücksrad mit den Ziffern 0,1,...,9 (siehe Abb. S. 179) 5 mal gedreht, dann entstehen 5er-Blöcke von Zufallsziffern. Die folgende Abbildung zeigt 50 solche 5er-Blöcke.

27252	37875	53679	01889	35714	63534	63791	76342	47717	73684
93259	74585	11863	78985	03881	46567	93696	93521	54970	37607
84068	43759	75814	32261	12728	09636	22336	75629	01017	45503
68582	97054	28251	63787	57285	18854	35006	16343	51867	67979
60646	11298	19680	10087	66391	70853	24423	73007	74958	29020

a) Wie viele verschiedene 5er-Blöcke von Zufallsziffern sind möglich ?

b) Bestimmen Sie Ω für folgende Zufallsversuche:

α) Anzahl der verschiedenen Ziffern in den 5er-Blöcken.

β) Summe der Ziffern in den 5er-Blöcken.

γ) Menge der 5-Tupel aus 0 und 1, wenn 0 für eine gerade und 1 für eine ungerade Zahl gesetzt wird.

3. Um die Zahl der Fische in einem See zu schätzen, kann man folgende *Rückfangmethode* (Capture-Recapture-Methode) benutzen: Es werden a Fische gefangen, markiert und wieder freigelassen. Nach einiger Zeit fängt man n Fische; unter diesen sind b markiert. Geht man davon aus, daß der Anteil der Markierten unter den Gefangenen in etwa dem Anteil der Markierten an der Gesamtzahl N entspricht, dann gilt näherungsweise:

$$\frac{a}{N} = \frac{b}{n}.$$

Es wurden 1000 Fische gefangen und markiert. Beim zweiten Fang hatte man 8% Markierte. Wie viele Fische sind im See zu erwarten ?

4. Im Jahr 1930 wurde zur Schätzung der Zahl der Wildenten in Nordamerika eine große Anzahl markiert, bevor sie von ihren Brutplätzen aufbrach. In der folgenden Abschußzeit wurden 5 Millionen Enten erlegt. Darunter befanden sich 12% der markierten Enten. Schätzen Sie aufgrund dieser Angaben die damalige Zahl der Wildenten in Nordamerika.

5. Ein Würfel wird 1000 mal geworfen. In wieviel Prozent der Fälle erwarten Sie eine 6 (eine gerade Zahl) ? Führen Sie diese Zufallsversuchsreihe durch und bestimmen Sie nach 100, 200, 300 usw. Würfen jeweils die relativen Häufigkeiten.

6. Bestimmen Sie für die folgenden Zufallsversuche die Wahrscheinlichkeit der Ausfälle.

a) Eine ideale Münze wird 4mal geworfen und das entstehende 4-Tupel aus „w" und „z" notiert.

b) Ein idealer Würfel wird dreimal geworfen und das Tripel der gefallenen Augenzahlen notiert.

c) Ein ideales Glücksrad mit den Zahlen 0 bis 9 wird 5mal gedreht und das entstandene 5-Tupel von Zufallsziffern notiert.

7. Beim zweimaligen Würfeln und Notieren der Augensumme sollen alle möglichen Ausfälle erreicht werden (siehe Beispiel 8).
   a) Ergänzen Sie die folgende Tabelle

2	3	4	5	6	7	8	9	10	11	12
					6+1					
					5+2					
					4+3					
					3+4					
	2+1				2+5				6+5	
1+1	1+2				1+6				5+6	6+6

b) Wie würden Sie Grundschulkindern erklären, daß sie auf manche Ergebnisse länger warten müssen als auf andere ?
c) Bestimmen Sie für alle Ausfälle die Wahrscheinlichkeiten.

8. a) Wie groß ist für einen zufällig ausgefüllten Tipschein beim Fußballtoto die Wahrscheinlichkeit auf 11 Richtige ?
   b) Wie groß ist für eine Tipreihe beim Zahlenlotto (6 aus 49) die Wahrscheinlichkeit auf 6 Richtige ?

9. a) Ein Affe klimpert auf einer Schreibmaschine mit 50 Typen. Mit welcher Wahrscheinlichkeit trifft er das Wort „affe" ?
   b) Was ist wahrscheinlicher, 6 Richtige im Lotto oder, daß der Affe zufällig das Wort „affe" schreibt ?

10. J.G. Mendel kreuzte Erbsen mit den Formen „rund" und "eckig". In der ersten Tochtergeneration entstanden nur runde Erbsen. Diese ergaben bei Kreuzung wieder runde und eckige Erbsen, und zwar waren von 7324 Erbsen 5474 rund und 1850 eckig. Welche Schlüsse kann man daraus ziehen ?

11. Die *dritte Mendelsche Regel* besagt, daß die Kombination von Genotypen bezüglich verschiedener Genarten unabhängig voneinander erfolgt.

Betrachtet sei die Kreuzung zweier gemischterbiger Genotypen (Farben grün, braun und Formen rund, eckig). In der Tochtergeneration findet man 9 verschiedene Genotypen. Beschreiben Sie diese und ergänzen Sie die Tabelle der Wahrscheinlichkeiten.

	rr	re	ee
gg	$\frac{1}{16}$	$\frac{1}{8}$	
gb			
bb			

V. 3 Der Ereignisraum eines Zufallsversuchs

Oft interessiert man sich bei Zufallsversuchen nicht für einzelne Ausfälle sondern dafür, ob die Ausfälle in einer gewissen Teilmenge von Ω liegen.

- Beim Lotto sind die Ausfälle die 6-Teilmengen aus $\Omega = \{1, 2, 3, \ldots, 49\}$ wie etwa $\{3, 12, 17, 29, 35, 46\}$. Besonders interessant sind aber die Ausfälle mit $3, 4, 5$ oder besser noch 6 Richtigen.

- Beim „Kniffel" wird mit 5 Würfeln gleichzeitig gewürfelt. Die Ausfälle sind also die 5-Tupel aus Würfelzahlen. Besonderes Augenmerk liegt aber auf Ausfällen mit zwei oder drei gleichen Zahlen oder ähnlichen Merkmalen entsprechend den Konfigurationen bei Kniffel.

- Bei einer Wahl stehen 6 Parteien A, B, C, D, E, F zur Auswahl. Es interessieren nicht nur die Stimmanteile der einzelnen Parteien sondern auch der Stimmanteil der Parteien A, B und F zusammen, wenn diese vor der Wahl eine Koalitionsaussage gemacht haben.

Für einen Zufallsversuch mit einer endlichen Menge von möglichen Ausfällen Ω nennt man jede Teilmenge E von Ω ein **Ereignis**. Die Menge aller Ereignisse, also die Menge aller Teilmengen von Ω, nennt man den **Ereignisraum** des Zufallsversuchs. Die relative Häufigkeit eines Ereignisses $E = \{\omega_1, \omega_2, \ldots, \omega_k\} \subseteq \Omega$ erhält man als Summe der relativen Häufigkeiten der zu E gehörigen Ausfälle:

$$h(E) = h(\omega_1) + h(\omega_2) + \ldots + h(\omega_k).$$

Dies legt es nahe, die **Wahrscheinlichkeit eines Ereignisses** E als Summe der Wahrscheinlichkeiten der zu E gehörenden Ausfälle zu definieren:

$$P(E) := P(\omega_1) + P(\omega_2) + \ldots + P(\omega_k).$$

Mit Hilfe des Summenzeichens schreibt man dafür kurz

$$P(E) = \sum_{\omega \in E} P(\omega).$$

Manchen Ereignissen hat man gesonderte Namen gegeben. So heißen die 1-elementigen Teilmengen von Ω *Elementarereignisse*. Es gilt $P(\{\omega\}) = P(\omega)$. Die leere Menge $\emptyset$ bezeichnet man als *unmögliches Ereignis*, denn es gilt $P(\emptyset) = 0$. Ω selbst ist das *sichere Ereignis*. Es muß nämlich $P(\Omega) = 1$ gelten, denn für die Summe aller relativen Häufigkeiten einer Zufallsversuchsreihe ergibt sich stets 1:

$$h(\Omega) = \sum_{\omega \in \Omega} h(\omega) = 1$$

Bei einem Laplace-Versuch mit n gleichwahrscheinlichen Ausfällen ($|\Omega| = n$) gilt $P(\omega) = \frac{1}{n}$ für alle $\omega \in \Omega$. Für ein Ereignis E mit k Ausfällen hat man also

$$P(E) = k \cdot \frac{1}{n} = \frac{|E|}{|\Omega|} .$$

Die Wahrscheinlichkeit eines Ereignisses E kann man bei einem Laplace-Versuch somit berechnen als

$$P(E) = \frac{\text{Anzahl der für } E \text{ günstigen Ausfälle}}{\text{Anzahl aller möglichen Ausfälle}} .$$

Zur Bestimmung solcher Anzahlen benutzt man natürlich Hilfsmittel aus der Kombinatorik (siehe Kapitel IV).

Beispiel 10:

a) Die Wahrscheinlichkeit für „6 Richtige" im Zahlenlotto beträgt

$$P(\text{„6 Richtige"}) = \frac{1}{\binom{49}{6}} = \frac{1}{13\,983\,816} \approx 0,000\,000\,072$$

Es gibt nämlich $\binom{49}{6}$ mögliche Ausfälle beim Lotto und dabei nur einen, der die 6 Richtigen trifft.

b) Für „3 Richtige" im Lotto gibt es $\binom{6}{3}\binom{43}{3}$ „günstige" Ausfälle, die 3 der 6 „Gewinnzahlen" und 3 der 43 „Nichtgewinnzahlen" treffen. Es gilt also

$$P(\text{„3 Richtige"}) = \frac{\binom{6}{3}\binom{43}{3}}{\binom{49}{6}} = \frac{246\,820}{13\,983\,816} \approx 0,0177$$

c) Ein Affe, der auf einer Schreibmaschine mit 50 Typen klimpert, hat bei 4 Zeichen 50^4 Möglichkeiten. Er trifft also das Wort „affe" nur mit einer Wahrscheinlichkeit von

$$P(\text{„affe"}) = \frac{1}{50^4} = \frac{1}{6\,250\,000} = 0,000\,000\,16$$

Der Affe hat dennoch eine bessere Chance, das Wort „affe" zu schreiben, als der Lottospieler auf „6 Richtige".

Gerade im Zusammenhang mit sehr seltenen Ereignissen wie denen in a) und c) findet man häufig Fehlvorstellungen zur Wahrscheinlichkeitsrechnung. In Zeitungen liest man unter der Rubrik „Aus aller Welt" vielfach von sehr ungewöhnlichen Begebenheiten. So hatte z.B. die Sekretärin von Präsident Lincoln den Namen Kennedy, und Präsident Kennedy hatte eine Sekretärin mit Namen Lincoln (siehe Paulos 1988, S. 78). Es wird dann leicht der Eindruck erweckt, daß so seltene Ereignisse nicht zufällig zustandegekommen sein können, daß eine Tendenz

oder „geheime Mächte" im Hintergrund stehen müssen. Es sei ausdrücklich betont, daß von der Wahrscheinlichkeitsrechnung her ein solcher Erklärungsbedarf
überhaupt nicht besteht. Im Gegenteil *ist es sehr wahrscheinlich, daß* **irgend-
ein** *seltenes Ereignis eintritt.* Beim Zahlenlotto z.B. gibt es 13 983 816 mögliche
Lottotips. Jede dieser Tipreihen besitzt die sehr kleine Wahrscheinlichkeit von
$\frac{1}{13\,983\,816} \approx 7,2 \cdot 10^{-8}$. Daß bei einer Lottoausspielung eines dieser sehr unwahr-
scheinlichen Ereignisse eintritt, ist aber nicht nur sehr wahrscheinlich sondern
sogar sicher. □

Im Ereignisraum eines Zufallsversuchs sind *alle* Teilmengen von Ω zusammengefaßt. Dies hat den Vorteil, daß man mit Ereignissen wie mit Mengen operieren
kann. So kann man zu Ereignissen A und B auch $A \cup B$, das „oder-Ereignis", und
$A \cap B$, das „und-Ereignis", bilden. Zu einem Ereignis E nennt man $\overline{E} := \Omega \setminus E$ das
Gegenereignis. Häufig ist es von Vorteil, bei der Bestimmung von Wahrschein-
lichkeiten den folgenden Zusammenhang zwischen den Wahrscheinlichkeiten von
A, B, $A \cap B$ und $A \cup B$ zu kennen.

Satz 1: *Additionssatz*
Für $A, B \subseteq \Omega$ gilt: $P(A \cup B) = P(A) + P(B) - P(A \cap B)$
Bei Laplace-Versuchen bestimmt man die Wahrscheinlichkeiten über die Elemen-
tezahlen der einzelnen Ergebnisse. In diesem Falle ist der Additionssatz bewiesen
durch das in IV.1 beschriebene *Additionsprinzip* für endliche Mengen A, B

$$|A \cup B| = |A| + |B| - |A \cap B|.$$

Für den allgemeinen Fall verläuft die Begründung analog. In

$$P(A) + P(B) = \sum_{\omega \in A} P(\omega) + \sum_{\omega \in B} P(\omega)$$

treten nämlich die Wahrscheinlichkeiten der Elemente von $A \cap B$ doppelt auf.
Indem man sie subtrahiert, erhält man also $P(A \cup B)$.

Beispiel 11: Ein Abiturient hat sich an zwei Universitäten X und Y beworben.
Die Zulassung erfolge nach dem Losverfahren. Dabei werden an der Universität X
erfahrungsgemäß 70% der Bewerber zugelassen, bei Y dagegen nur 30%. Von den
Abiturienten, die sich bei X und bei Y bewerben, können also 70% eine positive
Antwort bei X erwarten und 30% dieser 70% auch noch eine positive Antwort
von Y. Es gilt also

$$P(X \cap Y) = 0,7 \cdot 0,3 = 0,21$$

und damit

$$P(X \cup Y) = 0,7 + 0,3 - 0,21 = 0,79.$$

Der Abiturient erhält folglich mit einer Wahrscheinlichkeit von 0,79 auf seine
Bewerbungen mindestens eine positive Antwort. □

Der Additionssatz läßt sich auf mehr als zwei Ereignisse verallgemeinern. So gilt z.B. für drei Ereignisse A, B, C:

$$P(A \cup B \cup C) = P(A) + P(B) + P(C) - P(A \cap B) - P(A \cap C) - P(B \cap C) + P(A \cap B \cap C).$$

Ein Spezialfall des Additionssatzes verdient noch besonderes Interesse, nämlich der, daß A und B nicht gleichzeitig eintreten können ($A \cap B = \emptyset$). Für solche *unvereinbaren* Ereignisse A und B gilt dann

$$P(A \cup B) = P(A) + P(B).$$

Ein Ereignis E und sein Gegenereignis $\overline{E} = \Omega \setminus E$ sind natürlich unvereinbar. Wegen $P(\Omega) = 1$ gilt also $P(E) + P(\overline{E}) = 1$. Dies wird in der Form

$$P(E) = 1 - P(\overline{E})$$

häufig zur Bestimmung der Wahrscheinlichkeit von E benutzt, wenn man die Wahrscheinlichkeit des Gegenereignisses besser bestimmen kann.

Beispiel 12: Wie groß ist die Wahrscheinlichkeit, daß von 5 zufällig anwesenden Personen zwei im gleichen Monat Geburtstag haben ?
Bei diesem Zufallsversuch besteht Ω aus allen 5-Tupeln mit Elementen aus der 12-elementigen Menge $M = \{$Januar, Februar, März, ..., November, Dezember$\}$. Gesucht wird die Wahrscheinlichkeit des Ereignisses E, welches aus allen 5-Tupeln von Ω mit mindestens zwei gleichen Elementen besteht. Leichter als diese 5-Tupel zu zählen, kann man die Anzahl der Elemente des Gegenereignisses bestimmen. Dieses besteht aus allen 5-Tupeln mit paarweise verschiedenen Monatsnamen

$$\overline{E} = \{(x_1, x_2, x_3, x_4, x_5) \in \Omega \mid x_1, x_2, x_3, x_4, x_5 \text{ paarweise verschieden}\}$$

Es gilt $|\overline{E}| = 12 \cdot 11 \cdot 10 \cdot 9 \cdot 8$ und somit $P(\overline{E}) = \frac{12 \cdot 11 \cdot 10 \cdot 9 \cdot 8}{12^5} \approx 0,38$. Damit ist $P(E) = 0,62$, ein Wahrscheinlichkeitswert, der meist kleiner vermutet wird.
Es lohnt sich also bei 5 zufällig anwesenden Personen darauf zu wetten, daß zwei im gleichen Monat Geburtstag haben. $\square$

Bisher sind wir stets von Zufallsversuchen mit endlich vielen Ausfällen ausgegangen. Bei unendlich vielen Ausfällen läßt sich die Wahrscheinlichkeit mancher Ereignisse aus geometrischen Maßverhältnissen ablesen. Argumentationen, die im endlichen Fall passen, können bei Zufallsversuchen mit unendlich vielen Ausfällen aber durchaus zu Fehlschlüssen führen, wie das folgende Beispiel zeigt.

Beispiel 13: Bertrandsches Paradoxon (nach J. BERTRAND, 1822–1900)
Auf eine Kreisscheibe mit Radius r wird „auf gut Glück" eine Sehne gezeichnet. Wie groß ist die Wahrscheinlichkeit, daß diese länger ausfällt als die Seite des dem Kreis einbeschriebenen gleichseitigen Dreiecks ?

1. Lösung: Nimmt man an, daß jede *Richtung* der Sehne „gleichwahrscheinlich" ist, dann kann man sich auf eine feste Richtung beschränken. Der Bereich, in dem

die Sehnen länger sind als die Seite des eingezeichneten gleichseitigen Dreiecks ist in der nebenstehenden Abbildung durch die Punkte A und B gekennzeichnet. Beide sind $\frac{r}{2}$ vom Mittelpunkt des
Kreises entfernt (siehe Aufgabe 13). Damit gilt:

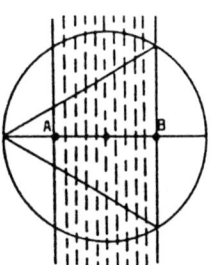

$$P = \frac{\overline{AB}}{2r} = \frac{r}{2r} = \frac{1}{2}.$$

2. Lösung: Nimmt man an, jeder *Punkt der Kreislinie* sei als Endpunkt einer Sehne „gleich wahrscheinlich", dann kann man sich auf die Sehnen durch einen festen Punkt der Kreislinie beschränken. Da das gleichseitige Dreieck Innenwinkel von 60° hat, gilt

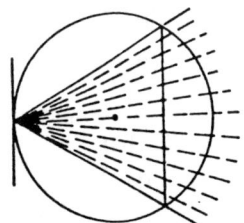

$$P = \frac{60°}{180°} = \frac{1}{3},$$

wie die nebenstehende Abbildung erkennen läßt.

3. Lösung: Nimmt man an, daß jeder *Punkt der
Kreisscheibe* als Mittelpunkt der Sehne „gleich
wahrscheinlich" ist, dann liest man aus der nebenstehenden Abbildung ab

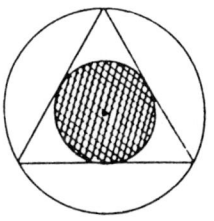

$$P = \frac{\pi(\frac{r}{2})^2}{\pi r^2} = \frac{1}{4}. \; \square$$

Diese widersprüchlichen Ergebnisse entstehen dadurch, daß der Zufallsversuch
„Zeichnen einer Sehne" nicht ausreichend beschrieben ist. Die drei Lösungen legen jeweils eine andere Präzisierung zugrunde. Die in jedem Falle entstehende
unendliche Menge der möglichen Ausfälle kann man nicht wie bei einem Laplace-
Versuch behandeln. Dann müßte nämlich jeder Ausfall die Wahrscheinlichkeit 0
haben. In diesem Beispiel wurden als „Wahrscheinlichkeitsmaße" geometrische
Größen (Längen, Winkelmaße, Flächeninhalte) benutzt, was offensichtlich nicht
ohne Präzisierung des Wahrscheinlichkeitsbegriffs möglich ist.

Aufgaben

1. Beim zweimaligen Würfeln und Betrachten der Augenpaare sind durch die
   Augensummen $i = 2, 3, 4, \ldots, 12$ Ereignisse definiert.

   $$S_i = \{(x, y) \in \Omega \mid x + y = i\}$$

   Bestimmen Sie deren Wahrscheinlichkeiten.

2. Mit welcher Wahrscheinlichkeit erhält man beim 6maligen Würfeln genau
   eine Sechs ?

3.* Warum erscheint beim Wurf von drei Würfeln die Summe 10 öfter als die Summe 9 ? (Dies ist eine berühmte Frage aus der Geschichte der Wahrscheinlichkeitsrechnung. Der Fürst der Toskana soll sie dem Physiker GALILEI (1564–1642) vorgetragen haben. Dieser fand die richtige Antwort.)

4. Eine Münze wird viermal geworfen. Bestimmen Sie die Wahrscheinlichkeiten der Ereignisse „k-mal Wappen" für $k = 0, 1, 2, 3, 4$.

5. Bei einer Verlosung gibt es 1600 Lose. Davon sind 800 Nieten, 320 Trostpreise, 240 dritte Preise, 160 zweite Preise und 60 Hauptgewinne. Bestimmen Sie die Wahrscheinlichkeiten der Ereignisse
   a) Trostpreis oder Niete   b) 1. oder 2. oder 3. Preis.

6. Aus der Menge der natürlichen Zahlen von 1 bis 1001 werde eine Zahl n willkürlich herausgegriffen. Bestimmen Sie die Wahrscheinlichkeit, daß n
   a) durch 11 oder durch 13   b) durch 7 oder durch 11 oder durch 13
   c) nicht durch 11 oder nicht durch 13 teilbar ist.
   Beschreiben Sie die Gegenereignisse in Worten und berechnen Sie auch deren Wahrscheinlichkeiten.

7. Beweisen Sie den Additionssatz für drei Ereignisse.

8. Eine Münze wird zweimal geworfen. Wie groß ist die Wahrscheinlichkeit, zwei verschiedene Zahlen zu erhalten ?

9. Bestimmen Sie beim Lotto die Wahrscheinlichkeit
   a) für 5 Richtige ohne Zusatzzahl   b) für 4 Richtige
   c) für keine richtige Zahl   d) für 5 Richtige mit Zusatzzahl.

10. Wie groß ist im Fußball-Toto (11er-Wette) die Wahrscheinlichkeit für 8 (9) Richtige ?

11. Mit welcher Wahrscheinlichkeit erhält man bei einem Wurf mit 5 Würfeln 5 aufeinanderfolgende Zahlen, also eine „Straße" ?

12. a) Lohnt es sich darauf zu wetten, daß von 4 zufällig anwesenden Personen mindestens zwei im gleichen Monat Geburtstag haben ?

   b) Wie viele Personen müssen anwesend sein, damit die Wahrscheinlichkeit, daß zwei am gleichen Tag Geburtstag haben, größer als $\frac{1}{2}$ wird ?

13. Begründen Sie: Wird einem Kreis mit Radius r ein gleichseitiges Dreieck einbeschrieben, dann haben die Dreiecksseiten vom Mittelpunkt des Kreises den Abstand $\frac{r}{2}$. (Zu Beispiel 13) Hinweis: Denken Sie an das zum Dreieck gehörige regelmäßige Sechseck.

V. 4 Bedingte Wahrscheinlichkeiten

Häufig ist es zweckmäßig, mehrere Zufallsversuche zu einem einzigen, einem **mehrstufigen Zufallsversuch**, zusammenzufassen. Als Ausfälle betrachtet man bei einem n-stufigen Zufallsversuch dann n-Tupel $(\alpha_1; \alpha_2; \ldots; \alpha_n)$, wobei α_i ein Ausfall des i-ten Versuchs ist. Veranschaulichen kann man einen solchen Zufallsversuch durch einen Baum. Die nebenstehende Abbildung beschreibt das viermalige Werfen einer Münze. Jedem Ausfall $(\alpha_1; \ldots; \alpha_n)$ eines mehrstufigen Versuchs entspricht ein *Pfad* im zugehörigen Baum. Dabei können wie in Beispiel 15 durchaus Pfade verschiedener Länge auftreten.

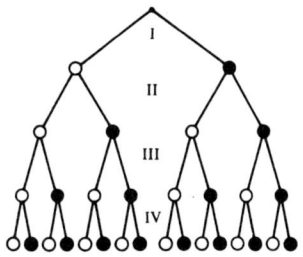

Beispiel 14: Für eine Familie mit zwei Kindern (keine eineiigen Zwillinge) gibt es bezogen auf das Geschlecht der Kinder vier Möglichkeiten entsprechend den Pfaden im nebenstehenden Baumdiagramm. (K; M) bezeichne den Fall „1. Kind ein Knabe und 2. Kind ein Mädchen". Nun zeigen Geburtsstatistiken, daß die Wahrscheinlichkeit für eine Knabengeburt 0,514 beträgt und die für eine Mädchengeburt demgemäß 0,486. In 51, 4 % aller Fälle ist also

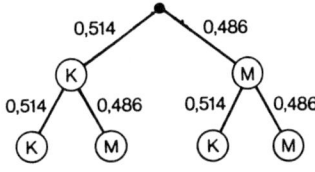

das 1. Kind ein Knabe und in 48, 6 % dieser Fälle das 2. Kind ein Mädchen. Den Ausfall (K; M) kann man also in 24, 98 % der Fälle erwarten $(0,514 \cdot 0,486 = 0,2498)$. Entsprechend erhält man die Wahrscheinlichkeiten der anderen Ausfälle durch Multiplikation der Wahrscheinlichkeiten entlang des jeweiligen Pfades:

$$P((K; K)) = 0,264 \quad P((M; K)) = 0,250 \quad P((M; M)) = 0,236 \ \square$$

Man betrachte in einem zweistufigen Zufallsversuch den Ausfall bzw. Pfad $(\alpha_1; \alpha_2)$. Hat dann der Ausfall α_1 die Wahrscheinlichkeit p_1 und der Ausfall α_2 im Anschluß an α_1 die Wahrscheinlichkeit p_2, dann ergibt sich für $(\alpha_1; \alpha_2)$ die Wahrscheinlichkeit $p_1 \cdot p_2$. Allgemein formuliert man diese Aussage als *Pfadregel*:

In einem mehrstufigen Zufallsversuch ist die Wahrscheinlichkeit eines Ausfalls das Produkt der Wahrscheinlichkeiten längs des zugehörigen Pfades.

Beispiel 15: Die Wahrscheinlichkeit, mit der von 25 zufällig anwesenden Personen mindestens zwei am gleichen Tag des Jahres Geburtstag haben, läßt sich anhand eines mehrstufiger Versuchs bestimmen. Sei T die Menge der Tage des Jahres, dann läßt sich das Ereignis

$$E = \{(x_1; \ldots; x_{25}) \in T^{25} \mid x_1, \ldots, x_{25} \quad \text{paarweise verschieden}\}$$

in 25 Stufen aufbauen gemäß folgendem Baum

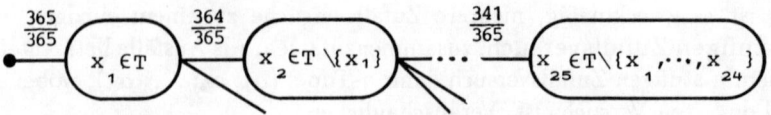

Dabei werden hier auf den einzelnen Stufen Ereignisse protokolliert. Damit gilt $P(E) = \frac{365}{365} \cdot \frac{364}{365} \cdots \cdot \frac{341}{365} = 0,435$. Es lohnt sich also, auf das Gegenereignis $\overline{E}$ zu wetten, daß nämlich etwa bei 25 Schülern einer Klasse zwei am gleichen Tag des Jahres Geburtstag haben: $P(\overline{E}) = 1 - P(E) = 0,565$. □

In einem Laplace-Versuch mit n Ausfällen seien Ereignisse A und B betrachtet. Die Wahrscheinlichkeit von A ist $\frac{|A|}{n}$. Ändert man den Versuch so, daß nur Fälle zählen, bei denen B eintritt, dann hat die Wahrscheinlichkeit von A den Wert $\frac{|A \cap B|}{|B|}$, da jetzt nur noch die Ausfälle aus B in Betracht kommen.

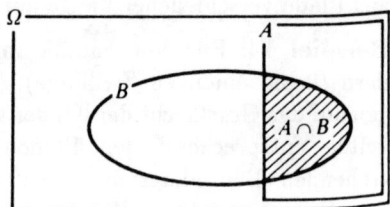

Diese Wahrscheinlichkeit läßt sich ausdrücken in der Form

$$\frac{\frac{1}{n}|A \cap B|}{\frac{1}{n}|B|} = \frac{P(A \cap B)}{P(B)}$$

Bei beliebigen Zufallsversuchen (also auch bei nicht-Laplaceschen) nennt man die Zahl $\frac{P(A \cap B)}{P(B)}$ die **bedingte Wahrscheinlichkeit von A unter der Bedingung B** (kurz: „von A unter B"). Man bezeichnet sie mit $P(A/B)$. Diese Definition ist natürlich nur sinnvoll für $P(B) \neq 0$.

Beispiel 16: Eine Untersuchung von 10 000 Männern und Frauen auf Rot-Grün-Blindheit (Ereignis A) ergab die Werte der nebenstehenden Tabelle.

	A	$\overline{A}$	Summe
w	21	4839	4860
m	187	4953	5140
Summe	208	9792	10 000

Diese besagen, daß 2% ($= \frac{208}{10000}$) der untersuchten Personen rot-grün-blind waren, daß aber bei 3,6 % ($= \frac{187}{5140}$) der Männer und nur bei 0,4 % ($= \frac{21}{4860}$) der Frauen dieses Phänomen auftritt. Diese „bedingten relativen Häufigkeiten" sind brauchbare Näherungen für die bedingten Wahrscheinlichkeiten $P(A/m)$ und $P(A/w)$. Bei Männern ist diese Krankheit also um ein Vielfaches wahrscheinlicher als bei Frauen. □

Eine Untersuchung wie die im vorigen
Beispiel kann man als zweistufigen Ver-
such auffassen, bei dem einmal nach dem
Merkmal von Ereignis B (männlich) und
dann nach dem Merkmal von Ereignis A
(Rot-Grün-Blindheit) gefragt wird (siehe
nebenstehende Abbildung).
Die *Pfadregel* besagt dann z.B.

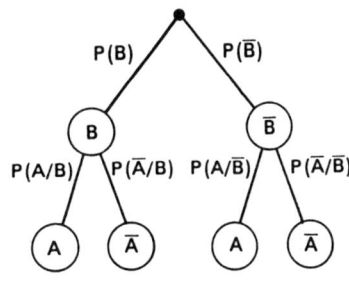

$$P(A \cap B) = P(B) \cdot P(A/B)$$
$$P(A \cap \overline{B}) = P(\overline{B}) \cdot P(A/\overline{B})$$

Sind n Ereignisse A_1, A_2, A_n gegeben, dann lautet die *allgemeine Pfadregel*

$$P(A_1 \cap A_2 \cap \cdots \cap A_n) = P(A_1)P(A_2/A_1)\ldots P(A_n/A_1 \cap A_2 \cap \cdots A_{n-1})$$

Diese läßt sich durch vollständige Induktion aus dem obigen Fall für zwei Ereignisse entwickeln.

Die Pfadregel wurde bereits in Beispiel 15 in diesem Sinne benutzt. Bei den
Wahrscheinlichkeiten entlang des Pfades handelte es sich nämlich um bedingte
Wahrscheinlichkeiten.

Wenn man zu sorglos mit bedingten Wahrscheinlichkeiten umgeht, kann man
leicht Fehlschlüsse begehen. Dies zeigt das *Simpsonsche Paradoxon* (nach E.
SIMPSON, 1951):

Beispiel 17: Bei einer Untersuchung über die Wirksamkeit einer Schutzimpfung
wurden die untersuchten Personen einer Großstadt und eines angrenzenden Land-
kreises gesondert ausgezählt. Das Ergebnis zeigt die folgende Abbildung, wobei in
den einzelnen Feldern jeweils die Anteile der Probanden mit den entsprechenden
Merkmalen angegeben sind. Dabei be-
schreiben A, B und C in einer Menge
von Patienten Ω die Ereignisse:

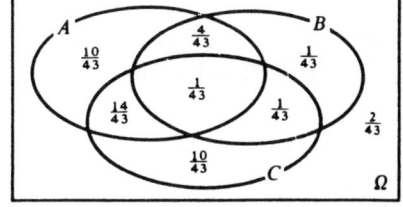

A: Ausbruch der Krankheit erfolgt
B: Behandlung mit Impfstoff erfolgt
C: City-Bewohner
Die angegebenen Zahlen besagen:

Die Krankheit ist bei den behandelten City-Bewohnern seltener ausgebrochen als
bei den nichtbehandelten:

$$\frac{1}{2} = P(A/B \cap C) < P(A/\overline{B} \cap C) = \frac{7}{12}.$$

Auch bei den behandelten Landbewohnern kommt die Krankheit seltener zum
Ausbruch als bei den nichtbehandelten:

$$\frac{4}{5} = P(A/B \cap \overline{C}) < P(A/\overline{B} \cap \overline{C}) = \frac{5}{6}.$$

Man würde demnach annehmen, daß die Krankheit bei den behandelten Patienten insgesamt seltener ausbricht als bei den nichtbehandelten:

$$P(A/B) < P(A/\overline{B}).$$

Die obigen Angaben belegen aber überraschenderweise das Gegenteil. Es gilt

$$\frac{5}{7} = P(A/B) > P(A/\overline{B}) = \frac{2}{3}.$$

Der Paradoxie liegt folgende Fehlvorstellung zugrunde: Man neigt dazu, $P(A/B)$ als „Mittelwert" von $P(A/B \cap C)$ und $P(A/B \cap \overline{C})$ anzusehen (entsprechend $P(A/\overline{B})$). Für diesen Mittelwert nimmt man an, daß die Kleinerbeziehung erhalten bleibt, daß ein „Monotoniegesetz" gilt, wie man es vom arithmetischen Mittel kennt. Hier handelt es sich aber um ein gewichtetes Mittel

$$P(A/B) = P(A/B \cap C)\, P(C/B) + P(A/B \cap \overline{C})\, P(\overline{C}/B),$$

wie der folgende Baum erkennen läßt:

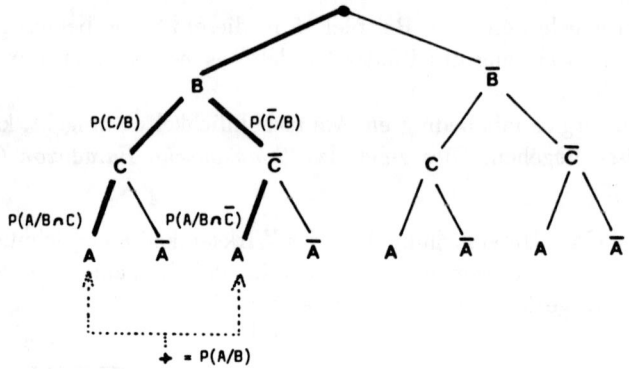

Dieses läßt je nach Größe der Gewichtsfaktoren $P(C/B)$ und $P(\overline{C}/B)$ keineswegs die Kleinerbeziehung unberührt, wie die obigen Zahlenwerte zeigen. □

Eng zusammen mit dem Begriff der bedingten Wahrscheinlichkeit steht der Begriff der „Unabhängigkeit von Ereignissen". Ist $P(A/B) = P(A)$, dann hängt die Wahrscheinlichkeit von A nicht vom Ereignis B ab. In diesem Falle gilt $\frac{P(A \cap B)}{P(B)} = P(A)$ oder $P(A \cap B) = P(A) \cdot P(B)$. Daraus folgt dann aber auch $\frac{P(A \cap B)}{P(A)} = P(B)$, also $P(B/A) = P(B)$. Man definert demgemäß:

Zwei Ereignisse A, B heißen **unabhängig**, wenn gilt:

$$P(A \cap B) = P(A) \cdot P(B).$$

Gilt $P(A \cap B) \neq P(A) \cdot P(B)$, dann heißen die Ereignisse A und B **abhängig**. Sind die Wahrscheinlichkeiten durch relative Häufigkeiten näherungsweise gegeben, dann wird man A und B auch als unabhängig ansehen, wenn sich $P(A \cap B)$ und $P(A)P(B)$ nur wenig unterscheiden.

In Beispiel 14 wurde unterstellt, daß das Geschlecht des zweiten Kindes unabhängig vom Geschlecht des ersten Kindes ist. Man nimmt also an, daß das Geschlecht jedes Kindes durch einen Zufallsmechanismus entschieden wird. Dabei gilt

$$P(2. \text{ Kind } m/1. \text{ Kind } m) = P(2. \text{ Kind } m/1. \text{ Kind } w) = P(m) = 0,514$$

$$P(2. \text{ Kind } w/1. \text{ Kind } m) = P(2. \text{ Kind } w/1. \text{ Kind } w) = P(w) = 0,486$$

Beispiel 16 zeigt einen typischen Fall abhängiger Ereignisse (abhängiger Merkmale) nämlich Rot-Grün-Blindheit und Geschlecht. Bei Männern beträgt der Anteil 3,6%, bei Frauen dagegen nur 0,4% und bezogen auf die Gesamtbevölkerung liegt er bei 2%. Im Sinne der obigen Definition gilt aufgrund der Tabelle

$$P(A) \cdot P(m) \approx \tfrac{208}{10\,000} \cdot \tfrac{5140}{10\,000} = 0,0107,$$

aber

$$P(A \cap m) \approx \tfrac{187}{5140} = 0,0364.$$

Sind A, B Ereignisse eines Laplace-Versuchs, dann sind A, B unabhängig im Sinne der Definition, wenn gilt

$$\frac{|A \cap B|}{|\Omega|} = \frac{|A|}{|\Omega|} \cdot \frac{|B|}{|\Omega|}.$$

Dies läßt sich umformen zu

$$\frac{|A \cap B|}{|B|} = \frac{|A|}{|\Omega|}$$

und bedeutet, daß der Anteil der Ausfälle von A in B gleich dem Anteil der Ausfälle von A in Ω ist.

Zahlreiche Fehlvorstellungen zur Wahrscheinlichkeitsrechnung beruhen auf der Nichtberücksichtigung der Abhängigkeit bzw. Unabhängigkeit von Ereignissen.

Beispiel 18: Ein Skatspieler berechnet die Wahrscheinlichkeit, bei seinen 10 Karten alle vier Asse zu haben als $\frac{\binom{28}{6}}{\binom{32}{10}}$ $(= \frac{10 \cdot 9 \cdot 8 \cdot 7}{32 \cdot 31 \cdot 30 \cdot 29} \approx 0,00584)$. Die Wahrscheinlichkeit, alle 4 Buben zu bekommen, ist ebenso groß. Daraus schließt er, daß die Wahrscheinlichkeit, alle 4 Asse und alle 4 Buben bei den 10 Skatkarten zu haben, $(0,00584)^2 = 0,000034$ sein muß. Die Überlegung ist allerdings falsch, da sie die Abhängigkeit der Ereignisse A: „4 Asse" und B: „4 Buben" nicht berücksichtigt. Die Wahrscheinlichkeit, alle 4 Buben zu bekommen, wenn man schon alle 4 Asse hat, ist kleiner als die Wahrscheinlichkeit, ohne die Bedingung alle 4 Buben zu bekommen:

$$P(A \cap B) = P(A/B) \cdot P(B) = \frac{\binom{24}{2}}{\binom{32}{10}} = 0,0\,000\,042. \; \square$$

Beispiel 19: Ein Spieler wartet beim „Mensch-ärgere-dich-nicht" schon seit $n-1$ Runden, daß der Würfel bei ihm eine „6" zeigt. Er denkt, daß die Chance im n-ten Wurf nun besser sein müßte. Der Spieler hat allerdings unrecht. Er berücksichtigt nicht die paarweise Unabhängigkeit der Ereignisse A_i: „Eine 6 beim i-ten Wurf". Man drückt diese Unabhängigkeit der verschiedenen Durchgänge beim Würfeln durch „Der Würfel hat kein Gedächtnis" aus. Rechnerisch gilt für $i = 1, 2, \ldots, n$:

$$P(A_i) = \frac{6^{n-1}}{6^n} = \frac{1}{6},$$

denn es gibt 6^n mögliche 6-Tupel mit Würfelaugen und 6^{n-1} solche 6-Tupel, die an der i-ten Stelle eine 6 zeigen. In jeder Runde ist also die Wahrscheinlichkeit für eine „6" stets $\frac{1}{6}$, unabhängig davon, was in den vorherigen Runden passierte. Im Sinne der Definition gilt

$$P(A_i \cap A_j) = \frac{6^4}{6^6} = \frac{1}{36} = P(A_i) \cdot P(A_j) \quad (i \neq j).$$

Die Unabhängigkeit der einzelnen Würfeldurchgänge ist in der Beschreibung des k-maligen Würfelns durch k-Tupel enthalten. Diese Unabhängigkeit steht damit auch nicht im Widerspruch zur Tatsache, daß die Wahrscheinlichkeit für „keine 6 bei $n-1$ Würfen" gleich $\left(\frac{5}{6}\right)^{n-1}$ ist, die für „keine 6 bei n Würfen" aber $\left(\frac{5}{6}\right)^n$ beträgt. □

Drei Ereignisse A, B, C heißen *unabhängig*, wenn je zwei dieser Ereignisse unabhängig sind und ferner

$$P(A \cap B \cap C) = P(A) \cdot P(B) \cdot P(C)$$

gilt. Allgemein heißen n Ereignisse $A_1, A_2, \ldots, A_n$ *unabhängig*, wenn je $n-1$ dieser Ereignisse unabhängig sind und

$$P(A_1 \cap A_2 \cap \cdots \cap A_n) = P(A_1) \cdot P(A_2) \cdot \ldots \cdot P(A_n)$$

gilt.

Seien $A_1, A_2, \ldots, A_n$ paarweise unvereinbare Ereignisse, d. h. $A_i \cap A_j = \emptyset$ für $i \neq j$. Sei ferner durch diese Ereignisse ganz Ω ausgeschöpft, d. h.

$$A_1 \cup A_2 \cup \cdots \cup A_n = \Omega.$$

Dann läßt sich die Wahrscheinlichkeit eines Ereignisses B gemäß nebenstehender Abbildung berechnen durch alle Pfade, die auf B führen:

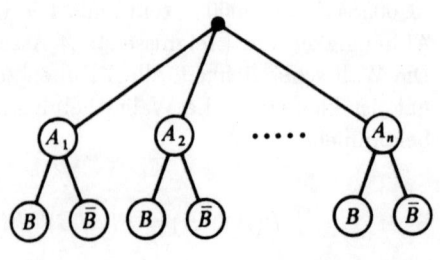

$$P(B) = \sum_{i=1}^{n} P(B/A_i) \, P(A_i)$$

Diese **Formel von der totalen Wahrscheinlichkeit** gibt an, wie sich die Wahrscheinlichkeit $P(B)$ aus den bedingten Wahrscheinlichkeiten $P(B/A_i)$ berechnen läßt. Die Begründung benutzt

$$P(B/A_i)\ P(A_i) = P(B \cap A_i)$$

und

$$\sum_{i=1}^{n} P(B \cap A_i) = P\left(\bigcup_{i=1}^{n}(B \cap A_i)\right) = P\left(B \cap \left(\bigcup_{i=1}^{n} A_i\right)\right) = P(B).$$

Als Prinzip der *Mischungsrechnung* wird die Formel auch an anderer Stelle angewandt, um den Anteil eines Stoffes in einer Mischung verschiedener Mischstoffe zu bestimmen.

Beispiel 20: Eine Kupfer-Zink-Legierung (Messing) wird durch Einschmelzen von drei Legierungen M_1, M_2 und M_3 gewonnen. Dabei sind die Anteile der Legierungen und die Mischungsverhältnisse innerhalb jeder Legierung aus dem Baum der nebenstehenden Abbildung zu entnehmen. Den Zinkanteil der neuen Legierung berechnet man gemäß

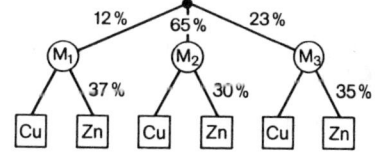

$$0,12 \cdot 0,37 + 0,65 \cdot 0,30 + 0,23 \cdot 0,35 = 0,3199$$

Er beträgt also etwa 32%. □

Sind A und B zwei Ereignisse eines Zufallsversuchs mit $P(A) \neq 0$ und $P(B) \neq 0$, dann kann man diesen bezogen auf das Ereignis $A \cap B$ in doppelter Weise als zweistufigen Zufallsversuch deuten gemäß untenstehender Abbildung.

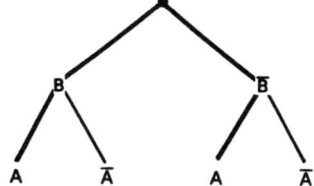 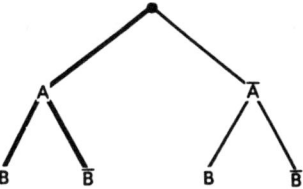

Damit gilt

$$P(B)\ P(A/B) = P(A \cap B) = P(A)\ P(B/A)$$

Es läßt sich also $P(A/B)$ bestimmen, wenn man $P(A), P(B)$ und $P(B/A)$ kennt:

$$P(A/B) = \frac{P(A)\ P(B/A)}{P(B)}$$

Hat man nun statt der Ereignisse $A, \overline{A}$ eine Zerlegung von Ω in Ereignisse $A_1, A_2, \ldots, A_n$ wie bei den Überlegungen zur totalen Wahrscheinlichkeit, dann gilt

$$P(A_i/B) = \frac{P(A_i)\, P(B/A_i)}{P(B)} \quad (i = 1, 2, \ldots, n)\,.$$

Unter Ausnutzung der Formel von der totalen Wahrscheinlichkeit wird daraus

$$P(A_i/B) = \frac{P(A_i)\, P(B/A_i)}{\sum\limits_{i=1}^{n} P(A_j)\, P(B/A_j)}\,.$$

Diese als **Formel von Bayes** bezeichnete Aussage (nach TH. BAYES, 1702–1761) bedeutet, daß man in den nebenstehenden Bäumen die Stufen vertauschen kann, daß also beide Bäume den gleichen Zufallsversuch darstellen.

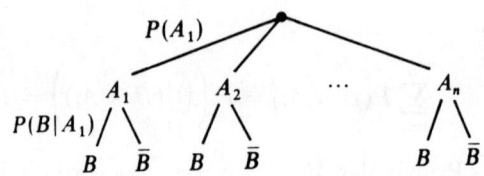

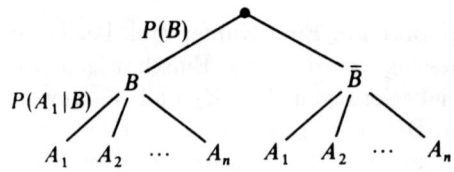

Beispiel 21: Bei einem TBC-Test reagieren 99% aller Erkrankten positiv, aber auch 3 % aller Nichterkrankten. Der nebenstehende Baum zeigt ferner, daß zur Zeit 0,01% aller Bundesbürger von dieser Krankheit betroffen sind. Es bezeichnet hier also A das Ereignis „erkrankt" und B das Ereignis „reagiert positiv".

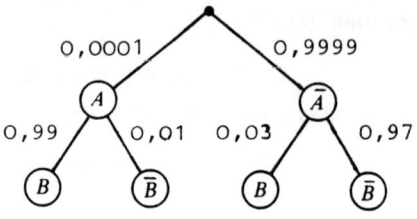

Aus diesen Angaben läßt sich mit der Formel von Bayes berechnen, wieviel Prozent der Personen, die beim Test positiv reagieren, tatsächlich erkrankt sind:

$$P(A/B) = \frac{P(B/A)P(A)}{P(B/A)P(A) + P(B/\overline{A})P(\overline{A})}$$

$$= \frac{0,99 \cdot 0,0001}{0,99 \cdot 0,0001 + 0,03 \cdot 0,999} \approx 0,0033\,.$$

Obwohl der Test ziemlich sicher erscheint, bedeutet also eine positive Reaktion beim Test überraschenderweise nur in weniger als 1% der Fälle, daß eine Erkrankung vorliegt. Für eine Person, bei welcher der Test eine positive Reaktion gezeigt hat, besteht dennoch kein Grund zur Verharmlosung. Zwar sind bei einer großen Zahl von vergleichbaren Fällen nur 0,33% wirklich erkrankt. Gegenüber allen Bürgern der Bundesrepublik ist die Wahrscheinlichkeit aber von 0,01% auf 0,33%, also auf das 33-fache gestiegen. □

Aufgaben

1. Oft wird eine Münze geworfen, um eine Entscheidung zwischen zwei Personen A und B herbeizuführen. Sollte man Argwohn hegen, die Münze sei präpariert, kann man dennoch ein faires Ergebnis erzwingen (nach J. VON NEUMANN). Die Münze wird zweimal geworfen. Wenn zuerst Wappen und dann Zahl erscheint, hat A gewonnen, wenn zuerst Zahl und dann Wappen erscheint, entsprechend B. Begründen Sie, daß die Wahrscheinlichkeit beider Ereignisse gleich groß ist. (Die Wahrscheinlichkeit für Wappen sei p.)

2. Ein Fertigungsteil durchläuft vier Maschinen mit den Ausschußquoten 5%, 2%, 4% bzw. 1%. Wie hoch ist die gesamte Ausschußquote? (Bestimmen Sie zunächst den Anteil der einwandfreien Stücke.)

3*. Wie viele Personen müssen außer mir zufällig zusammenkommen, damit ich darauf wetten kann, daß mindestens eine von diesen am gleichen Tag des Jahres Geburtstag hat wie ich? (Beachten Sie den Unterschied zur Fragestellung in Beispiel 15.)

4. Drei Spieler A, B, C würfeln reihum. Es gewinnt, wer zuerst eine Sechs wirft. Spätestens nach drei Runden wird abgebrochen. Wie stehen die Chancen für die einzelnen Spieler?

5. Die dritte *Mendelsche Regel* stellt fest, daß die Kombination von Genotypen bezüglich verschiedener Genarten unabhängig voneinander erfolgt. Betrachtet sei die Kreuzung gemischterbiger Genotypen $AB\,1\,2$. In der Tochtergeneration findet man 9 unterschiedliche Genotypen. Welche sind es? In welchen Anteilen treten diese auf?

6. Etwa $31,9\%$ aller Zwillingspaare sind verschieden-geschlechtlich, also mit Sicherheit nicht eineiig. Man nehme an, das Geschlecht sei unabhängig davon, ob das Zwillingspaar eineiig oder zweieiig ist. Berechnen Sie unter dieser Voraussetzung den Anteil der eineiigen unter allen Zwillingspaaren. Die Wahrscheinlichkeit einer Knabengeburt sei 0,514 gesetzt.

7. Auf den Mendelschen Regeln basiert das *Hardy-Weinberg-Gesetz* (nach G. HARDY und W. WEINBERG, 1908). In einer Population sei ein bestimmtes Gen (A, a) mit den Genotypen AA, Aa, aa in der 0. Generation gemäß folgender Tabelle vorhanden:

Genotyp	AA	Aa	aa
Anteil	x	y	z

Dabei gilt für die Anteile $x + y + z = 1$. Bei zufälliger Paarung lassen sich dieAnteile in der Tochtergeneration anhand des folgenden Baumes bestimmen:

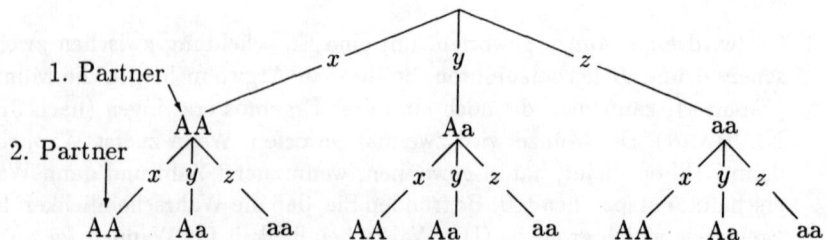

In der 1. Generation erhält man damit folgende Verteilung:

Genotyp	AA	Aa	aa
Anteil	$(x + \frac{y}{2})^2$	$2(x + \frac{y}{2})(\frac{y}{2} + z)$	$(\frac{y}{2} + z)^2$

Der Wert für AA entsteht gemäß

$$\text{Anteil}(AA) = x \cdot x + x \cdot y \cdot \frac{1}{2} + y \cdot x \cdot \frac{1}{2} + y \cdot y \cdot \frac{1}{4}.$$

Erläutern Sie diese Rechnung und bestimmen Sie entsprechend die anderen
Werte der Verteilung in der 1. Generation.

Setzt man $p := x + \frac{y}{2}$ und $q := \frac{y}{2} + x$, dann hat diese Verteilung die Form

Genotyp	AA	Aa	aa
Anteil	p^2	$2pq$	q^2

Das Hardy-Weinberg-Gesetz besagt nun, daß sich diese Verteilung bei zufälliger Paarung in den nächsten Generationen nicht mehr ändert. Begründen
Sie dies, indem Sie im obigen Baum x, y, z durch $p^2, 2pq, q^2$ ersetzen. So gilt
z.B.

$$\text{Anteil}(AA) = p^4 + p^3 q + p^3 q + p^2 q^2 = p^2(p^2 + 2pq + q^2) = p^2$$

Wieso ?

8. Ein Fertigungsteil durchläuft mehrfach die gleiche Kontrolle, da ein Fehler
   mit der Wahrscheinlichkeit von 20% übersehen wird. Wie groß ist die Wahrscheinlichkeit, daß
   a) nach genau n Kontrollgängen der Fehler erkannt wird ?
   b) nach n Kontrollgängen ein vorhandener Fehler noch nicht erkannt ist ?
   c) ein vorhandener Fehler nie erkannt wird, wenn beliebig viele Kontrollgänge
   gemacht werden können ?

9. Ein Würfel wird so oft geworfen, bis zum ersten Mal die Sechs erscheint.
   Bei diesem Zufallsversuch sind unendlich viele Ausfälle denkbar. Bezeichnet man den Ausfall „die erste Sechs beim n-ten Wurf" mit a_n, so ist
   $\Omega = \{a_1, a_2, a_3, \ldots\}$.
   a) Begründen Sie $P(a_n) = \frac{1}{6}(\frac{5}{6})^{n-1}$. (Zeichnen Sie einen geeigneten Baum.)
   b) Bestimmen Sie die Wahrscheinlichkeit des Ereignisses

$E_9 = \{a_{10}, a_{11}, a_{12}, \ldots\}$ (bei den ersten neun Würfen keine Sechs).
c) Wie oft muß man würfeln, um mit 95%-iger „Sicherheit" eine Sechs zu haben ?

10.* a) In der linken Hälfte der Abbildung ist eine elektrische Schaltung mit 5 Elementen dargestellt. Die Prozentzahlen geben an, mit welcher Wahrscheinlichkeit das Element in einem gegebenen Zeitraum versagt, so daß der Stromkreis an dieser Stelle unterbrochen ist. Mit welcher Wahrscheinlichkeit wird im betrachteten Zeitraum der Hauptstromkreis unterbrochen ? (Das Versagen verschiedener Elemente geschehe unabhängig.)

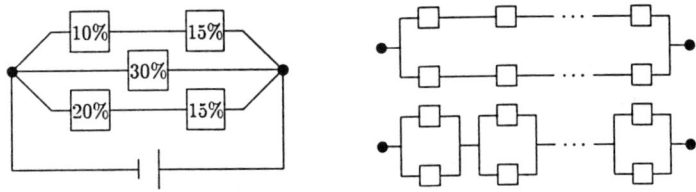

b) Wichtige elektrische Systeme werden dupliziert, um die Versagenswahrscheinlichkeit niedrig zu halten. Welches der beiden Systeme in der rechten Seite der Abbildung versagt eher, wenn jedes der $2n$ Elemente die gleiche Versagenswahrscheinlichkeit p hat ?

11.* Bei einer Quizsendung werden den Kandidaten 3 Türen gezeigt. Hinter einer der verschlossenen Türen steht als Hauptgewinn ein Auto, während sich hinter den beiden anderen ein Trostpreis befindet. Der Kandidat, der natürlich nicht weiß, was wo hinter den Türen steht, wählt auf gut Glück eine der 3 Türen. Bevor die Türe geöffnet wird, öffnet der informierte Quizmaster eine Tür, hinter der nur ein Trostpreis steht. Jetzt darf sich der Kandidat noch umentscheiden. Erhöht der Kandidat seine Chance auf den Hauptgewinn, wenn er seine Entscheidung revidiert ?

12. Drei Maschinen stellen Glühbirnen mit den Ausschußquoten q_1, q_2, q_3 her; ihre Anteile an der Gesamtproduktion sind p_1, p_2, p_3.
a) Beschreiben Sie diese Situation durch einen Baum.
b) Wie groß ist die Ausschußquote der gesamten Produktion ?
c) Wie groß ist der Anteil von Maschine 1 an der mängelfreien Produktion ?

13. Betrachtet sei das Merkmal „Parteipräferenz" bezogen auf Parteien A, B, C, D. Bei einer statistischen Erhebung sollten die Befragten ferner ihre Meinung zu einem bestimmten Thema durch Ankreuzen von +, 0 bzw. − bekunden. Das Ergebnis zeigt folgende Tabelle.

A			B			C			D		
0,3			0,25			0,2			0,25		
+	0	−	+	0	−	+	0	−	+	0	−
0,6	0,3	0,1	0,3	0,4	0,3	0,2	0,4	0,4	0,1	0,2	0,7

Wie groß ist der Anteil der Befragten
mit der Meinung + ?

14. Zur Untersuchung, ob die vier Haupt-
blutgruppen 0, A, B, AB vom Geschlecht abhängen, wurden die statistischen Daten der nebenstehenden
Abbildung ermittelt. Kann man hieraus die Unabhängigkeit der Blutgruppen vom Geschlecht schließen ?

	♀	♂	Summe
0	1981	2107	4088
A	2008	1898	3906
B	518	563	1081
AB	353	572	925
Summe	4860	5140	10000

15. Zur Überprüfung, ob bei Männern ein Zusammenhang zwischen Taubheit
und Farbenblindheit besteht, wurde Statistik geführt.

Diese ergab die Werte der nebenstehenden Vierfeldertafel. Bestimmen Sie
$P(T/F)$, $P(\overline{T}/F)$ und vergleichen Sie
diese Werte mit $P(T)$ bzw. $P(\overline{T})$. Besteht Abhängigkeit ?

	T	$\overline{T}$	total
F	0,0004	0,0796	0,0800
$\overline{F}$	0,0046	0,9154	0,9200
total	0,0050	0,9950	1

16. Ein Teil einer Bevölkerung habe sich vor Ausbruch einer Epidemie impfen
lassen. Wir nehmen folgende Zahlen an: 30% der Bevölkerung sei geimpft,
20% der Erkrankten ist geimpft, 8% der Geimpften ist erkrankt. Mit welcher
Wahrscheinlichkeit ist ein nicht-geimpfter Mensch erkrankt ?

17. Wir nehmen an, Studienbewerber würden einem Test unterzogen, sie würden
aber in jedem Falle zugelassen. Dies mag folgende Zahlen ergeben: 30% der
Anfänger erreichen nicht das Studienziel; darunter hatten 68% ein negati-
ves Testergebnis. Welcher Anteil der Studenten mit negativem Testergebnis
erreicht das Studienziel nicht ? Welcher Anteil der Studenten mit positivem
Testergebnis erreicht das angestrebte Studienziel ?

18. Bei einer Prüfung sind 20 Fragen zu beantworten. Ein gut vorbereiteter
Prüfling kann dies; ein schlecht vorbereiteter kann nur die Hälfte der Fragen
beantworten. In der Regel sind 30% aller Prüflinge schlecht vorbereitet. Der
Prüfer stellt 3 willkürlich ausgewählte Fragen, die der Prüfling alle richtig
beantwortet. Mit welcher Wahrscheinlichkeit ist dieser gut vorbereitet ?

19. Angenommen, 50% aller englischen Gäste eines deutschen Hotels würzen
ihr Mittagessen kräftig nach, ohne es vorher zu kosten. Nur 20% der übrigen
Gäste zeigen dieses Verhalten. Der Portier verrät einem neuen Hotelgast, daß
30% der momentanen Gäste Engländer sind. Dieser Gast erlebt beim Mittagessen, daß ein Tischnachbar das bestellte Gericht schon vor dem Kosten
nachwürzt. Mit welcher Wahrscheinlichkeit kann er in einer solchen Situation
damit rechnen, einen Engländer zu beobachten, wenn er annimmt, daß sein
Tischnachbar zufällig gewählt ist ?

V. 5 Simulation

Die Nachbildung eines Zufallsversuchs mit Hilfe eines geeigneten Zufallsgeräts nennt man *Simulation*. Dabei ist darauf zu achten, daß jedem Ausfall des Zufallversuchs genau ein Ausfall bei der Simulation entspricht. Natürlich müssen auch die Wahrscheinlichkeiten der Ausfälle beim Zufallsversuch und der entsprechenden bei der Simulation übereinstimmen. Eine Simulation, welche für theoretische Überlegungen sehr wichtig ist, bietet das *Urnenmodell* (siehe Abbildung). Jeder Zufallsversuch mit rationalen Wahrscheinlichkeiten läßt sich durch ein Urnenmodell simulieren. Ist nämlich $\Omega = \{\omega_1, \omega_2, \cdots, \omega_n\}$ die Menge der möglichen Ausfälle des Zufallsversuchs und

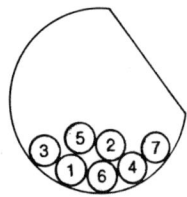

$$P(\omega_i) = \frac{a_i}{b} \quad (a_i, b \in \mathbb{N} \text{ für } i = 1, 2, \ldots, n \text{ und } \sum_{i=1}^{n} a_i = b)$$

dann denke man sich eine Urne mit b Kugeln. Jeweils a_i Stücke dieser Kugeln werden mit "ω_i" beschriftet. Eine Durchführung des Zufallsversuchs besteht dann darin, nachdem die Kugeln gut gemischt wurden, blind eine Kugel aus der Urne zu ziehen, deren Aufschrift festzustellen, und die Kugel wieder in die Urne zurückzulegen.

Beispiel 22: Wenn beim Fußballtoto ein Spiel ausgefallen ist, wird sein Ergebnis für die Totowertung ausgelost. Beim Spiel „Bayern München – 1. FC Köln" stehe in der Totozeitung z.B. „Tendenz: 5:3:2". Die Auslosung wird dann so vorgenommen, daß die Wahrscheinlichkeit für einen Sieg der Heimmannschaft $\frac{5}{10}$ ist, die Wahrscheinlichkeit für Unentschieden $\frac{3}{10}$ und die Wahrscheinlichkeit für einen Sieg der Gastmannschaft $\frac{2}{10}$. Die Auslosung kann also durch Ziehung aus der nebenstehend abgebildeten Urne erfolgen. □

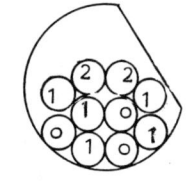

Eines der bekanntesten Urnenexperimente stellt die Ziehung der Lottozahlen dar. Allgemein kann man die Auswahlen aus einer n-Menge im Sinne der vier Grundaufgaben der Kombinatorik durch Ziehen aus einer Urne beschreiben. In der Urne liegen dann n verschiedene Kugeln. Bei Auswahlen mit Wiederholungen wird die jeweils gezogene Kugel in die Urne zurückgelegt, es wird *mit Zurücklegen* gezogen. Bei Auswahlen ohne Wiederholungen wird *ohne Zurücklegen* gezogen. Ferner wird unterschieden, ob die Reihenfolge, in der die Kugeln gezogen werden, Beachtung findet oder nicht.

Für praktische Fälle besonders wichtig ist die Simulation mit **Zufallsziffern**, die auch als *Monte-Carlo-Methode* bezeichnet wird. Dabei geht es häufig darum, Zufallsversuche zu erfassen, deren experimentelle Durchführung äußerst mühsam ist und für welche die Wahrscheinlichkeiten der Ausfälle nicht durch kombinatorische Überlegungen zu ermitteln sind. Die Zufallsziffern werden dabei aus Ta-

bellen entnommen (siehe Seite 207) oder mit Rechnern erzeugt. Entscheidend für
die Durchführung der Monte-Carlo-Methode ist die Zuordnung von Ziffern oder
Ziffernblöcken zu den Ausfällen des Zufallsversuchs.

Beispiel 23: Das *Ehrenfest-Modell* (nach P. EHRENFEST, 1880–1933 und T.
EHRENFEST, 1876–1964) ist ein statistisches Modell zur Beschreibung des Diffu-
sionsvorgangs bei Gasen:

Im Bereich A seien zunächst $2n$ Teilchen, im Bereich B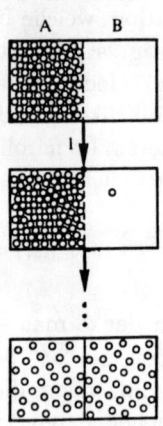
keines. In jeder Sekunde (Zeiteinheit) wechselt ein Teil-
chen von A nach B oder von B nach A (falls sich dort
ein Teilchen befindet). Die möglichen Zustände sind
durch die Zahl a der Teilchen in A gekennzeichnet. Der
Zustand n (Durchmischung) ist der wahrscheinlichste.
Das System unterscheidet sich nach einiger Zeit nicht
mehr sehr viel von diesem Zustand, wie die Erfahrung
lehrt. Das Ehrenfest-Modell soll mit Hilfe von Zufallsziffern simuliert werden. Dabei gehen wir von 10 Teilchen im Bereich A aus. Die Teilchen seien mit 0, 1, 2,
3, 4, 5, 6, 7, 8, 9 numeriert.

Wir benutzen die am Ende dieses Abschnittes auf-
geführte Zufallsifferntafel und nehmen einen Wechsel
des Teilchens "i" an, wenn die Zufallsziffer i erscheint.

Zustand n

Wir überprüfen den erreichten Zustand nach jeweils 5 Ziffern. Das ergibt:

	Ausgangszustand	0123456789	–
12159	Zustand	0134678	259
66144	Zustand	034678	1259
05091	Zustand	013456789	2
13446	Zustand	045789	1236
45653	Zustand	0356789	124
13684	Zustand	014579	2368
66024	Zustand	12579	03468
91410	Zustand	012457	3689

Man erkennt, daß die Teilchen in diesem Modell zu einer gleichmäßigen Verteilung neigen. Erhärten läßt sich diese Aussage noch, indem man überprüft, ob
ausgehend von einer Gleichverteilung (5/5) ein Extremzustand (10/0) oder (0/10)
erreicht wird. Die ersten 20 Blöcke von je 5 Zufallsziffern liefern nicht einmal einen
Zustand (2/8) oder (8/2) (siehe Aufgabe 4).

Das einfache Beispiel läßt die Brauchbarkeit solcher Überlegungen erkennen.
Es zeigt jedoch gleichzeitig, daß ernsthafte Anwendungen einen Rechnereinsatz
erfordern. □

Simulationen mit Zufallsziffern eignen sich auch zur Überprüfung von Wahrscheinlichkeiten, welche unserer Intuition zu widersprechen scheinen.

Beispiel 24: Die Wahrscheinlichkeit P, daß von 5 zufällig anwesenden Personen 2 im gleichen Monat Geburtstag haben, berechnet man als

$$P = 1 - \tfrac{12}{12} \cdot \tfrac{11}{12} \cdot \tfrac{10}{12} \cdot \tfrac{9}{12} \cdot \tfrac{8}{12} = 0,62.$$

Diese Wahrscheinlichkeit erscheint für manchen sehr hoch. Im Hintergrund steht dabei meist die (falsche) Intuition, daß eine zufällige Wahl der Geburtsmonate gleichmäßige Verteilung über das Jahr zur Folge habe. Eine Verteilung der Geburtsmonate gemäß

Januar, April, Juli, September, November

scheint dem eher zu entsprechen als die Verteilung

Januar, Februar, März, April, Mai.

Um dieses Geburtstagsproblem mit Zufallsziffern zu simulieren, betrachten wir alle Paare von Zufallsziffern. Nun streichen wir alle Paare, die nicht die Gestalt 01, 02, 03, ..., 12 besitzen. Von diesen Zufallsziffernpaaren nehmen wir 5er-Blöcke und überprüfen, ob gleiche Paare vorhanden sind. Der Anfang der Tabelle am Ende dieses Abschnitts liefert 5er-Blöcke dieser Art:

12	05	09	11	02		10	12	05	11	08
10	06	11	12	01		03	10	05	07	12
06	12	02	01	11		**03**	**03**	**07**	**06**	**12**
01	**01**	**03**	**12**	**01**		08	07	06	10	09
06	**09**	**01**	**01**	**01**		10	01	11	09	04
02	**02**	**06**	**05**	**05**		**10**	**05**	**10**	**07**	**09**
02	10	09	08	01		**06**	**02**	**08**	**05**	**02**
09	**11**	**02**	**11**	**04**		06	01	02	10	03
07	01	05	06	09		07	04	03	01	09
04	**03**	**12**	**03**	**04**		08	04	12	10	09

Bei 20 Versuchen haben wir 10 Blöcke mit mindestens einem Paar gleicher Ziffern gefunden. Unsere Simulation ergibt also 0,5 als Näherungswert für die gesuchte Wahrscheinlichkeit. Dieser Wert ist sicherlich nicht sehr gut, bestätigt aber dessen Größenordnung. □

Aufgaben

1. Wie kann man die folgenden Zufallsversuche mit Hilfe einer Urne (mit Zufallsziffern) simulieren?

   a) Drehen des Roulettrades und Notieren des Ausfalls 0, 1, ... oder 36.

   b) Dreimaliges Würfeln und Notieren der Augensumme.

   c) Werfen einer schiefen Münze mit $P(\text{„W“}) = 0,7$ und $P(\text{„Z“}) = 0,3$.

2. Eine Urne enthält 3 weiße und 7 schwarze Kugeln. Es werden nacheinander 3 Kugeln mit (ohne) Zurücklegen gezogen. Mit welcher Wahrscheinlichkeit erhält man genau zwei weiße Kugeln?

3. Wie groß ist die Wahrscheinlichkeit, beim viermaligen Würfeln eine Augensumme von mindestens 16 zu erhalten? Simulieren Sie diese Fragestellung mit Zufallsziffern (25 Durchgänge). Beschreiben Sie ihr Vorgehen.

4. a) Welche Zustände entstehen beim Ehrenfest-Modell (Beispiel 23) aus dem Ausgangszustand 01234|56789 bei 100 Veränderungen ? Notieren sie jeweils den Zustand nach 5 Veränderungen. Benutzen Sie die 6. und 7. Zeile der Zufallszifferntafel.

b) Wie lange dauert es im Mittel, bis sich ausgehend vom Ausgangszustand (10|0) zum ersten Mal ein Gleichgewichtszustand (5|5) einstellt? Benutzen Sie die Anfänge der ersten 10 Zeilen der Zufallszifferntafel.

5. Die Brownsche Molekularbewegung läßt sich mit Zufallsziffern simulieren. Ein Molekül wandert ausgehend vom eingerahmten Feld. Dabei gibt die linke Abbildung an, welche Zufallsziffer welche Bewegungsrichtung beschreibt. Bei 8 und 9 bewegt sich der Punkt nicht.

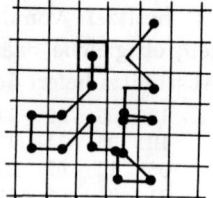

a) Welcher Folge von Zufallsziffern entspricht der Weg in der rechten Abbildung?

b) Man denke sich 10 Punkte in einem gemeinsamen Ausgangsfeld und führe mit jedem eine Bewegung gemäß 5 Zufallsziffern durch. Wie sieht die Punktverteilung nach dieser Bewegung aus?

6. Die nebenstehende Abbildung verdeutlicht, wie man mit Hilfe von Zufallspunkten im Einheitsquadrat den Anteil der schraffierten Fläche an der Quadratfläche näherungsweise bestimmen kann. Bilden Sie dazu mit Hilfe der ersten 20 (40) Viererblöcke von Zufallsziffern $x_1 x_2 y_1 y_2$ Zufallspunkte $(x; y)$ der Form $(0, x_1x_2; 0, y_1y_2)$. Der Anteil dieser Zufallspunkte mit $x^2 + y^2 \leq 1$ liefert einen Näherungswert für $\frac{\pi}{4}$.

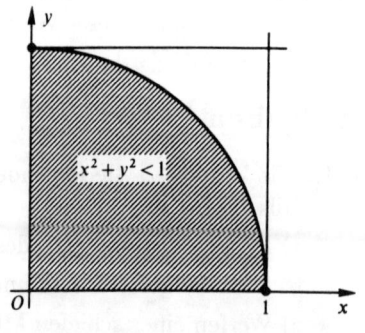

7. Computer (auch programmierbare Taschenrechner) besitzen in der Regel einen Zufallsgenerator, eine Möglichkeit zur Erzeugung von Zufallsziffern. Dabei beobachtet man jedoch häufig, daß nach dem Einschalten des Gerätes stets die gleiche Zufallsziffer entsteht. Die Zufallsziffern werden also nach einem bestimmten Schema erzeugt. Daher spricht man auch von Pseudo-Zufallsziffern. Auf J. v. NEUMANN geht die folgende *Quadratmittenmethode*

zurück: Man wähle eine beliebige n-stellige Zahl A_1 und setze $Z_1 := A_1 \cdot 10^{-n}$. Die mittleren n Ziffern von Z_1^2 bilden dann A_2. Man setze $Z_2 := A_2 \cdot 10^{-n}$. Die mittleren n Ziffern von Z_2^2 bilden dann A_3 usw.. Die durch dieses Verfahren erhaltene Folge $A_1, A_2, A_3, \ldots$ kann als Folge von Zufallsziffern benutzt werden. Gehen Sie aus von $A_1 = 1215$ und erzeugen Sie 200 Zufallsziffern.

8. Pseudo-Zufallsziffern kann man auch mit Hilfe eines Telefonbuchs erzeugen. Dabei sollte man allerdings die erste oder die ersten beiden Ziffern ausschließen (warum?). Erzeugen Sie auf diese Weise eine Folge von 200 Zufallsziffern.

9. Bei Pseudo-Zufallsziffern ist es von Interesse, deren Qualität zu überprüfen. Beim *Poker-Test* vergleicht man, wie gut die Häufigkeiten der verschiedenen Arten von 5er-Blöcken mit den zu berechnenden Wahrscheinlichkeiten übereinstimmen, wie sie die folgende Tabelle zeigt:

5-er-Blöcke der Form	Beschreibung	Wahrscheinlichkeit
abcde	alle Ziffern verschieden	$\frac{10 \cdot 9 \cdot 8 \cdot 7 \cdot 6}{10^5} = 0,3024$
aabcd	ein Paar gleiche Ziffern	$\frac{\frac{5}{2} \cdot 10 \cdot 9 \cdot 8 \cdot 7}{10^5} = 0,5040$
aabbc	zwei Paare gleicher Ziffern	$\frac{\frac{5}{2} \cdot \frac{3}{2} \cdot \frac{1}{2!} \cdot 10 \cdot 9 \cdot 8}{10^5} = 0,1080$

Überprüfen Sie auf diese Weise, ob sich die ersten 300 Nachkommaziffern von π als Zufallsziffern eignen.

1415926535	8979323846	2643383279	5028841971	6939937510
5820974944	5923078164	0626620899	8628034825	3421170679
8214808651	3282306647	0938446095	5058223172	5359408128
4811174502	8410270193	8521105559	6446229489	5493038196
4428810975	6659334461	2847564823	3786783165	2712019091
4564856692	3460348610	4543266482	1339360726	0249141273

Zufallsziffern

12159	66144	05091	13446	45653	13684	66024	91410	51351	22772
30156	90519	95785	47544	66735	35754	11088	67310	19720	08379
59069	01722	53338	41942	65118	71236	01932	70343	25812	62275
54107	58081	82470	59407	13475	16268	78436	39251	64247
99681	81295	06315	28212	45029	57701	96327	85436	33614	29070
27252	37875	53679	01889	35714	63534	63791	76342	47717	73684
93259	74585	11863	78985	03881	46567	93696	93521	54970	37607
84068	43759	75814	32261	12728	09636	22336	76529	01017	45503
68582	97054	28251	63787	57285	18854	35006	16343	51867	67979
60646	11298	19680	10087	66391	70853	24423	73007	74958	29020
97437	52922	80739	59178	50628	61017	51652	40915	94696	67843
58009	20681	98823	50979	01237	70152	13711	73916	87902	84759
77211	70110	93803	60135	22881	13423	30999	07104	27400	25414
54256	84591	65302	99257	92970	28924	36632	54044	91798	78018
37493	69330	94069	39544	14050	03476	25804	49350	92525	87941
87569	22661	55970	52623	35419	76660	42394	63210	62626	00581
22896	62237	39635	63725	10463	87944	92075	90914	30599	35671
02697	33230	64527	97210	41359	79399	13941	88378	68503	33609
20080	15652	37216	00679	02088	34138	13953	68939	05630	27653
20550	95151	60557	57449	77115	87372	02574	07851	22428	39189

V. 6 Zufallsgrößen

Den Ausfällen eines Zufallversuchs werden häufig Zahlen zugeordnet. Solche
Funktionen

$$X : \Omega \longrightarrow \mathbb{R}$$

heißen **Zufallsgrößen** oder **Zufallsvariablen** auf dem jeweiligen Zufallsversuch.
Zur Bezeichnung benutzt man in der Regel lateinische Großbuchstaben $X, Y, \dots$.

Beispiel 25:

1. Mögliche Ausfälle beim *Zahlenlotto* bilden die 6-Teilmengen aus $\{1, 2, \dots, 49\}$.
   Dabei interessiert man sich bei den einzelnen Ausfällen besonders für die
   Anzahl der „Richtigen" (bezogen auf eine bestimmte Ausspielung).

2. Bei einer *Lotterie* seien die Losnummern höchstens 6-ziffrig. Entsprechend
   dem nachfolgenden Gewinnplan wird jeder Losnummer (als möglichem Ausfall) ein Gewinn zugeordnet:

1. Rang	(alle 6 Stellen richtig)	100000,–DM
2. Rang	(die letzten 5 Stellen richtig)	10000,–DM
3. Rang	(die letzten 4 Stellen richtig)	1000,–DM
4. Rang	(die letzten 3 Stellen richtig)	100,–DM
5. Rang	(die letzten 2 Stellen richtig)	10,–DM

3. Bei einer statistischen Erhebung sei Ω die Menge der befragten Personen.
   Wird nach dem Alter gefragt, so ist durch „$X : \omega \longrightarrow$ Alter von ω" eine
   Zufallsgröße auf Ω definiert. □

Häufig werden Ereignisse mit Hilfe von Zufallsgrößen definiert. Die wichtigsten
Beispiele sind:

$$\begin{aligned}
„X = a" &:= \{\omega \in \Omega \,|\, X(\omega) = a\} \\
„X \leq a" &:= \{\omega \in \Omega \,|\, X(\omega) \leq a\} \\
„a \leq X \leq b" &:= \{\omega \in \Omega \,|\, a \leq X(\omega) \leq b\}
\end{aligned}$$

Beim *Zahlenlotto* beschreibt z. B. „$X = 3$" die Gewinnklasse „3 Richtige" und
„$X \leq 2$" beschreibt die Menge aller Lottotips, welche nicht gewonnen haben. Man
interessiert sich natürlich auch für die Wahrscheinlichkeit solcher Ereignisse. Die
Grundlage bilden dabei die Wahrscheinlichkeiten $P(X = a)$. Die Funktion, welche
jedem Wert der Zufallsgröße X gemäß

$$a \longmapsto P(X = a)$$

eine Wahrscheinlichkeit zuordnet, heißt **Wahrscheinlichkeitsverteilung** von
X. Die durch

$$a \longmapsto P(X \leq a)$$

definierte Funktion heißt **summierte Wahrscheinlichkeitsverteilung** oder **Wahrscheinlichkeitsfunktion** von X. Diese entsprechen *Häufigkeitsverteilungen* bzw. *summierten Häufigkeitsverteilungen* wie sie im Rahmen der beschreibenden Statistik (Abschnitt V.1) betrachtet worden sind. Entsprechend lassen sich Wahrscheinlichkeitsverteilungen veranschaulichen.

Die folgende Tabelle beschreibt für den Zufallsversuch „Lottotip" die Wahrscheinlichkeitsverteilung für $X :=$ Anzahl der Richtigen.

a	0	1	2	3	4	5	6
$P(X = a)$	0,4359649	0,4130194	0,132378	0,0176504	0,0009685	0,0000183	0,00000007

Dabei sind die Werte gemäß der allgemeinen Formel (vgl. Beispiel 10)

$$P(X = a) = \frac{\binom{6}{a} \cdot \binom{43}{6-a}}{\binom{49}{6}} \quad (0 \le a \le 6)$$

bestimmt worden.

Die nebenstehende Abbildung bezieht sich auf den Zufallsversuch: „Würfeln, bis die erste sechs erscheint". Hier ist die Zufallsgröße $X :=$ „Anzahl der Würfe bis zur ersten Sechs" durch ein Stabdiagramm veranschaulicht. Die Länge der Stäbe läßt sich dabei folgendermaßen berechnen:

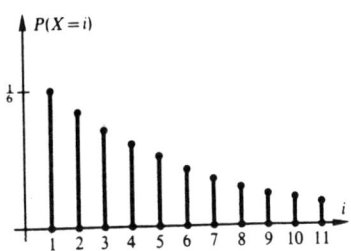

$$P(X = i) = \tfrac{1}{6} \cdot \left(\tfrac{5}{6}\right)^{i-1}$$

Die nebenstehende Abbildung bezieht sich auf den Zufallsversuch: „Zweimaliges Würfeln." Die summierte Wahrscheinlichkeitsverteilung der Zufallsgröße X: „Summe der Augenzahlen" wird durch ein *Polygonzugdiagramm* dargestellt.

Nimmt eine Zufallsgröße X sehr viele Werte an, ist $X(\Omega)$ sehr umfangreich, dann arbeitet man in der Regel mit klassierten Daten wie beim Geburtsgewicht von Neugeborenen (siehe V.1, Beispiel 1). Zur Veranschaulichung benutzt man in diesem Fall ein *Histogramm* (vgl. Beispiel 1).

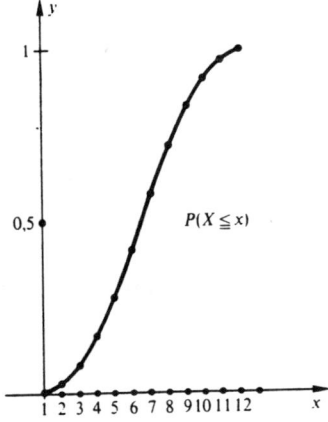

Als Kenngrößen zur Charakterisierung von Wahrscheinlichkeitsverteilungen dienen wie bei Häufigkeitsverteilungen der **Mittelwert** und die **Varianz** bzw. die **Standardabweichung**. Statt vom Mittelwert einer Zufallsgröße X spricht man in diesem Fall vom **Erwartungswert**. Dieser wird mit $E(X)$ bezeichnet und ist (in Analogie zum arithmetischen Mittel) definiert als:

$$E(X) := \sum_{i=1}^{k} P(X = x_i) \cdot x_i.$$

Für die **Varianz** gilt

$$V(X) := \sum_{i=1}^{k} P(X = x_i)(x_i - E(x))^2,$$

und für die Standardabweichung $\sigma(X)$ dann

$$\sigma(X) := \sqrt{V(X)}.$$

Als abkürzende Schreibweise benutzt man meist

$$\mu := E(X) \quad \text{und} \quad \sigma := \sigma(X).$$

Beispiel 26: Der Gewinnplan der Lotterie in Beispiel 25 ergibt als Wahrscheinlichkeit der Zufallsgröße X: Gewinn

x (DM)	10	100	1000	10000	100000	0
$P(X = x)$	$\frac{1}{10^2}$	$\frac{1}{10^3}$	$\frac{1}{10^4}$	$\frac{1}{10^5}$	$\frac{1}{10^6}$	$1 - 0,011111$

Damit erhält man den Erwartungswert

$$E(X) = \frac{1}{10^2} \cdot 10 + \frac{1}{10^3} \cdot 100 + \frac{1}{10^4} \cdot 1000 + \frac{1}{10^5} \cdot 10000 + \frac{1}{10^6} \cdot 100000 = 0,5.$$

Dieser beschreibt den durchschnittlichen Gewinn pro Spiel. Ein Preis von 50 Pf pro Los wäre demnach ein gerechter Lospreis. (Dabei sind Unkosten der Lotteriegesellschaft und Gewinn natürlich nicht berücksichtigt). $\square$

Der Erwartungswert einer Zufallsgröße X gibt den bei einer langen Zufallsversuchreihe zu erwartenden Mittelwert von X an. Er gehört dabei vielfach (wie in Beispiel 26) nicht zur Wertemenge $X(\Omega)$. Die Varianz als mittlere quadratische Abweichung vom Erwartungswert μ kann man auch als Erwartungswert der Zufallsgröße $\omega \longmapsto (X(\omega) - \mu)^2$ betrachten.

Erwartungswert und Varianz einer Zufallsgröße X lassen sich mit Hilfe der Elemente ω aus Ω beschreiben. Es gilt

$$P(X = x_i)x_i = \sum_{X(\omega) = x_i} P(\omega)X(\omega).$$

Da im Erwartungswert alle möglichen x_i Berücksichtigung finden, folgt

$$E(X) = \sum_{\omega \in \Omega} P(\omega)X(\omega)$$

und analog für die Varianz

$$V(X) = \sum_{\omega \in \Omega} P(\omega)(X(\omega) - \mu)^2.$$

Diese abstrakten Schreibweisen lassen weniger die inhaltliche Bedeutung von Erwartungswert und Varianz erkennen. Sie haben jedoch den Vorteil, daß man gewisse Eigenschaften mit ihnen besser begründen kann. Häufig sind *Summen* und *Produkte* von Zufallsgrößen auf einem Zufallsversuch von Interesse. Dazu definiert man:

$$(X + Y)(\omega) := X(\omega) + Y(\omega)$$
$$(X \cdot Y)(\omega) := X(\omega) \cdot Y(\omega).$$

Für die Summe von Zufallsgrößen gilt

$$E(X + Y) = E(X) + E(Y)$$

und mit einer reellen Zahl r

$$E(rX) = rE(X).$$

Die Gültigkeit der „Additivität" des Erwartungswertes rechnet man im Sinne der obigen Schreibweise einfach nach:

$$
\begin{aligned}
E(X + Y) &= \sum_{\omega \in \Omega} P(\omega)(X(\omega) + Y(\omega)) = \sum_{\omega \in \Omega} (P(\omega)X(\omega) + P(\omega)Y(\omega)) \\
&= \sum_{\omega \in \Omega} P(\omega)X(\omega) + \sum_{\omega \in \Omega} P(\omega)Y(\omega) = E(X) + E(Y)
\end{aligned}
$$

Die zweite Aussage folgt analog. Aus beiden Eigenschaften zusammen erhält man die folgende, später benötigte Aussage für die Varianz

$$V(X) = E(X^2) - (E(X))^2.$$

Begründung:

$$
\begin{aligned}
V(X) &= E[(X - \mu)^2] = E(X^2 - 2\mu X + \mu^2) \\
&= E(X^2) - 2\mu E(X) + \mu^2 = E(X^2) - 2(E(X))^2 + (E(X))^2 \\
&= E(X^2) - (E(X))^2
\end{aligned}
$$

Daraus folgt direkt als weitere Eigenschaft für die Varianz:

$$V(cX) = c^2 V(X) \quad (c \in \mathbb{R}).$$

Beispiel 27: Betrachtet sei wieder eine *Lotterie* mit höchstens 6-zifferigen Losnummern. Jedes Los nehme jetzt allerdings an 12 Monatsziehungen und an einer Jahresziehung teil gemäß folgendem Gewinnplan:

	Monatsziehung	Jahresziehung
1. Rang (alle 6 Stellen richtig)	100 000,–DM	1 000 000,–DM
2. Rang (die letzten 5 Stellen richtig)	10 000,–DM	100 000,–DM
3. Rang (die letzten 4 Stellen richtig)	1 000,–DM	10 000,–DM
4. Rang (die letzten 3 Stellen richtig)	100,–DM	1 000,–DM
5. Rang (die letzten 2 Stellen richtig)	10,–DM	100,–DM

Bezogen auf alle 13 Ziehungen eines Jahres besitzt ein Los vielfältige Gewinnmöglichkeiten. Die folgende Tabelle beschreibt andeutungsweise die Wahrscheinlichkeitsverteilung der Zufallsgröße der Gewinnbeträge X dieser Lotterie:

x(in DM)	10	...	300	...	2200000
$P(X-x)$	$\frac{12}{10^2}$	...	$0,00000088$	...	$\frac{1}{10^{36}}$

Die Spanne der tatsächlichen Gewinne reicht von 10,- DM bei einer der 12 Monatsziehungen mit der Wahrscheinlichkeit von $\frac{12}{10^2}$ bis 2 200 000,- DM mit der sehr geringen Wahrscheinlichkeit von $\frac{1}{10^{36}}$. (Es müßten nämlich alle 13 Ziehungen die gleiche Ziffernfolge ergeben). Die Bestimmung der Wahrscheinlichkeit für den Gewinn von 300,-DM mag zeigen, wie aufwendig die Ermittlung der Werte dieser Wahrscheinlichkeitsverteilung ist.

Möglichkeit	Wahrscheinlichkeit
je 100,–DM bei 3 Monatsziehungen	$\binom{12}{3}\frac{1}{10^5}$
je 100,–DM bei 2 Monatsziehungen und bei der Jahresziehung	$\binom{12}{2}\frac{1}{10^6}\frac{1}{10^2}$
bei 10 Monatsziehungen je 10,–DM, dazu 100,–DM bei einer Monats- oder der Jahresziehung	$\binom{12}{10}\frac{1}{10^{20}}\left(\frac{2}{10^3}+\frac{1}{10^2}\right)$

Der Erwartungswert der Zufallsgröße X („Gesamtgewinn") läßt sich viel einfacher bestimmen, indem man

$$E(X) = 12E(X_1) + E(X_2)$$

berechnet, wobei X_1 den Gewinn bei einer Monatsziehung und X_2 den Gewinn bei der Jahresziehung beschreibt. Mit

$$E(X_1) = 10^5 \cdot 10^{-6} + 10^4 \cdot 10^{-5} + 10^3 \cdot 10^{-4} + 10^2 \cdot 10^{-3} + 10 \cdot 10^{-2} = 0,5$$
$$E(X_2) = 10^6 \cdot 10^{-6} + 10^5 \cdot 10^{-5} + 10^4 \cdot 10^{-4} + 10^3 \cdot 10^{-3} + 10^2 \cdot 10^{-2} = 5$$

erhält man

$$E(X) = 12 \cdot 0,5 + 5 = 11.$$

Spielt man viele Jahre in dieser Lotterie, kann man im Durchschnitt einen Gewinn von 11,–DM erwarten. □

Für die Varianz von Zufallsgrößen X, Y gilt die Additivität *nicht allgemein*

$$V(X + Y) = V(X) + V(Y).$$

Diese Eigenschaft besteht nur, wenn X und Y *unabhängige Zufallsgrößen* sind. Dabei nennt man X und Y **unabhängig**, wenn die Ereignisse „$X = x$" und „$Y = y$" stets unabhängig sind, wenn also

$$P(X = x \text{ und } Y = y) = P(X = x) \cdot P(Y = y) \quad \text{für } x \in X(\Omega), y \in Y(\Omega)$$

gilt. Für solche Zufallsgrößen lassen sich nämlich die Wahrscheinlichkeiten der Ereignisse $P(X = x_i$ und $Y = y_j)$ entsprechend der folgenden Tabelle aus den Wahrscheinlichkeiten $p_i = P(X = x_i)$ und $q_j = P(Y = y_j)$ bestimmen.

X/Y	y_1	y_2	$\cdots$	y_n	
x_1	$p_1 q_1$	$p_1 q_2$	$\cdots$	$p_1 q_n$	p_1
x_2	$p_2 q_1$	$p_2 q_2$	$\cdots$	$p_2 q_n$	p_2
.	.	.	.	.	.
.	.	.	.	.	.
x_m	$p_m q_1$	$p_m q_2$	$\cdots$	$p_m q_n$	p_m
	q_1	q_2	$\cdots$	q_m	

Damit kann man für unabhängige Zufallsgrößen X, Y die Eigenschaft

$$E(X \cdot Y) = E(X)E(Y)$$

begründen:

$$
\begin{aligned}
E(X \cdot Y) &= \sum_{\substack{x \in X(\Omega) \\ y \in Y(\Omega)}} xy P(X = x \text{ und } Y = y) \\
&= \sum_{\substack{x \in X(\Omega) \\ y \in Y(\Omega)}} (x P(X = x))(y P(Y = y)) \\
&= \sum_{x \in X(\Omega)} (x P(X = x) \cdot \sum_{y \in Y(\Omega)} y P(Y = y)) \\
&= \sum_{x \in X(\Omega)} x P(X = x) E(Y) = E(X)E(Y)
\end{aligned}
$$

Für Zufallsgrößen X, Y, deren Produkt $X \cdot Y$ die gerade bewiesene Eigenschaft besitzt, läßt sich nun leicht die Additivität der Varianz nachrechnen. Dabei benutzen wir die auf Seite 211 hergeleitete Formel zur Bestimmung der Varianz:

$$
\begin{aligned}
V(X + Y) &= E((X + Y)^2) - (E(X + Y))^2 \\
&= E(X^2 + 2XY + Y^2) - (E(X + Y))^2 \\
&= E(X^2) + 2E(X)E(Y) + E(Y^2) - (E(X))^2 - 2E(X)E(Y) - (E(Y))^2 \\
&= E(X^2) - (E(X))^2 + E(Y^2) - (E(Y))^2 \\
&= V(X) + V(Y).
\end{aligned}
$$

Aus den Eigenschaften der Varianz unabhängiger Zufallsgrößen folgt das sogenannte $\sqrt{n}$ − **Gesetz**:
Sei X eine Zufallsgröße. Bei n-maliger unabhängiger Wiederholung des zugrundeliegenden Zufallsversuchs sei X_i der Wert von X beim i-ten Versuch. Für die Mittelwertgröße

$$\overline{X} := \frac{1}{n}(X_1 + X_2 + \ldots + X_n)$$

gilt dann

$$\sigma(\overline{X}) = \frac{1}{\sqrt{n}}\sigma(X).$$

Für die zugehörige Varianz gilt nämlich

$$V(\overline{X}) = (\frac{1}{n})^2(V(X_1) + V(X_2) + ... + V(X_n)) = (\frac{1}{n})^2 n\, V(X) = \frac{1}{n}\, V(X).$$

Solche Überlegungen zur Varianz sind in mehrfacher Hinsicht wichtig für die Theorie des Messens. Bei einer Meßreihe $x_1, x_2, ..., x_n$ von gleichermaßen sorgfältig und unter denselben Bedingungen bestimmten Werten geht man davon aus, daß die Fehler nur zufällig zustande kommen. Als *besten Wert* für die zu messende Größe X nimmt man dann das arithmetische Mittel

$$\overline{x} = \frac{1}{n}(x_1 + x_2 + ... + x_n)$$

und als *mittleren Fehler* m die Standardabweichung

$$m = \sqrt{\frac{1}{n}((x_1 - \overline{x})^2 + ... + (x_n - \overline{x})^2)}$$

(Hier wird der *wahre Fehler* $V_i = X - x_i$ durch den *scheinbaren Fehler* $v_i = \overline{x} - x_i$ ersetzt. Eine detailliertere Beschreibung gibt z.B. Strubecker 1966, Band 1, S.56ff.). Eine Genauigkeitsaussage $x = \overline{x} \pm m$ besagt in diesem Sinne also nicht, daß x mit Sicherheit im Intervall $[\overline{x} - m; \overline{x} + m]$ liegt sondern nur mit einer gewissen Wahrscheinlichkeit.

Die Additivität der Varianz bedeutet nun, daß bei r unabhängigen Meßreihen mit der gleichen Genauigkeit ($m = m_1 = m_2 = ... = m_r$) für den mittleren Fehler m_z der Summengröße

$$Z = X_1 + ... + X_r$$

das $\sqrt{r}$-Gesetz in der Form

$$m_z = m\sqrt{r}$$

gilt. Diese Tatsache war bereits dem Mathematiker J. B. FOURIER (1768–1830) bekannt. Im ägyptischen Feldzug NAPOLEONS sollte die Höhe der Cheops-Pyramide bestimmt werden. Man maß die mittlere Höhe h der 203 Stufen mit einem mittleren Fehler m_h. Es wird berichtet, daß Fourier dann die Höhenangabe von $H = 203(h + m_h)$ zu $H = 203h \pm \sqrt{203}m_h$ ändern ließ.

Der Mittelwert $\overline{x}$ läßt sich auch als Mittelwertgröße auffassen

$$\overline{x} = \frac{x_1}{n} + \frac{x_2}{n} + ... + \frac{x_n}{n},$$

als Summe der Meßdaten $\frac{x_i}{n}$ von n unabhängigen Messungen mit demselben mittleren Fehler $\frac{m}{n}$. Nach dem $\sqrt{n}$-Gesetz gilt dann für den mittleren Fehler $\overline{m} : \overline{m} = \frac{m}{\sqrt{n}}$. Das bedeutet auch, daß man eine Erhöhung der Genauigkeit einer Messung nur schwer allein durch Steigerung der Anzahl der Einzelmessungen bewirken kann. Wollte man den mittleren Fehler eines Ergebnisses auf die Hälfte oder ein Zehntel steigern, so müßte die Anzahl der Messungen auf das 4-fache, bzw. 100-fache gesteigert werden. Es ist daher in der Regel wirtschaftlicher, Genauigkeitssteigerungen durch Verbesserungen an Meßmethoden oder Instrumenten anzustreben.

Im folgenden sollen zwei Sorten von Wahrscheinlichkeitsverteilungen genauer erfaßt werden. Diese sind zur Beschreibung von Naturphänomenen von besonderer Wichtigkeit.

Häufig interessiert man sich bei Zufallsversuchen nur für zwei mögliche Ausgänge, die man allgemein als *„Treffer"* bzw. *„Fehlschlag"* bezeichnen kann.

– Beim Würfeln interessiert manchmal nur, ob eine Sechs fällt oder nicht.

– Bei einer Warenkontrolle interessiert nur, ob ein Teil defekt ist oder nicht.

– Bei einer Meinungsumfrage interessiert nur, ob die befragten Personen einer bestimmten Entscheidung zustimmen oder nicht.

Ein solcher Zufallsversuch heißt BERNOULLI-Versuch. Ist die Wahrscheinlichkeit für einen Treffer p und für einen Fehlschlag $1 - p$, dann kann man diesen Zufallsversuch durch die folgende Zufallsgröße X beschreiben,

$$\begin{array}{c|cc} a & 1 & 0 \\ \hline P(X = a) & p & 1 - p \end{array}$$

wobei 1 (0) im Falle des Treffers (Fehlschlages) stehen soll. Für diese Zufallsvariable errechnet man den Erwartungswert als

$$E(X) = p \cdot 1 + (1 - p) \cdot 0 = p$$

und die Varianz als

$$V(X) = p(1 - p)^2 + (1 - p)p^2 = p(1 - p)(1 - p + p) = p(1 - p).$$

Wird ein solcher Bernoulli-Versuch n-fach (unabhängig) wiederholt, dann spricht man von einer Bernoulli-Kette der Länge n. Für diese existieren 2^n mögliche Ausfälle, nämlich die n-Tupel aus 0 und 1. Ein Ausfall

$$\omega = (0, 0, 1, 0, 1, 1, ..., 0, 1, 1)$$

mit genau k Treffern besitzt die Wahrscheinlichkeit

$$P(\omega) = p^k (1 - p)^{n-k}.$$

Für die auf Ω definierte Zufallsgröße

$$X := \text{ Anzahl der Treffer bei } n \text{ Versuchen}$$

gilt somit

$$P(X = k) = \binom{n}{k} p^k (1 - p)^{n-k},$$

denn man kann auf genau $\binom{n}{k}$ Arten ein n-Tupel aus 1 und 0 bilden, welches genau k-mal die 1 zeigt. Die Zufallsgröße X kann man darstellen als

$$X = X_1 + X_2 + ... + X_n,$$

wobei die X_i jeweils die Verteilung des einfachen Bernoulli-Versuchs haben. Damit gilt:

$$E(X) = np \quad \text{und} \quad V(X) = np(1-p).$$

Diese Zufallsgröße auf einer Bernoulli-Kette der Länge n heißt **binomialverteilt** mit den Parametern n und p. Man sagt auch X sei $B(n,p)$-verteilt.

Beispiel 28: In einem Büro arbeiten 6 Personen, die bei ihrer Tätigkeit durchschnittlich 15 Minuten pro Stunde eine Schreibmaschine benötigen. Die Zufallsgröße

X : Anzahl der zu einem beliebigen Zeitpunkt benötigten Schreibmaschinen

ist also $B(6; 0,25)$-verteilt. Damit erhält man

k	0	1	2	3	4	5	6
$P(X=k)$	$0,178$	$0,356$	$0,297$	$0,132$	$0,033$	$0,004$	$0,0002$

Der Erwartungswert von X ist

$$E(X) = n \cdot p = 6 \cdot 0,25 = 1,5.$$

Es werden demnach im Durchschnitt weniger als zwei Schreibmaschinen benötigt. Die Verteilung zeigt einiges mehr. So läßt sich z.B. die Wahrscheinlichkeit, daß 3 Maschinen nicht ausreichen, daß also 4, 5 oder 6 Maschinen benötigt werden, berechnen als $0,033 + 0,004 + 0,0002 = 0,037$. Sollen die zur Verfügung stehenden Schreibmaschinen mit einer Wahrscheinlichkeit von 99% ausreichen, müssen 4 Maschinen zur Verfügung stehen. $\square$

Die Verteilungen vieler Zufallsgrößen zeigen eine glockenförmige Gestalt. Insbesondere gilt dies für die Verteilung meßbarer Größen, etwa der Körpergröße von Menschen und Tieren, der Dicke von Fichtenstämmen, der Lebensdauer von Haushaltsgeräten usw. Normale, mittlere Größen sind häufig, ungewöhnliche, d.h. besonders kleine und besonders große Größen, sind selten. Man nennt solche Größen „normalverteilt". Das nebenstehende Histogramm könnte den Bestand eines Geschäftes von Herrenschuhen darstellen. Die Größen 38, 39 sind selten, ebenso die Übergrößen 47, 48. Die mittleren Größen sind dagegen deutlich häufiger vertreten. Die Wahrscheinlichkeit, in einem solchen Schuhgeschäft ein passendes Paar zu finden, verhält sich entsprechend.

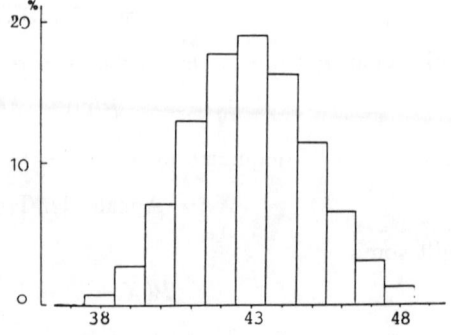

Bei Meßwerten, wie etwa dem Geburtsgewicht von Neugeborenen, die in einem gewissen Bereich alle Werte annehmen können, benutzt man klassierte Daten. Will man über solche Daten eine genauere Information gewinnen, wird man eine größere Anzahl von Meßwerten beschaffen und eine feinere Klasseneinteilung vorsehen. Wegen der bleibenden Ungenauigkeit unserer Meßinstrumente kann die Verfeinerung nicht beliebig gesteigert werden. Andererseits ist es unbefriedigend, als theoretische Verteilung zur Beschreibung von Naturphänomenen bei der Unterteilung in Klassen stehen zu bleiben, wo doch die Vorstellung unterlegt wird, daß sich die Größen selbst stetig ändern können. Man geht daher zu stetigen Zufallsvariablen über. Den Übergang zu einer größeren Anzahl von Klassen und schließlich zur stetigen Verteilung X skizziert die folgende Abbildung.

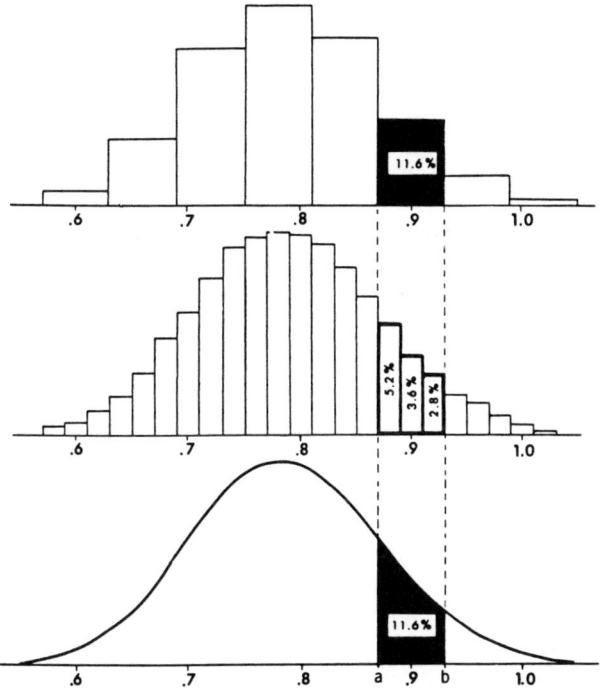

Bei Histogrammen ist die Wahrscheinlichkeit, daß die Werte der Zufallsgröße X im Intervall $[a, b]$ liegen durch die Fläche der Rechtecke über $[a, b]$ gegeben. Aus solchen Rechtecksummen entsteht bei stetigen Verteilungen das Integral über dem Intervall $[a, b]$

$$P(a \le X \le b) = \int_a^b f(t)dt \, .$$

Die stetige Funktion f, welche die Glockenkurve beschreibt, heißt **Wahrscheinlichkeitsdichtefunktion.**

Für stetige Verteilungen macht es dann allerdings keinen Sinn mehr, nach der Wahrscheinlichkeit des Ereignisses „$X = a$" zu fragen, denn es gilt

$$P(X = a) = \int_a^b f(t)dt = 0 \, .$$

Das Ereignis „$X = a$" ist zwar nicht unmöglich, da es aber unendlich viele Ereignisse dieser Art gibt, kann „$X = a$" keine reelle Zahl p ($\neq 0$) als Wahrscheinlichkeit zugeordnet werden.
Die folgende Abbildung zeigt nun, daß je nach der zu beschreibenden Größe X
recht unterschiedliche glockenförmige, „normale" Verteilungen existieren.

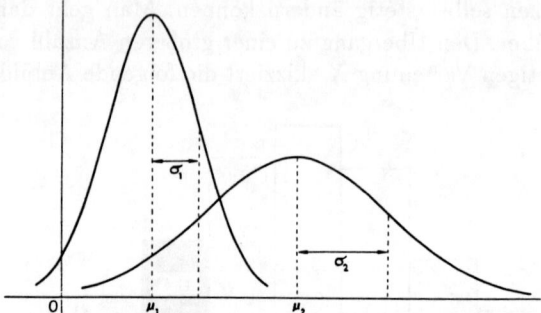

Um diese vergleichen zu können, nimmt man eine Standardisierung vor. Von der
Zufallsgröße X mit Erwartungswert μ und Standardabweichung σ geht man über
zur Zufallsgröße $U := \frac{X-\mu}{\sigma}$. Der Übergang von X zu $X - \mu$ bewirkt dabei eine
Verschiebung der Glockenkurve; es entsteht der Erwartungswert 0. Das Aussehen
der Kurve selbst verändert sich dabei nicht; damit auch nicht die Varianz (Standardabweichung). Die Multiplikation mit dem Faktor $\frac{1}{\sigma}$ bewirkt eine „Streckung"
oder „Stauchung" der Kurve, so daß die Standardabweichung 1 entsteht.
   Normalverteilte Zufallsgrößen führen durch Standardisierung stets zur
Gaußschen Normalverteilung (nach C. F. GAUSS, 1777–1855). Deren Dichtefunktion ist beschrieben durch

$$\varphi(t) = \frac{1}{\sqrt{2\pi}} e^{-\frac{t^2}{2}}.$$

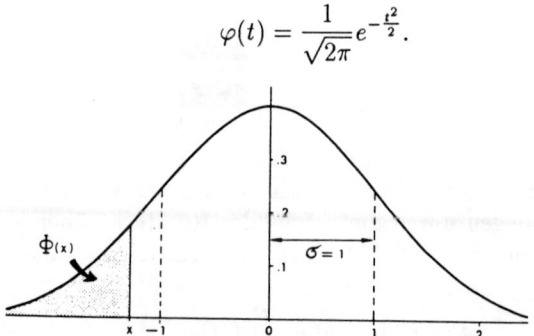

Die Werte der *Verteilungsfunktion*

$$\Phi(x) = \frac{1}{\sqrt{2\pi}} \int_{-\infty}^{x} e^{-\frac{t^2}{2}} dt$$

werden vielfach benutzt und liegen daher in tabellarischer Form vor (siehe S. 232).

Beispiel 29: Der durchschnittliche Benzinverbrauch für 100 km wird vom Werk für zwei Fahrzeugtypen mit 11,3 l bzw. 7,9 l bei einer Standardabweichung von 0,8 l bzw. 0,6 l angegeben. Bei einem Test verbrauchte ein Wagen des Typs A 12,6 l, einer des Typs B dagegen 8,9 l. Da man den Benzinverbrauch beider Fahrzeuge als normalverteilt annehmen darf, kann man beide standardisierten Zufallsgrößen als Gaußsche Normalverteilungen betrachten. Es gilt

$$U_A = \frac{12,6-11,3}{0,8} = 1,625 \qquad U_B = \frac{8,9-7,9}{0,6} = 1,667.$$

Fahrzeug A zeigt also bezogen auf obige Angaben den günstigeren Wert. □

Der Statistiker W. J. YOUDEN hat seine Bewunderung für die Normalverteilung als Beschreibungsinstrument für Naturphänomene durch das folgende Gedicht, dem er die Gestalt einer Glockenkurve gab, zum Ausdruck gebracht.

THE
NORMAL
LAW OF ERROR
STANDS OUT IN THE
EXPERIENCE OF MANKIND
AS ONE OF THE BROADEST
GENERALIZATIONS OF NATURAL
PHILOSOPHY + IT SERVES AS THE
GUIDING INSTRUMENT IN RESEARCHES
IN THE PHYSICAL AND SOCIAL SCIENCES AND
IN MEDICINE AGRICULTURE AND ENGINEERING +
IT IS AN INDISPENSABLE TOOL FOR THE ANALYSIS AND THE
INTERPRETATION OF THE BASIC DATA OBTAINED BY OBSERVATION AND EXPERIMENT

Das häufige Auftreten von Normalverteilungen ist nicht nur reine Erfahrungstatsache. Es läßt sich auch auf eine theoretische Grundlage stellen. Diese bildet der **zentrale Grenzwertsatz**, welcher besagt:
Ist $X = X_1 + X_2 + \ldots + X_n$ die Summe von n unabhängigen Zufallsgrößen X_i, dann strebt die standardisierte Zufallsgröße $Z := \frac{X-\mu}{\sigma}$ mit wachsenden n unter gewissen (schwachen) Voraussetzungen gegen die Normalverteilung.

Zufallsgrößen, welche natürliche Vorgänge beschreiben, sind also in der Regel normalverteilt, da sie durch Überlagerung einer Fülle von biologischen, physikalischen und auch soziologischen Bedingungen bestimmt werden. Mit Hilfe eines **Galton Brettes** (nach F. GALTON, 1822–1911) läßt sich schön simulieren, wie die Überlagerung vieler Bedingungen zu einer glockenförmigen Verteilung führt. Dabei rollen Kügelchen auf einer schiefen Ebene durch eine enge Öffnung abwärts. Durch Hindernisse werden die Kügelchen gleichmäßig nach links und rechts abgelenkt. Unten angelangt häufen sie sich in der Mitte und bilden angenähert eine Normalverteilung, wie die nebenstehende Abbildung zeigt. Die Verteilung der Kugeln auf die verschiedenen Fächer des Galton Brettes läßt sich durch eine Binomialverteilung

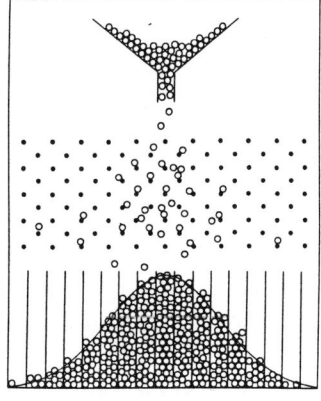

mit $p = \frac{1}{2}$ beschreiben. Dadurch wird zugleich verständlich, daß sich die Binomi-alverteilung für große Werte von n durch die Normalverteilung annähern läßt.

Beispiel 30: Die EG-Verpackungsnorm benutzt statistische Mittel zur Beschreibung ihrer Forderungen. So dürfen Flaschen mit einer Füllmenge von 700 ml durchaus weniger als 0,7 l enthalten. Der Anteil der Flaschen mit einem Inhalt zwischen 685 ml und 692,5 ml darf aber höchstens 5% ausmachen. Bei einer Abfüllanlage mit $E(X) = 700$ ml gelte $\sigma = 4$ ml. Dann folgt

$$P(685 \leq X \leq 692,5) = \Phi(U_2) - \Phi(U_1)$$

mit $U_2 = \frac{692,5-700}{4} = -1,875$ und $U_1 = \frac{685-700}{4} = -3,75$, also entsprechend den Werten der Tabelle auf Seite 232:

$$P(685 \leq X \leq 692,5) = 0,0310 - 0,0000 = 0,031.$$

Für $\sigma = 5$ ml berechnet man entsprechend $U_2 = \frac{692,5-700}{5} = -1,5$ und $U_1 = \frac{685-700}{5} = -3$ und erhält damit

$$P(685 \leq X \leq 692,5) = 0,0655 - 0,0013 = 0,0642.$$

Die Standardabweichung $\sigma = 5$ ml reicht also nicht aus, die geforderte Norm zu erfüllen. (Die Standardabweichungen (Varianzen) lassen sich als mittlere quadratische Abweichungen praktisch überprüfen). $\square$

Aufgaben

1. Beim zweimaligen Würfeln sei die Zufallsgröße X: „Summe der Augenzahlen". Bestimmen Sie deren Wahrscheinlichkeitsverteilung sowie Erwartungswert und Standardabweichung.

2. Gegeben seien die beiden unabhängigen Zufallsgrößen X und Y mit folgenden Verteilungen:

x	1	2	3	4
$P(X = x)$	$\frac{2}{8}$	$\frac{4}{8}$	$\frac{1}{8}$	$\frac{1}{8}$

y	0	1	3	5
$P(Y = y)$	$\frac{1}{10}$	$\frac{3}{10}$	$\frac{5}{10}$	$\frac{1}{10}$

Bestimmen Sie zur Zufallsgröße $X + Y$
a) $P(X + Y = 4)$, $P(X + Y = 6)$ b) Erwartungswert und Varianz

3. Beim PS-Sparen der Sparkasse treten 7stellige Losnummern von 0000000

bis 9999999 auf.

a) Geben Sie die Wahrscheinlichkeitsverteilung der Zufallsgröße X (Gewinnbeträge) an.

b) Bestimmen Sie einen gerechten Lospreis (Erwartungswert).

c) Berechnen Sie $P(X \leq 100)$ und $P(10 \leq X \leq 50)$.

Lose mit den End-ziffern gewinnen	Gewinnbetrag in DM
.934237	100.000,–
..64765	10.000,–
...1371	1.000,–
....346	100,–
....535; 472	50,–
....176; 198	50,–
....597; 393	20,–
.....21; 28	20,–
.....33; 66	10,–
......0	5,–

4. An einer Losbude gewinnen 4 von 10 Losen. Jemand kauft 7 Lose. Wie groß ist die Wahrscheinlichkeit, daß er dabei a) 3 Gewinne b) weniger als 4 Gewinne gezogen hat?

5. In einer Montagewerkstatt arbeiten 10 Monteure. Jeder von diesen benötigt eine Bohrmaschine durchschnittlich für 12 Minuten pro Stunde.
   a) Mit welcher Wahrscheinlichkeit genügen 4 (5, 6) Maschinen?
   b) Wie viele Maschinen müssen zur Verfügung stehen, damit diese mit einer Wahrscheinlichkeit von 95% ausreichen?

6. Ein Multiple-Choise Test enthält 300 Fragen mit je zwei Auswahlantworten. Bei jeder Frage ist nur eine Antwort richtig. Jemand soll kein einziges Kreuz an die richtige Stelle gesetzt haben. Kann das Zufall sein?

7. Ein defekter Drehautomat produziert 30% Ausschuß. Die Zufallsgröße X gebe an, wie viele Ausschußstücke sich unter 3 entnommenen Werkstücken befinden. Berechnen Sie $P(X \leq i)$ für $i = 0, 1, 2, 3$.

8. Von den 20 Fahrgästen eines Ausflugbusses wollen 10 Personen Waren unverzollt über die Grenze bringen. Wie groß ist die Wahrscheinlichkeit, daß bei einer Überprüfung von 8 Fahrgästen 4 Schmuggler erwischt werden? (Hinweis: Wie berechnet man die Wahrscheinlichkeit für „4 Richtige" beim Lotto?)

9. In einer Urne befinden sich N Kugeln; von diesen sind M schwarz und $N - M$ weiß. Es werden n Kugeln ohne Zurücklegen gezogen. Es muß also $M \leq N$ und $n \leq N$ gelten. Begründen Sie, daß für die Zufallsgröße X: „Anzahl der Schwarzen unter den n Kugeln" gilt:

$$P(X = k) = \frac{\binom{M}{k} \cdot \binom{N-M}{n-k}}{\binom{N}{n}} \quad \text{für } k = 0, 1, ..., n.$$

Die Zufallsgröße heißt **hypergeometrisch** verteilt.

10*. Eine Firma liefert Ventile in Packungen zu 20 Stück. Jede Packung darf laut Lieferbedingung höchstens zwei defekte Ventile enthalten. Ein Händler überprüft eine Packung, indem er fünf Ventile ohne Zurücklegen zufällig entnimmt. Ist von diesen höchstens ein Ventil unbrauchbar, nimmt er die Packung an, andernfalls lehnt er sie ab. Mit welcher Wahrscheinlichkeit wird eine Packung abgelehnt, obwohl sie den Lieferbedingungen entspricht?

11. Bestimmen Sie für eine normalverteilte Zufallsgröße X mit $E(X) = 30$ und $\sigma(X) = 8$ die Wahrscheinlichkeiten $P(11 \leq X \leq 36)$ und $P(24 \leq X \leq 46)$. (Die Werte der Gaußschen Φ-Funktion findet man auf S. 232.)

12. Eine Maschine stellt Dichtungsringe mit einem mittleren Durchmesser von 2,5 cm bei einer Standardabweichung von 1 mm her. Wie groß ist die Wahrscheinlichkeit, daß die Qualitätsnorm 2,5 cm $\pm$ 1,5 mm nicht erfüllt wird ?

13. In einer Klinik wurden in einem Jahr 307 Geburten registriert; dabei handelte es sich in 170 Fällen um Knaben. Ist dies ein seltenes Ereignis ? Wie groß ist die Wahrscheinlichkeit für 170 oder noch mehr Knabengeburten ? (Die Wahrscheinlichkeit für eine Knabengeburt sei 0,514).

14. Ein Autokonzern gibt auf die Karosserie eine zweijährige Garantie. Die Werksleitung geht davon aus, daß der Garantiefall pro Wagen mit einer Wahrscheinlichkeit von 5% auftritt. Wie groß ist die Wahrscheinlichkeit, daß unter 30000 verkauften Autos an höchstens 1500 Wagen entsprechende Mängel innerhalb der Garantiezeit auftreten?

V. 7 Elemente der beurteilenden Statistik

Aufgabe der beurteilenden Statistik ist es, aus statistischem Material Rückschlüsse auf die Grundgesamtheit zu ziehen. Solche Rückschlüsse sind immer mit einer gewissen Unsicherheit behaftet, so daß die Aussagen der beurteilenden Statistik stets Wahrscheinlichkeitsaussagen sind. Als erste solche Aussage sei die Ungleichung von TSCHEBYSCHEFF betrachtet:
Für eine beliebige Zufallsgröße X läßt sich die Wahrscheinlichkeit, daß Werte von X um mindestens c vom Erwartungswert μ abweichen, abschätzen gemäß:

$$P(|X - \mu| \geq c) \leq \frac{V(X)}{c^2} \quad (c \in \mathbb{R}^+)$$

Zur *Begründung* betrachten wir analog zum Vorgehen bei Häufigkeitsverteilungen (vgl. Abschnitt V.1) die Werte x_i der Zufallsgröße X, welche außerhalb des Intervalls $]\mu - c, \mu + c[$ liegen. Für diese gilt:

$$V(X) \geq \sum_{|x_i - \mu| \geq c} P(X = x_i)(x_i - \mu)^2 \geq \sum_{|x_i - \mu| \geq c} P(X = x_i)c^2$$

Eine Division durch c^2 liefert dann die oben formulierte Ungleichung.
Da die Wahrscheinlichkeit des Ereignisses „$|X - \mu| \geq c$" nicht größer als 1 sein kann, macht diese Ungleichung natürlich nur Sinn für $c \geq \sigma$.

Die Ungleichung von Tschebyscheff verleiht der Varianz erkennbar Bedeutung. Es läßt sich nämlich abschätzen, wie häufig gewisse Abweichungen vom Mittelwert vorkommen. Wählt man $c = k\sigma$, so folgt:

$$P(|X - \mu| \geq k\sigma) \leq \frac{\sigma^2}{k^2\sigma^2} = \frac{1}{k^2}$$

und für das Gegenereignis „$|X - \mu| < k\sigma$"

$$P(|X - \mu| < k\sigma) \geq 1 - \frac{1}{k^2}.$$

Speziell gilt damit für beliebige Wahrscheinlichkeitsverteilungen:
Im 2σ-Intervall um μ liegen mindestens 75% der Werte.
Im 3σ-Intervall um μ liegen mindestens 89% der Werte.
Im 4σ-Intervall um μ liegen mindestens 94% der Werte.

Beispiel 31: Bei einer Fahrzeugkontrolle werden in der Regel 40% der Fahrzeuge beanstandet. Im Verlauf einer solchen Kontrolle werden 240 Fahrzeuge überprüft und dabei 120 beanstandet. Wie groß ist die Wahrscheinlichkeit dafür, wenn sich an den allgemeinen Bedingungen nichts geändert hat?
Die Anzahl der Beanstandungen X bildet eine binomialverteilte Zufallsgröße mit $p = 0,4$. Also gilt $E(X) = 240 \cdot 0,4 = 96$ und $V(X) = 240 \cdot 0,4 \cdot 0,6 = 57,6$. Damit liegt bei den beobachteten Werten eine Abweichung von 24 vom Erwartungswert vor. Für diese oder eine höhere Abweichung liefert die Ungleichung von Tschebyscheff:

$$P(|X - 96| \geq 24) \leq \frac{57,6}{24^2} = 0,1.$$

Die Wahrscheinlichkeit, eine solche Abweichung zu beobachten, erweist sich mit 0,1 als recht klein. Sie ist aber noch nicht auffällig genug, um eine Änderung der allgemeinen Bedingungen anzunehmen. $\square$

Das Beispiel behandelt eine Bernoulli-Kette. Für diese läßt die Ungleichung von Tschebyscheff eine interessante Umformung zu. Bei einer Bernoulli-Kette der Länge n sei p die Trefferwahrscheinlichkeit. Damit gilt für die Zufallsgröße X: Anzahl der Treffer bei n Versuchen:

$$E(X) = np \quad \text{und} \quad V(X) = np(1 - p).$$

Setzt man $c = n \cdot \varepsilon$, dann liefert die Ungleichung von Tschebyscheff

$$P(|X - np| \geq n\varepsilon) \leq \frac{np(1 - p)}{n^2\varepsilon^2} = \frac{p(1 - p)}{n\varepsilon^2}.$$

Daraus entstehen nach Division durch n (im linken Term) und der Deutung von $\frac{X}{n}$ als relative Trefferhäufigkeit:

$$P(|h - p| \geq \varepsilon) \leq \frac{p(1 - p)}{n\varepsilon^2}.$$

Diese Ungleichung schätzt also die Wahrscheinlichkeit ab, daß sich bei einer Bernoulli-Kette der Länge n die Trefferwahrscheinlichkeit p von der beobachteten relativen Trefferhäufigkeit h um einen Wert von ε unterscheidet. Die entsprechende Aussage für das Gegenereignis „$|h - p| < \varepsilon$" verdient ebenfalls Interesse. Es gilt:

$$P(|h - p| < \varepsilon) = 1 - P(|h - p| \geq \varepsilon) \geq 1 - \frac{p(1 - p)}{n\varepsilon^2}.$$

Für größerwerdendes n strebt die rechte Seite der Ungleichung gegen 1. Die Wahrscheinlichkeit, daß bei einer Bernoulli-Kette der Länge n die relative Trefferhäufigkeit h von der Trefferwahrscheinlichkeit p um den Betrag ε abweicht, nähert sich also für wachsende Länge n der Zahl 1.

Diese als **Bernoullisches Gesetz der großen Zahl** bezeichnete Tatsache präzisiert das schon in Abschnitt V.2 für Bernoulli-Ketten beschriebene **empirische Gesetz der großen Zahl**. Die Stabilisierung der relativen Häufigkeit h hin zur Wahrscheinlichkeit p beinhaltet keine Konvergenz. Abweichungen der Größe ε, wie klein ε auch sein mag, werden aber bei wachsendem n immer unwahrscheinlicher.

Oft wird bei Untersuchungen die Wahrscheinlichkeit 1% vorgeschrieben, mit der h von p um höchstens ε abweichen darf. Betrachten wir dazu die von p unabhängige Abschätzung

$$P(|h - p| \geq \varepsilon) \leq \frac{1}{4n\varepsilon^2}.$$

Diese entsteht aus der obigen Abschätzung, weil für alle $p \in [0, 1]$ gilt $p(1-p) \leq \frac{1}{4}$ (siehe die Abbildung auf der nächsten Seite). Setzt man nun $P(|h-p| \geq \varepsilon) = 0,01$ so entsteht $\frac{1}{4n\varepsilon^2} = 0,01$ als Beziehung zwischen n und ε. Diese wird veranschaulicht durch den nebenstehend abgebildeten sogenannten 99%-Trichter. Dabei wird unabhängig von p angegeben, zu welchem n die relative Häufigkeit h im Intervall $[p - \varepsilon, p + \varepsilon]$ liegt. Dieser Trichter veranschaulicht sehr schön, wie sich die relative Häufigkeit mit wachsender Länge der Versuchsreihe zur Wahrscheinlichkeit hin stabilisiert.

n	10^2	10^3	10^4	10^5	...
ε	0,500	0,158	0,050	0,016	...

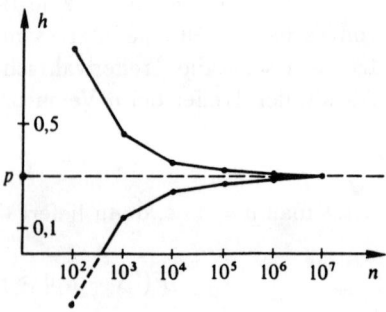

Beispiel 32: Eine Partei läßt 3 Wochen vor der Wahl eine Umfrage durchführen, um auf 1% genau ihren derzeitigen Stimmenanteil zu ermitteln. Das beauftragte Meinungsforschungsinstitut befragt 10000 zufällig ausgewählte Personen. Ist der Stimmenanteil p unbekannt, dann gilt im Sinne der von p unabhängigen Abschätzung:

$$P(|h - p| \geq 0,01) \leq \frac{1}{4 \cdot 10000 \cdot 0,01^2} = 0,25.$$

Die Wahrscheinlichkeit des Gegenereignisses, daß sich nämlich die ermittelte relative Häufigkeit von der gesuchten Wahrscheinlichkeit p um weniger als 1% unterscheidet, ist in dem Fall größer als 75%. Im Sinne dieser Abschätzung muß man schon eine recht große Anzahl von Personen (10000) befragen, um mit einer gar nicht überzeugenden Sicherheit (75%) ein 1%-Intervall für die gesuchte Wahrscheinlichkeit p zu erreichen.

Weiß man mehr über p, erhält man eine bessere Aussage. Weiß man etwa, daß p unter 10% liegt, dann läßt sich die Abschätzung $P(|h - p| \geq \varepsilon) \leq \frac{p(1-p)}{n\varepsilon^2}$ benutzen. Dabei gilt für $p \leq 0,1$:
$$p(1 - p) \leq 0,1 \cdot 0.9 = 0,09,$$
wie man anhand der nebenstehenden Abbildung erkennt. Damit folgt:

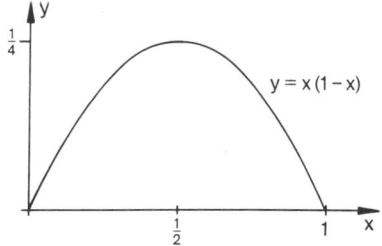

$$P(|h - p| \geq 0,01) \leq \frac{0,09}{10000} \cdot 0,01^2 = 0,09.$$

In diesem Falle weiß man also mit einer Sicherheit von mehr als 91%, daß sich h und p um weniger als 1% unterscheiden. □

Die Ungleichung von Tschebyscheff und die daraus folgenden Aussagen gelten für alle Wahrscheinlichkeitsverteilungen. Damit können die Abschätzungen nicht sehr genau sein. Kennt man eine Wahrscheinlichkeitsverteilung genauer, dann lassen sich präzisere Aussagen machen, wie das folgende Beispiel zeigt:

Beispiel 33: Beim 100-maligen Werfen einer Münze sei X die Zufallsgröße „Anzahl der Wappen". X ist also $B(100; 0,5)$-verteilt, und es gilt $E(X) = 50$, $V(X) = 25$, folglich $\sigma(X) = 5$. Die Ungleichung von Tschebyscheff besagt dann z.B.

$$P(|X - \mu| < 2\sigma) \geq 1 - \frac{1}{4} = 0,75,$$

daß also mindestens 75% der Werte im 2σ-Intervall um 50 liegen. Diese Wahrscheinlichkeit läßt sich bestimmen gemäß

$$P(40 < X < 60) = \sum_{k=41}^{59} \binom{100}{k} \left(\frac{1}{2}\right)^{100} = 0,9716 - 0,0284 = 0,9432.$$

Tatsächlich liegen bei dieser Verteilung also mehr als 94% der Werte in dem 2σ-Intervall um den Erwartungswert. $\square$

Genauere Aussagen als mit der Ungleichung von Tschebyscheff erhält man natürlich auch, wenn die Zufallsgröße X normalverteilt oder die Normalverteilung eine gute Annäherung ist. $P(|X - E(X)| \leq c)$ läßt sich dann mit Hilfe der Werte der Φ-Funktion (siehe Tabelle am Ende dieses Abschnitts) bestimmen.

$$P(|X - E(X)| \leq c) = P(X \leq E(X) + c) - P(X \leq E(X) - c).$$

Geht man über zur standardisierten Zufallsgröße $U = \frac{X - E(X)}{\sigma(X)}$, so entsteht:

$$
\begin{aligned}
P(|X - E(X)| \leq c) &= \Phi\left(\frac{E(X) + c - E(X)}{\sigma(X)}\right) - \Phi\left(\frac{E(X) - c - E(X)}{\sigma(X)}\right) \\
&= \Phi\left(\frac{c}{\sigma(X)}\right) - \Phi\left(\frac{-c}{\sigma(X)}\right) \\
&= \Phi\left(\frac{c}{\sigma X}\right) - \left(1 - \Phi\left(\frac{c}{\sigma(X)}\right)\right) \\
&= 2\Phi\left(\frac{c}{\sigma(X)}\right) - 1 .
\end{aligned}
$$

Hat man bei einer Bernoulli-Kette der Länge n die relative Trefferhäufigkeit h bestimmt, dann darf man bei hinreichend großem n die Normalverteilung als Näherung benutzen. Damit läßt sich nun berechnen, in welchem Intervall um h die gesuchte Trefferwahrscheinlichkeit mit der vorgegebenen *Sicherheitswahrscheinlichkeit* liegen muß. Nehmen wir 90% als Sicherheitswahrscheinlichkeit, dann gilt:

$$P(|X - np| \leq c) = P(|h - p| \leq \tfrac{c}{n}) = 2\Phi(\tfrac{c}{\sigma(X)}) - 1.$$

Aus

$$2\Phi(\tfrac{c}{\sigma(X)}) - 1 = 0,9$$

erhält man nun

$$\Phi(\tfrac{c}{\sigma(X)}) = 0,95$$

und damit aus der Tabelle auf der Seite 232 $\frac{c}{\sigma(X)} = 1,645$, oder $c = 1,645\,\sigma(X)$. Mit $\sigma(X) = \sqrt{np(1 - p)}$ folgt

$$|h - p| \leq 1,645 \cdot \sqrt{\frac{p(1 - p)}{n}}.$$

Die beiden Lösungen p_1 und p_2 der zugehörigen Gleichung liefern ein Intervall, in welchem die gesuchte Wahrscheinlichkeit p mit der Wahrscheinlichkeit 0,9, im allgemeinen Falle mit der Wahrscheinlichkeit $2\Phi(r) - 1$, liegen muß. Man bezeichnet dieses als **Vertrauensintervall** zur Vertrauenswahrscheinlichkeit $0,9$ $(2\Phi(r) - 1)$.

Beispiel 34: Eine Partei A gibt kurz vor der Wahl einem Institut den Auftrag durch eine Befragung von 2000 Personen mit der Vertrauenswahrscheinlichkeit 95% ihren Stimmenanteil vorauszusagen. Es entscheiden sich 325 Personen für die Partei A. Aus $2\Phi(\tfrac{c}{\sigma(X)}) - 1 = 0,95$ erhält man $\Phi(\tfrac{c}{\sigma(X)}) = 0,975$. Das gilt für

$\frac{c}{\sigma(X)} = 1,96$ und ergibt

$$|0,163 - p| \leq 1,96 \cdot \sqrt{\frac{p(1-p)}{2000}}$$

oder

$$(0,163 - p)^2 \leq 1,96^2 \frac{p(1-p)}{2000}.$$

Durch weitere Umformung entsteht:

$$1,00192p^2 - 0,32792p + 0,026569 \leq 0.$$

Die Lösung der zugehörigen quadratischen Gleichung

$$p^2 - 0,32729p + 0,026518 = 0$$

liefert mittels quadratischer Ergänzung

$$(p - 0,163645)^2 = 0,0002616$$

und dann als Lösungen $p_1 = 0,1475$, $p_2 = 0,1798$. Der gesuchte Stimmanteil für Partei A bezogen auf die Gesamtbevölkerung liegt also mit 95%iger Sicherheit im Intervall $[14,75\%, 17,98\%]$. $\square$

Beim *Schätzen einer Wahrscheinlichkeit* durch Bestimmung eines Vertrauensintervalls muß die Zufallsversuchsreihe vorher ausgeführt werden. Beim **Testen einer Hypothese** geht es nicht darum, eine Wahrscheinlichkeit zu bestimmen. Eine Vermutung (Hypothese) über eine Wahrscheinlichkeit soll durch eine nachträgliche Versuchsreihe erhärtet oder entkräftet werden. Der Gedankengang sei zunächst an einem Beispiel erläutert.

Beispiel 35: Bei einer Qualitätskontrolle darf der Ausschußanteil p höchstens 5% betragen. Man vermutet $p > 0,05$. Wie will man sich zwischen $p \leq 0,05$ und $p > 0,05$ entscheiden, ohne alle Teile zu überprüfen ?
Als Entscheidungskriterium könnte man festlegen:
Es wird eine Stichprobe von 100 Teilen entnommen. Findet man dabei mehr als 8 defekte Teile, dann soll die Hypothese $p \leq 0,05$ abgelehnt werden. Die Vermutung $p > 0,05$ wird dadurch gestärkt.
Hier testet man die Hypothese $H_0 : p \leq 0,05$ gegen die Hypothese $H_1 : p > 0,05$. Die Zufallsgröße X: „Anzahl der defekten Teile bei 100 Stücken" nimmt man dabei als $B(100; 0,05)$-verteilt an. Dann ist der Erwartungswert $E(X) = 5$. Es werden 6, 7 oder 8 defekte Teile als unglücklicher Zufall akzeptiert. Mehr defekte Teile nimmt man als Beleg gegen die Hypothese H_0. Daher nennt man
$A = \{9, 10, \ldots, 100\}$ den *Ablehnungsbereich* der Hypothese, die Menge
$\overline{A} = \{0, 1, \ldots, 8\}$ den *Annahmebereich*. $\square$

Dieses Entscheidungsverfahren ähnelt dem indirekten Beweis. Man hat eine Vermutung, nimmt das Gegenteil an und sucht Argumente, warum dieses Gegenteil abzulehnen ist. Beim indirekten Beweis sind dies logische Argumente, die keinen Spielraum zulassen. Beim Testen von Hypothesen sind es Wahrscheinlichkeitsargumente. Dabei sind Fehlentscheidungen durchaus möglich. Bei einer $B(100; 0,05)$-verteilten Zufallsgröße X sind 9, 10, 11 oder noch mehr defekte Teile zwar unwahrscheinlich aber durchaus möglich. Es gilt nämlich:

$$P(X > 8) = 1 - P(X \leq 8) = 0,0631.$$

Folgt man der obigen Entscheidungsregel, irrt man also mit einer Wahrscheinlichkeit von 6,31%. Diese Wahrscheinlichkeit nennt man *Irrtumswahrscheinlichkeit* des Testes. Es ist allerdings auch möglich, daß die Hypothese $H_0 : p \leq 0,05$ angenommen wird, daß also 0 bis 8 defekte Teile gefunden werden, obwohl $p \leq 0,05$ nicht gilt, obwohl z.B. $p = 0,1$ ist. In diesem Falle gilt für die $B(100; 0,1)$-verteilte Zufallsgröße X: $P(X \leq 8) = 0,3209$. Bei einer solchen Fehlentscheidung, daß die Hypothese H_0 fälschlich angenommen wird, spricht man von einem *Fehler 2. Art.*

Die Überlegungen seien für einen Test der Hypothese $H_0 : p \leq p_0$ (gegen die Hypothese $H_1 : p > p_0$) noch einmal zusammengefaßt:
Man wählt einen Stichprobenumfang n und nimmt die Zufallsgröße X als $B(n; p_o)$-verteilt an. Der Ablehnungsbereich werde als $\overline{A} = \{g, g+1, ..., n\}$ festgelegt. Dann ergeben sich folgende Entscheidungsmöglichkeiten:

$$p \leq p_0$$

$x \in \overline{A}$; $\quad H_0$ wird abgelehnt	$\begin{cases} \text{wahr} \\ \text{falsch} \end{cases}$	$\begin{array}{l} \text{Fehlentscheidung 1.Art} \\ \text{richtige Entscheidung} \end{array}$
$x \in A$; $\quad H_0$ wird beibehalten	$\begin{cases} \text{wahr} \\ \text{falsch} \end{cases}$	$\begin{array}{l} \text{richtige Entscheidung} \\ \text{Fehlentscheidung 2.Art} \end{array}$

Dabei ist die Wahrscheinlichkeit für einen Fehler 1. Art

$$P(X \geq g) = \sum_{i=g}^{n} \binom{n}{i} p^i (1-p)^{n-i} = 1 - \sum_{i=0}^{g-1} \binom{n}{i} p^i (1-p)^{n-i}.$$

Gilt $p > p_o$, und ist die Wahrscheinlichkeit p bekannt, dann läßt sich die Wahrscheinlichkeit für einen Fehler 2. Art für die dann $B(n; p)$-verteilte Zufallsgröße X bestimmen als

$$P(X \in A) = P(X \leq g - 1) = \sum_{i=0}^{g-1} \binom{n}{i} p^i (1-p)^{n-i}.$$

Meist wird die Irrtumswahrscheinlichkeit als sogenanntes **Signifikanzniveau** vorgegeben und zur Bestimmung des Ablehnungsbereichs benutzt, wie das folgende Beispiel zeigt.

Beispiel 36: In einer Partei XY besteht die Befürchtung, daß die Popularität unter 30% gesunken ist. Man läßt die Hypothese $H_0 : p \geq 0,3$ mit einem Stichprobenumfang $n = 100$ auf dem 5% Signifikanzniveau testen. Die Hypothese wird also für kleine Werte von X („Anzahl der Befürworter bei 100 Befragten") abgelehnt. Dabei wählt man die Grenze g des Ablehnungsbereichs so, daß für eine $B(100; 0,3)$-verteilte Zufallsgröße X gilt $P(X \leq g) \leq 0,05$. Die nebenstehende Tabelle liefert $g = 22$. Damit ist $A = \{0,1,...,22\}$ der Ablehnungsbereich. Finden sich also bei einer Befragung von 100 zufällig ausgewählten Personen 22 oder weniger Personen mit positiver Einstellung zur Partei XY, dann wird die Hypothese $H_0 : p \geq 0,3$ auf dem 5% Niveau abgelehnt. Damit verstärkt sich die Befürchtung gesunkener Popularität. □

Summenfunktion der Binomialverteilung für $n = 100$ und $p = 0,05$		Summenfunktion der Binomialverteilung für $n = 100$ und $p = 0,3$	
h	$P(x \leq k)$	h	$P(x \leq k)$
0	0,0059	12	0,0000
1	0,0371	13	0,0001
2	0,1183	14	0,0002
3	0,2578	15	0,0004
4	0,4360	16	0,0010
5	0,6160	17	0,0022
6	0,7660	18	0,0045
7	0,8720	19	0,0089
8	0,9369	20	0,0165
9	0,9718	21	0,0288
10	0,9885	22	0,0479
11	0,9957	23	0,0755
12	0,9985	24	0,1136
13	0,9995	25	0,1631
14	0,9999	26	0,2244
15	0,0000	27	0,2964
		28	0,3768
		29	0,4623
		30	0,5491
		31	0,6331
		32	0,7107
		33	0,7793
		34	0,8371
		35	0,8839
		36	0,9201
		37	0,9470
		38	0,9660
		39	0,9790
		40	0,9875
		41	0,9928
		42	0,9960
		43	0,9979
		44	0,9989
		45	0,9995
		46	0,9997
		47	0,9999
		48	0,9999
		49	1,0000

Die hier vorgestellten Tests werden als *einseitige* Hypothesentests bezeichnet. Getestet wurde $H_0 : p \geq p_0$ (gegen $H_1 : p < p_0$) oder $H_0 : p \leq p_0$ (gegen $H_1 : p > p_0$). Im folgenden Beispiel wird ein *zweiseitiger* Test behandelt. Dabei wird gleichzeitig die binomialverteilte Zufallsgröße X durch die Normalverteilung angenähert.

Beispiel 37: Jemand behauptet, daß 20% einer Bevölkerung Brillenträger seien. Diese Hypothese H_0: $p = 0,2$ soll gegen die Hypothese H_1: $p \neq 0,2$ auf dem 5%-Niveau getestet werden durch eine Stichprobe vom Umfang 1000. Die Zufallsgröße X: „Anzahl der Brillenträger unter 1000 Personen" wird als $B(1000; 0,2)$-verteilt angenommen. Die Hypothese H_0: $p = 0,2$ wird man ablehnen, falls $X \leq g_l$ für eine linke Grenze g_l oder $X \geq g_r$ für eine rechte Grenze g_r gilt. Dabei wird die Irrtumswahrscheinlichkeit 0,05 je zur Hälfte dem linken und dem rechten Teil des Ablehnungsbereichs zugeschrieben. Es werden also g_l und g_r so bestimmt, daß $P(X \leq g_l) \leq 0,025$ und $P(X \geq g_r) \leq 0,025$ gerade noch erfüllt sind. X ist $B(1000; 0,2)$-verteilt. Damit gilt $E(X) = 200$ und $\sigma(X) = \sqrt{160} = 12,65$. Es muß also $\Phi(\frac{g_l-200}{\sqrt{160}}) \leq 0,025$ sein und wegen $\Phi(-x) = 1 - \Phi(x)$, dann $\Phi(\frac{200-g_l}{\sqrt{160}}) \geq 0,975$ erfüllt sein. Die Tabelle am Ende dieses Abschnitts liefert

$\frac{200-g_l}{\sqrt{160}} \geq 1,96$, also $g_l \leq 200 - 1,96 \cdot 12,65 = 175,2$.

Entsprechend berechnet man g_r aus $P(X \geq g_r - 1) \geq 0,975$ oder $\Phi(\frac{g_r-1-200}{\sqrt{160}}) \geq$ $0,975$. Somit hat man $\frac{g_r-1-200}{\sqrt{160}} \geq 1,96$, also $g_r \geq 200 + 1 + 1,96 \cdot 12,65 = 225,8$. Damit erhält man als Ablehnungsbereich für die Hypothese $H_0 : p = 0,2$

$$A = \{0,1,...,175\} \cup \{226,227,...,1000\}.$$

Findet man also bei 1000 befragten Personen höchstens 175 oder mindestens 226 Brillenträger, dann ist die Hypothese abzulehnen. $\square$

Aufgaben

1. Schätzen Sie die Wahrscheinlichkeit ab, daß beim 600-maligen Würfeln die Anzahl der Sechsen vom Erwartungswert um mindestens 20 abweicht.

2. Eine Maschine produziert Ausschuß mit einer Wahrscheinlichkeit von 0,05%. Der Produktion wird eine Stichprobe von 100 Stück entnommen. Schätzen Sie die Wahrscheinlichkeit ab, daß die Anzahl der Ausschußstücke
a) um mindestens 2   b) um höchstens 4 vom Erwartungswert abweicht.
Bestimmen Sie zum Vergleich die genauen Werte dieser Wahrscheinlichkeiten (siehe Tabelle bei Beispiel 36).

3. Jede Woche werden ca. 140 Millionen Lottotips abgegeben. Wie viele Tips mit 6 (mit 4) Richtigen sind zu erwarten ? Schätzen Sie die Wahrscheinlichkeit ab, daß die Anzahl der tatsächlich vorkommenden Tips mit 6 (mit 4) Richtigen um höchstens 3 davon abweicht.

4. Eine Wahl soll aus Kostengründen durch eine Befragung von 100000 zufällig ausgewählten Bürgern ersetzt werden. Die Wahrscheinlichkeit, daß der durch die Stichprobe festgestellte Stimmenanteil h einer Partei vom Stimmenanteil p in der Gesamtbevölkerung um höchstens ε abweicht, soll mindestens 99,9% betragen. Schätzen Sie die Abweichung ε ab.

5. Eine Befragung von 2000 Personen ergab in 775 Fällen eine positive Meinung zu dem in Frage stehenden Thema. Bestimmen Sie das Vertrauensintervall (für die unbekannte Wahrscheinlichkeit p bezogen auf die Gesamtbevölkerung) zur Vertrauenswahrscheinlichkeit 90%.

6. Nach der Auszählung von 500000 Stimmen wird für die FDP ein Stimmenanteil von 5,2% bekanntgegeben. In welchem Bereich wird der endgültige Stimmenanteil mit 99,9%-iger Wahrscheinlichkeit liegen ? Wie verändert sich die Intervallänge, wenn weitere 500000 Stimmen ausgezählt sind ?

7. Das statistische Jahrbuch gibt folgende Geburtszahlen für den Bereich der Bundesrepublik an:

	männlich	weiblich
1950	420944	391891
1975	309135	291377

Bestimmen Sie jeweils das Vertrauensintervall (zur Vertrauenswahrscheinlichkeit 99%) für die Wahrscheinlichkeit einer Knabengeburt.

8. Eine kleine Partei fürchtet sich vor der 5%-Klausel. Sie möchte die Nullhypothese $H_0 : p \leq 0,05$ auf dem 1%-Niveau testen lassen. Bestimmen Sie für n= 100 (10000) den Ablehnungsbereich. (Siehe Tabelle bei Beispiel 36.)

9. Reihenuntersuchungen in der Schule stellen in der Regel bei 15% der Schüler Zahnschäden fest, die eine weitere ärztliche Behandlung notwendig machen. Nach einem groß angelegten Werbefeldzug für bessere Zahnpflege werden im folgenden Jahr nur 78 von 650 Schülern zum Besuch eines Zahnarztes aufgefordert. Kann man mit einer Irrtumswahrscheinlichkeit von 5% behaupten, daß der Werbefeldzug erfolgreich war ?

10. Ein Großunternehmer bietet einem Elektrohändler aus Restbeständen eine größere Anzahl von 40-Watt und 60-Watt Glühbirnen zu einem Pauschalpreis an. Der Händler ist an dem Angebot interessiert, falls beide Sorten gleich stark vertreten sind. Um den Handel nicht unbesehen einzugehen, entschließt sich der Händler zu folgendem Vorgehen: Er entnimmt dem Angebot 10 Glühbirnen. Falls von keiner Sorte weniger als 3 Stück darunter sind, nimmt er das Angebot an, andernfalls lehnt er es ab.
a) Wie groß ist die Wahrscheinlichkeit, daß der Elektrohändler ein ordnungsgemäßes Angebot fälschlicher Weise ablehnt ?
b) Mit welcher Wahrscheinlichkeit wird ein Angebot, das doppelt so viele 40-Watt-Birnen wie 60-Watt-Birnen enthält, fälschlicher Weise angenommen ?

11. SUPERNEPP, eine Werbefirma, soll den Umsatz des Waschmittels MOMO ankurbeln. Sie erhält doppeltes Honorar, wenn in einer vom Hersteller ausgewählten Zufallsstichprobe von 1600 Personen mindestens 21% der Befragten MOMO anderen Mitteln vorziehen.
a) Angenommen der Marktanteil von MOMO in der Gesamtbevölkerung beträgt 21%. Mit welcher Wahrscheinlichkeit werden höchstens 350 MOMO-Anhänger in der Stichprobe beobachtet ?
b) Angenommen, MOMO besitzt nur 20% Marktanteil. Mit welcher Wahrscheinlichkeit kassiert SUPERNEPP trotzdem doppeltes Honorar ?

12. Bei den ersten 1309 Ziehungen des Zahlenlottos („6 aus 49") wurden 7854 Gewinnzahlen (ohne die jeweiligen Zusatzzahlen) gezogen. Jede Zahl müßte etwa 160 mal vorgekommen sein. ($\frac{7854}{49} \approx 160,3$). Nun ist die 13 ihrem Ruf gerecht geworden und nur 130 mal vorgekommen. Testen Sie (für die Zahl 13) die Hypothese a) $H_0 : p \leq \frac{1}{49}$ b) $H_0 : p = \frac{1}{49}$ auf dem 5% - Niveau.

Gaußsche Summenfunktion Φ

$\Phi(x) = 0, \ldots \qquad \Phi(-x) = 1 - \Phi(x)$

x	0	1	2	3	4	5	6	7	8	9
0,0	5000	5040	5080	5120	5160	5199	5239	5279	5319	5359
0,1	5398	5438	5478	5517	5557	5596	5636	5675	5714	5753
0,2	5793	5832	5871	5910	5948	5987	6026	6064	6103	6141
0,3	6179	6217	6255	6293	6331	6368	6406	6443	6480	6517
0,4	6554	6591	6628	6664	6700	6736	6772	6808	6844	6879
0,5	6915	6950	6985	7019	7054	7088	7123	7157	7190	7224
0,6	7257	7291	7324	7357	7389	7422	7454	7486	7517	7549
0,7	7580	7611	7642	7673	7703	7734	7764	7794	7823	7852
0,8	7881	7910	7939	7967	7995	8023	8051	8078	8106	8133
0,9	8159	8186	8212	8238	8264	8289	8315	8340	8365	8389
1,0	8413	8438	8461	8485	8508	8531	8554	8577	8599	8621
1,1	8643	8665	8686	8708	8729	8749	8770	8790	8810	8830
1,2	8849	8869	8888	8907	8925	8944	8962	8980	8997	9015
1,3	9032	9049	9066	9082	9099	9115	9131	9147	9162	9177
1,4	9192	9207	9222	9236	9251	9265	9279	9292	9306	9319
1,5	9332	9345	9357	9370	9382	9394	9406	9418	9429	9441
1,6	9452	9463	9474	9484	9495	9505	9515	9525	9535	9545
1,7	9554	9564	9573	9582	9591	9599	9608	9616	9625	9633
1,8	9641	9649	9656	9664	9671	9678	9686	9693	9699	9706
1,9	9713	9719	9726	9732	9738	9744	9750	9756	9761	9767
2,0	9772	9778	9783	9788	9793	9798	9803	9808	9812	9817
2,1	9821	9826	9830	9834	9838	9842	9846	9850	9854	9857
2,2	9861	9864	9868	9871	9875	9878	9881	9884	9887	9890
2,3	9893	9896	9898	9901	9904	9906	9909	9911	9913	9916
2,4	9918	9920	9922	9925	9927	9929	9931	9932	9934	9936
2,5	9938	9940	9941	9943	9945	9946	9948	9949	9951	9952
2,6	9953	9955	9956	9957	9959	9960	9961	9962	9963	9964
2,7	9965	9966	9967	9968	9969	9970	9971	9972	9973	9974
2,8	9974	9975	9976	9977	9977	9978	9979	9979	9980	9981
2,9	9981	9982	9982	9983	9984	9984	9985	9985	9986	9986
3,0	9987	9987	9987	9988	9988	9989	9989	9989	9990	9990
3,1	9990	9991	9991	9991	9992	9992	9992	9992	9993	9993
3,2	9993	9993	9994	9994	9994	9994	9994	9995	9995	9995
3,3	9995	9995	9996	9996	9996	9996	9996	9996	9996	9997
3,4	9997	9997	9997	9997	9997	9997	9997	9997	9997	9998

Beispiele: $\Phi(1.62) = 0{,}9474$, $\Phi(-1{,}62) = 1 - 0{,}9474 = 0{,}0526$,

$\Phi(x) = 0{,}677 \Rightarrow x = 0{,}46$, $\Phi(x) = 0{,}323 = 1 - 0{,}677 \Rightarrow x = -0{,}46$

Anhang: Verpackungsprobleme

Mit Blick auf reale Anwendungen ist es unbefriedigend, wenn die Anwendungskontexte nach innermathematischen Gesichtspunkten sortiert werden, wie dies in den vorangehenden Kapiteln teilweise geschah. Deshalb werden hier einige Fragen zum Thema „Verpackungen", genauer zur Frage der Form und der Größenverhältnisse bei Milch- oder Safttüten, projektartig dargestellt. Im Rahmen von Veranstaltungen zur Lehrerausbildung hat dieses Thema zusätzlich den Reiz, daß ein Bogen gespannt werden kann von Aufgabenstellungen, welche bereits für das Ende der Grundschule vorgeschlagen werden, zu anspruchsvollen Fragen wie Extremwertaufgaben in mehreren Veränderlichen.

Als Beispiel zum Themenkreis „Anwendungen", das bereits für das 3./4. Schuljahr der Grundschule vorgesehen wird, sei hier die Geometrie der Schulmilchtüten betrachtet. Dabei wird als Zielsetzung genannt:

„Die Kinder sollen lernen, ein räumlich-technisches Problem aus ihrem Erfahrungs- und Erkundungsbereich mit geometrischen Begriffen zu beschreiben und zu lösen. Weiter sollen sie erste Erfahrungen zum Inhalt von Körpern sammeln. Die Einheit gibt auch Gelegenheit, Fragen zu verfolgen, die über den Mathematikunterricht hinaus- und in den Sachunterricht hineinreichen ... " (Müller,G./Wittmann,E.: Der Mathematikunterricht in der Primarstufe. Braunschweig 1984³, S. 131)

Mit Schulmilchtüten sind hier **Tetraedertüten** gemeint, wie sie lange Zeit im Gebrauch waren. Wahrscheinlich haben Fragen der Stapelung und der Lagerung beim Transport dafür gesorgt, daß sie als Verpackungsform verschwunden sind.

Auffallend an den Tetraedertüten ist zunächst ihre regelmäßige Gestalt. Ihre Oberfläche besteht aus lauter gleichseitigen Dreiecken. Dies kennzeichnet sie als einen der *platonischen Körper* (vgl. [E 3], S. 35).

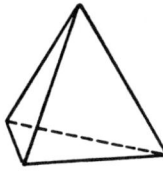 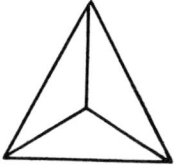

Da die Seitenansichten einer Tetraedertüte stets Dreiecke zeigen, neigen Grundschulkinder, aber auch Erwachsene dazu, diese als dreieckig zu bezeichnen. Bezogen auf den geometrischen Körper ist das natürlich unpassend.

Wenn man überlegt, woraus diese Tüten hergestellt werden, dann bieten sich zunächst die Oberflächenformen der folgenden Abbildung an. Dabei müßten natürlich noch Klebefalzen vorgesehen werden.

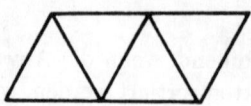 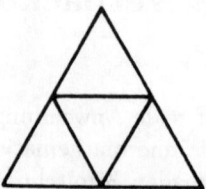

Öffnet man allerdings eine Tetraedertüte entlang ihrer Klebekanten, dann entsteht überraschender Weise ein Rechteck, wie es in der nächsten Abbildung gezeigt wird.

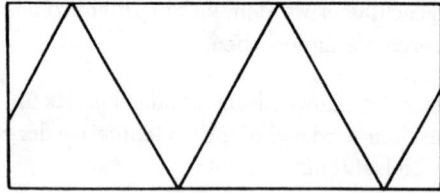

Aus der hier dargestellten Figur kann man sich das Tetraeder entstanden denken, indem man zunächst die Schmalseiten des Rechtecks verklebt. Damit entsteht eine Rolle (Zylindermantel). Die Randkreise der Rolle brauchen nur noch zu Kanten verklebt zu werden, die senkrecht zueinander stehen. Dann hat die Tüte ihre ursprüngliche Gestalt.

Der Grund für diese Herstellung liegt in der technischen Realisierbarkeit als Massenproduktion. Das Milchwerk erhält von der Verpackungsfirma nicht einzelne Tüten, in die dann Milch eingefüllt wird. Es erhält ein Rechteckband, das bereits mit Aufdruck versehen ist. Zwei Seiten des Rechteckbandes werden zunächst verklebt, so daß ein Rohr entsteht. Dieses wird an einer Seite verschlossen, und Milch eingefüllt. In einem Arbeitsgang wird nun ein Stück des Rohres, wie es einer Tetraedertüte entspricht, abgetrennt, die entstehende Kante verklebt, und die erste Kante der nächsten Tüte verklebt. Damit ist gleichzeitig erreicht, daß die Tüten keine Luft enthalten, was für die Haltbarkeit der Milch günstig ist.

Es lohnt sich, diesen Produktionsprozeß, bei dem aus einem Rohr immer wieder Tetraeder abgeschnitten werden, nachzuvollziehen. Zu der hier im Hintergrund stehenden Unterrichtseinheit „Schulmilchtüten" gehört demgemäß auch ein Besuch im nahen Milchwerk.

Zur Vorbereitung des Volumens von Körpern stellen Müller und Wittmann in ihrer Unterrichtseinheit die Frage, welche Maße eine Tüte haben muß, in die doppelt soviel hineinpaßt wie in die „normale" Tüte. Erwartet wird die bei Kindern, aber auch bei Erwachsenen häufig zu findende falsche Vorstellung, eine solche Tüte müßte die doppelte Kantenlänge haben. (In eine Packung, die doppelt so lang ist, paßt auch doppelt soviel hinein.)

Für die Grundschule sind Umfüllversuche das geeignete Mittel, diese falsche

Intuition zu erschüttern. Man wird also eine Tüte mit doppelter Kantenlänge herstellen und erfahren, daß 8 kleine Tetraederfüllungen hineinpassen.

Als Anwendung elementargeometrischer Sätze läßt sich eine Volumenformel für das Tetraeder entwickeln, die uns die Frage natürlich auch beantwortet: Bezeichnet man mit a die Seitenlänge eines gleichseitigen Dreiecks, dann gilt für dessen Höhe h nach dem Satz des Pythagoras

$$h^2 + \left(\frac{a}{2}\right)^2 = a^2.$$

Damit folgt

$$h = \frac{a}{2}\sqrt{3}$$

und für den Flächeninhalt eines Pyramidendreiecks

$$A_\triangle = \frac{1}{4}a^2\sqrt{3}.$$

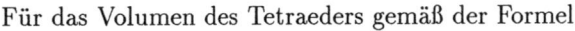

Für das Volumen des Tetraeders gemäß der Formel

$$V = \frac{1}{3}G \cdot h'$$

benötigt man noch die Tetraederhöhe h'. Zu deren Bestimmung muß man zuerst wissen, daß der Mittelpunkt der Grundfläche wegen deren Regelmäßigkeit der Schnittpunkt der Höhen ist (die in diesem Falle gleichzeitig die Seitenhalbierenden sind). Dieser Schnittpunkt teilt die Höhen im Verhältnis $2:1$ (siehe [E 3], S. 53). Damit ist der Mittelpunkt $\frac{2}{3}\frac{a}{2}\sqrt{3}$ von den Eckpunkten des Dreiecks entfernt (siehe die folgende Abbildung). Für die Tetraederhöhe h' gilt somit die Pythagorasbeziehung

$$a^2 = (h')^2 + \left(\frac{a}{3}\sqrt{3}\right)^2.$$

Es folgt also

$$h' = \frac{a}{3}\sqrt{6}$$

und damit für das Tetraedervolumen

$$V = \frac{a^3}{12}\sqrt{2}.$$

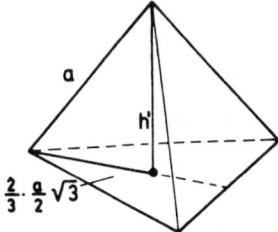

Diese Formel enthält bis auf einen Vorfaktor die dritte Potenz der Seitenlänge a. Eine Verdopplung der Seitenlänge bedeutet also eine Verachtfachung des Volumens.

Mit Hilfe der Volumenformel läßt sich nun auch die Kantenlänge der normalen Schulmilchtüte berechnen. Diese enthält $250\,\text{cm}^3$ an Milch. Also gilt

$$250 = \frac{a^3}{12}\sqrt{2} \quad (a \text{ in cm})$$

oder

$$a = \sqrt[3]{\frac{3000}{\sqrt{2}}} \approx 12,5 \, \text{cm}.$$

Es kann auch interessant sein, die Verachtfachung des Tetraedervolumens bei doppelter Kantenlänge durch eine geeignete Zerlegung des großen Tetraeders zu begründen. Damit hat man zugleich ein Beispiel dafür, daß Zerlegungsgleichheit bei räumlichen Gebilden oft viel schwerer zu zeigen ist als für die entsprechenden ebenen Fälle (vgl. z.B. H. Hadwiger: Vorlesungen über Inhalt, Oberfläche und Isoperimetrie. Berlin 1974). Beim gleichseitigen Dreieck bietet sich eine Zerlegung in vier gleichseitige Dreiecke mit halber Seitenlänge förmlich an (siehe die Abbildung auf Seite 234 oben). Beim Tetraeder gelingt eine analoge Zerlegung in 8 Tetraeder mit halber Kantenlänge nicht. (Man sollte es probieren!) Die folgende Abbildung zeigt Zerlegungen, mit denen sich die Verachtfachung des Volumens begründen läßt.

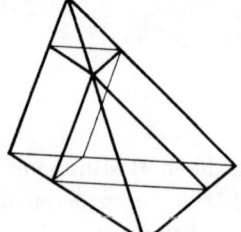 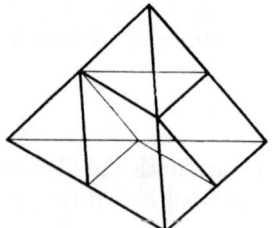

Dabei verdeutlicht die linke Abbildung, wie sich eine beliebige Dreieckspyramide durch drei Schnitte in zwei kleinere Dreieckspyramiden und zwei Dreiecksprismen zerlegen läßt. Wählt man beim Tetraeder die Schnitte in halber Raumhöhe, dann entstehen zwei Tetraeder mit halber Seitenlänge und zweimal das gleiche Dreiecksprisma (siehe rechte Abbildung). Die beiden Dreiecksprismen haben als Grund- und Deckfläche gleichseitige Dreiecke des kleinen Tetraeders, ihre Höhe ist die halbe (ursprüngliche) Tetraederhöhe. Die Dreiecksprismen sind also volumengleich (aber nicht zerlegungsgleich) zu drei kleinen Tetraedern. Damit hat das große Tetraeder das gleiche Volumen wie 8 Tetraeder mit der halben Seitenlänge.

Gegenüber der geometrisch interessanten Tetraederform und der überraschenden Art der Herstellung der Schulmilchtüten erscheinen die heute gebräuchlichen Milchtüten wenig reizvoll.

So wird die in Nordrhein-Westfalen übliche **Frischmilchtüte**, wie sie die nebenstehende Abbildung zeigt, als Einzeltüte hergestellt und mit Milch gefüllt. Der Giebel ist mit Luft gefüllt, was ein besseres Ausgießen ermöglicht, für die Haltbarkeit aber nicht günstig ist.

Als Giebeltüte mit quadratischer Grundfläche sind die realisierten Abmessungen jedoch in einem interessanten Sinne besonders sparsam im Verbrauch. (Siehe Boer, H: Die Milchtüte – Eine Extremwert-Problemstellung aktueller, industrieller Massenproduktion. In: Mathematik Lehren, Heft 25 (1987), S. 40–41. Hierbei handelt es sich um ein Material der *Mathematik-Unterrichts-Einheiten-Datei (MUED)*. Diese erhebt „Lebensbezug" zu einem der Prinzipien ihrer Initiative für den Mathematikunterricht.)

Baut man eine Giebeltüte auseinander, so entsteht folgendes Oberflächenmuster:

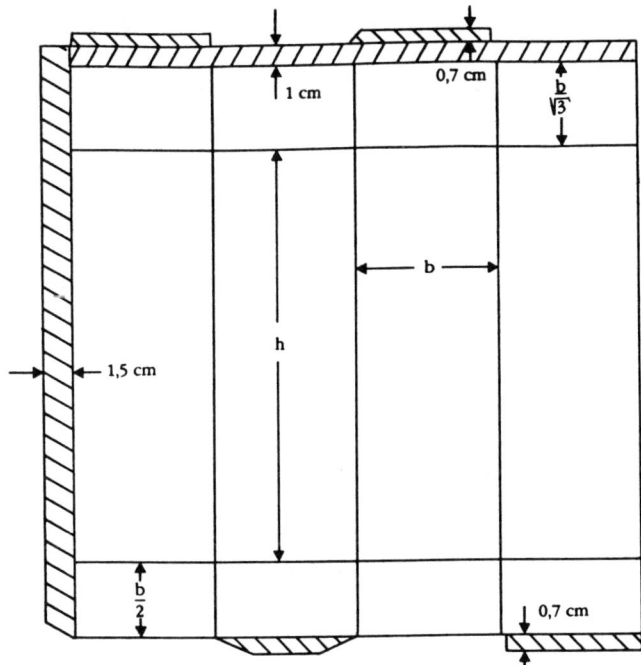

Dabei bezeichnet b die Kantenlänge der quadratischen Tüte und h deren Höhe. Die Klebefalz, welche die Tüte entlang ihrer Höhe zusammenhält, ist 1,5 cm breit. Oben wird die Tüte einmal durch eine 1 cm breite Falz über die ganze Länge zusammengehalten. Die darüberliegenden 0,7 cm breiten Klebekanten dichten die Tüte zusätzlich ab.

Die beiden unteren Klebefalzen von 0,7 cm Breite liegen zu den entsprechenden oberen versetzt. Wenn die Tütenrohlinge nacheinander von einem kontinuierlichen Band abgestanzt werden, wie es die nebenstehende Abbildung skizziert, dann entsteht ein Materialverbrauch wie bei *einer* durchgehenden Klebekante von 0,7 cm Breite.

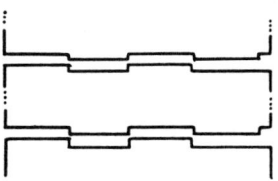

Die Giebelneigung der Tüte beträgt 30°. Damit erhält man die Giebellänge x

aus

$$\frac{\frac{b}{2}}{x} = \cos 30° = \frac{\sqrt{3}}{2},$$

also

$$x = \frac{b}{\sqrt{3}}.$$

Dabei mag die Aussage $\cos 30° = \frac{\sqrt{3}}{2}$ als Aufgabe stehen bleiben, die sich verifizieren läßt, wenn man im gleichseitigen Dreieck einen 30°-Winkel durch Einzeichnen einer Höhe erzeugt.

Insgesamt wird der Materialverbrauch der Giebeltüte in Abhängigkeit von b und h beschrieben durch

$$M(b,h) = (4b + 1,5)\left(h + \frac{b}{2} + \frac{b}{\sqrt{3}} + 1,7\right).$$

Geht man von einer 1 l-Milchtüte aus, dann hätte man als weitere Beziehung zwischen den Größen b und h

$$V = b^2 \cdot h = 1000 \text{ cm}^3.$$

Mißt man allerdings eine reale Tüte nach (was nicht ganz leicht ist), und bestimmt man das Quadervolumen bis zum Giebelansatz, dann liegt dieses bei $955,5 \text{cm}^3$, also unter 1000cm^3. Der Grund: Die Tüte bekommt durch den Druck der eingefüllten Milch eine gewisse „Bauchigkeit". Wir gehen daher für die weitere Rechnung von einem Quadervolumen von $955,5 \text{cm}^3$ aus, also

$$V = b^2 \cdot h = 955,5 \text{cm}^3.$$

Damit erhält man

$$M(b) = (4b + 1,5)\left(\frac{955,5}{b^2} + \frac{b}{2} + \frac{b}{\sqrt{3}} + 1,7\right).$$

Zur Bestimmung der Tütenbreite mit minimalem Materialverbrauch wird die erste Ableitung ermittelt:

$$M'(b) = 4\left(\frac{955,5}{b^2} + \frac{b}{2} + \frac{b}{\sqrt{3}} + 1,7\right) + (4b + 1,5)\left(-\frac{2 \cdot 955,5}{b^3} + \frac{1}{2} + \frac{1}{\sqrt{3}}\right).$$

Benutzt man das Intervallhalbierungsverfahren zur näherungsweisen Berechnung der Nullstelle von M', so entsteht ausgehend vom Intervall $[5;10]$ die folgende Tabelle:

a	b	$M\left(\frac{a+b}{2}\right)$
5,00000000	10,00000000	-1,68429180
7,50000000	10,00000000	29,63168700
7,50000000	8,75000000	15,20421900
7,50000000	8,12500000	7,11928300
7,50000000	7,81250000	2,81499800
7,50000000	7,65625000	0,59077820
7,50000000	7,57812500	-0,54026306
7,53906250	7,57812500	0,02686354
7,53906250	7,55859380	-0,25629616
7,54882810	7,55859380	-0,11461562
7,55371090	7,55859380	-0,04385095
7,55615230	7,55859380	-0,00848743
7,55737300	7,55859380	0,00918960
7,55737300	7,55798340	0,00035151

Eine Nullstelle der Funktion M' liegt also gerundet beim Wert 7,6. Dabei geht aus den Werten der Tabelle hervor, daß M' in diesem Punkt einen Vorzeichenwechsel vom Negativen zum Positiven erfährt, daß also ein Minimum vorliegt.

Die Giebeltüte mit minimalem Materialverbrauch hätte demnach eine Breite von $b_{opt} = 7,6$ cm. Dazu berechnet man eine Höhe $h_{opt} = 16,5$ cm und einen Materialverbrauch $M_{opt} = 843,8$ cm².

Überraschenderweise zeigt die tatsächlich realisierte Frischmilchtüte die Werte $b_{real} = 7,0$ cm und $h_{real} = 19,5$ cm, was einen Materialverbrauch von $M_{real} = 848,4$ cm² ergibt.

Soll analog die Breite der materialminimalen 0,5-Liter-Giebeltüte bestimmt werden, dann muß das Minimum der Funktion

$$\overline{M}(b) = (4b + 1,5)\left(\frac{490}{b^2} + \frac{b}{2} + \frac{b}{\sqrt{3}} + 1,7\right)$$

ermittelt werden. Hier wird also, wieder wegen der „Bauchigkeit" der Tüte, von einem Quadervolumen von 490 cm³ ausgegangen. Als optimalen Wert erhält man $\overline{b}_{opt} = 6,0$ cm und dazu $\overline{h}_{opt} = 13,6$ cm, $\overline{M}_{opt} = 555,7$ cm². Auch diese Maße weichen von den tatsächlich realisierten ab. Die reale 0,5-Liter-Giebeltüte zeigt

$$\overline{b}_{real} = 7,0 \text{ cm} \qquad \overline{h}_{real} = 10,0 \text{ cm} \qquad \overline{M}_{real} = 568,2 \text{ cm}^2 .$$

Es fällt auf, daß beide Tütensorten die gleiche Breite haben. Der Vorteil liegt auf der Hand: Bei der Herstellung der Tütenrohlinge, aber auch beim Abfüllen können die gleichen Maschinen verwendet werden.

Die realisierte Breite stellt eine *gemeinsame Optimierung* für beide Tüten dar. Die Summenfunktion $M + \overline{M}$ besitzt ihr Minimum bei $b = 6,9$ cm.

9*

Im Vergleich zur Frischmilch-Tüte müßte die gebräuchliche quaderförmige **H-Milch-Tüte** noch materialsparender sein. Einmal hat sie keinen Giebel, der Material erfordert. Zum anderen hat man mehr Möglichkeiten, einen optimalen Wert zu finden, wenn Länge, Breite und Höhe frei wählbar sind. Aber werden bei der realen H-Milch-Tüte auch die Werte des sparsamsten Materialverbrauchs genutzt ? (Die folgende Darstellung folgt: Blankenagel,J. u. Kindinger,D.: Die H-Milch-Tüte – Eine Extremwertaufgabe mit verschiedenen Gesichtern. In: Mathematik Lehrer, Heft 29 (1988), S. 34–37.)

Nimmt man eine solche Tüte auseinander, dann entsteht das in der folgenden Abbildung dargestellte Rechteck. Dabei bezeichnen b_1, b_2 die Längen der Grundseiten und h die Höhe. Die Klebefalze sind jeweils 0,8 cm breit.

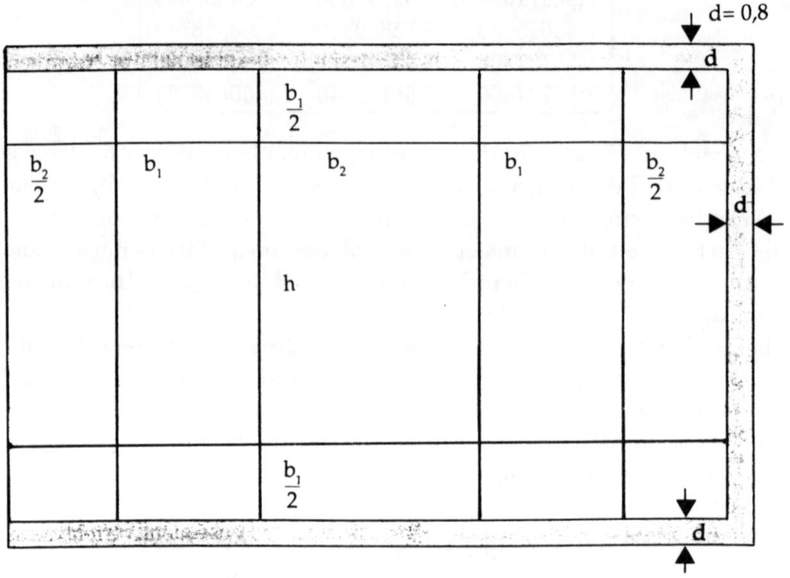

Man erhält als Formel für den Materialverbrauch in Abhängigkeit von b_1, b_2 und h:

$$M(b_1, b_2, h) = (2b_1 + 2b_2 + 0,8)(h + b_1 + 1,6)$$

Bei der quaderförmigen Milchtüte ist die „bauchige" Abweichung von der geometrischen Quaderform noch deutlicher erkennbar. Als Volumengleichung, welche den Quadermaßen entspricht, nehmen wir daher

$$V = b_1 b_2 h = 983 \,.$$

Damit kann aus dem obigen Materialterm die Variable h eliminiert werden. Es bleibt aber eine Beschreibung des Materialverbrauchs abhängig von den zwei Variablen b_1 und b_2:

$$M(b_1, b_2) = (2b_1 + 2b_2 + 0,8)\left(\frac{983}{b_1 b_2} + b_1 + 1,6\right)$$

Sucht man das Minimum dieser
Funktion, dann hat man ein Ex-
tremwertproblem in zwei Variablen
zu lösen. Dazu benötigt man die
partiellen Ableitungen $\frac{\partial M}{\partial b_1}$ und $\frac{\partial M}{\partial b_2}$.
Zur Bildung von $\frac{\partial M}{\partial b_1}$ betrachtet
man die Variable b_2 als Konstante
und leitet die Funktion nach b_1 ab.
$\frac{\partial M}{\partial b_1}(b_1^o, b_2^o)$ beschreibt also die Stei-
gung der Schnittkurve der durch b_1,
b_2 und $M(b_1, b_2)$ gegebenen Fläche
mit der Ebene $b_2 = b_2^o$ (siehe Abbil-
dung). Die partielle Ableitung $\frac{\partial M}{\partial b_2}$
ist entsprechend definiert.

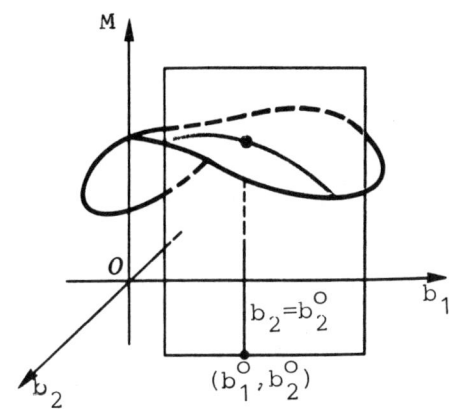

Wenn für einen Punkt (b_1^o, b_2^o) beide partiellen Ableitungen 0 sind, lassen sich
in b_1- und b_2-Richtung waagerechte Tangenten an diese Fläche legen. Dies ist
notwendige Bedingung dafür, daß in (b_1^o, b_2^o) ein Extremum vorliegt. Damit erhält
man als Extremwertbedingung

(1) $\qquad \dfrac{\partial M}{\partial b_1} = 2\left(\dfrac{983}{b_1 b_2} + b_1 + 1,6\right) + \left(1 - \dfrac{983}{b_1^2 b_2}\right)(2b_1 + 2b_2 + 0,8) = 0$

(2) $\qquad \dfrac{\partial M}{\partial b_2} = 2\left(\dfrac{983}{b_1 b_2} + b_1 + 1,6\right) - \dfrac{983}{b_1 b_2^2}(2b_1 + 2b_2 + 0,8) = 0$

Um einen Extrempunkt zu bestimmen, bilden wir die Differenz der Gleichungen
(1) und (2):

$$(2b_1 + 2b_2 + 0,8)\left(1 - \frac{983}{b_1^2 b_2} + \frac{983}{b_1 b_2^2}\right) = 0$$

Da b_1 und b_2 bezogen auf unsere Fragestellung positiv sind, muß der rechte Faktor
zu Null werden

$$1 - \frac{983}{b_1^2 b_2} + \frac{983}{b_1 b_2^2} = 0$$

oder

(3) $\qquad b_1^2 b_2^2 - 983 b_2 + 983 b_1 = 0$

Auch für die obige Gleichung (2) bietet sich eine Multiplikation mit $\frac{b_1 b_2^2}{2}$ an:

$$983 b_2 + b_1^2 b_2^2 + 1,6 b_1 b_2^2 - 983 b_1 - 983 b_2 - 0,4 \cdot 983 = 0.$$

Da diese Gleichung zwei der Summanden von Gleichung (3) enthält, liegt es nahe,
(3) zu subtrahieren. Dadurch entsteht

$$983 b_2 - 2 \cdot 983 b_1 + 1,6 b_1 b_2^2 - 0,4 \cdot 983 = 0.$$

Löst man diese Bedingung nach b_1 auf

$$b_1 = \frac{(b_2 - 0,4)983}{2 \cdot 983 - 1,6b_2^2}$$

und setzt den rechten Term in (3) für b_1 ein, so erhält man endlich eine Gleichung mit nur der Variablen b_2:

$$b_2^2 \frac{(b_2 - 0,4)^2 983^2}{(2 \cdot 983 - 1,6 \cdot b_2^2)^2} - 983b_2 + 983\frac{(b_2 - 0,4)983}{2 \cdot 983 - 1,6b_2^2} = 0$$

Die Nullstelle des Nenners dieser Gleichung, $b_2 = 35,1$, kommt dabei als Lösung unseres Problems nicht in Betracht. Man darf also mit $(2 \cdot 983 - 1,6b_2^2)^2$ multiplizieren und hat dann

$$2,56b_2^5 - 983b_2^4 - 3932b_2^3 - 786,4b_2^2 + 1932578b_2 + 773031,2 = 0.$$

Näherungsverfahren (siehe Kapitel I.5) liefern als zu unserer Frage passende Nullstelle $b_2 = 11,54$, woraus sich b_1, h und M berechnen lassen.

Wir nehmen diese Werte

$$b_1^\circ = 6,25\,\text{cm} \quad b_2^\circ = 11,54\,\text{cm} \quad h^\circ = 13,63\,\text{cm} \quad M^\circ = 781,44\,\text{cm}^2$$

als Maße für die materialminimale H-Milchtüte, obwohl wir nicht gesichert haben, daß wirklich ein Minimum vorliegt. (Mit ähnlichen Überlegungen hätten wir auch – formelmäßig viel einfacher – zeigen können, daß der Würfel die materialminimale Quaderform ist, wenn keine Klebefalze zu berücksichtigen sind.)

Eine andere Möglichkeit zur Bestimmung des Minimums von

$$M(b_1, b_2) = (2b_1 + 2b_2 + 0,8)\left(\frac{983}{b_1 b_2} + b_1 + 1,6\right)$$

liefert der Computer, indem man sich für ein feines Raster von (b_1, b_2)-Werten den Materialverbrauch M berechnen läßt. Ein mögliches Vorgehen besteht darin, für verschiedene Seitenverhältnisse $b_1 : b_2$ und bei diesen für Werte von b_1 zwischen 5,00 und 10,00 den Wert M berechnen zu lassen.

Nebenstehend findet man den Ausschnitt aus dem Datenmaterial mit $b_1 : b_2 = 0,6$. Das hier gefundene Minimum des Materialverbrauchs liegt bei $b_1 = 6,50\,\text{cm}$, $b_2 = 10,83\,\text{cm}$, $h = 13,96\,\text{cm}$ und $M = 782,39\,\text{cm}^2$. Es bestätigt also im Prinzip die oben berechneten Werte.

Überraschenderweise stimmt bei der tatsächlich realisierten Milchtüte die Länge der kürzesten Seite $b_1 = 6,3\,\text{cm}$ mit der des optimalen Punktes überein. Die beiden anderen Maße weichen aber mit $b_2 = 9,4\,\text{cm}$ und $h = 16,6\,\text{cm}$ deutlich ab. Das ergibt einen Materialverbrauch von $M = 788,9\,\text{cm}^2$.

Der Grund für diese Abweichung vom Minimum wird klar, wenn man Verpackung und Transport dieser Tüten beobachtet. Dieser geschieht auf Euro-Paletten, welche die normierten Maße 80 cm × 120 cm haben. Die Tüten sollen in Kartons, die per Hand tragbar sind, auf den Paletten verpackt werden. Und zwar werden die Kartons in verschiedene Richtungen gepackt, damit verschiedene Lagen sich gegenseitig stabilisieren.

Breite 1	Breite 2	Höhe	Material
5,00	8,33	23,59	829,27
5,10	8,50	22,68	822,53
5,20	8,67	21,81	816,40
5,30	8,83	21,00	810,87
5,40	9,00	20,23	805,90
5,50	9,17	19,50	801,47
5,60	9,33	18,81	797,56
5,70	9,50	18,15	794,14
5,80	9,67	17,53	791,20
5,90	9,83	16,94	788,71
6,00	10,00	16,38	786,65
6,10	10,17	15,85	785,02
6,20	10,33	15,34	783,79
6,30	10,50	14,86	782,95
6,40	10,67	14,40	782,49
6,50	**10,83**	**13,96**	**782,39**
6,60	11,00	13,54	782,64
6,70	11,17	13,14	783,23
6,80	11,33	12,36	784,15
6,90	11,50	12,39	785,39
7,00	11,67	12,04	786,95
7,10	11,83	11,70	788,80
7,20	12,00	11,38	790,95
7,30	12,17	11,07	793,38
7,40	12,33	10,77	796,10
7,50	12,50	10,49	799,08
7,60	12,67	10,21	802,33
⋮	⋮	⋮	⋮

Dazu müssen beide Seitenmaße der Kartons Teiler von 80 und 120 sein. Damit kommen nur Kartons der Größe 40 cm × 20 cm (für die Grundfläche) in Frage, wie man sie auch in den Supermärkten findet. Diese werden abwechselnd in den abgebildeten Anordnungen auf den Paletten verpackt. Die Höhe der Paletten-Packungen und damit auch die Höhe der Milchtüten ist weniger normiert.

 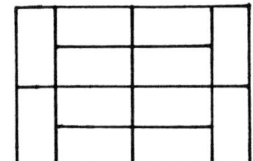 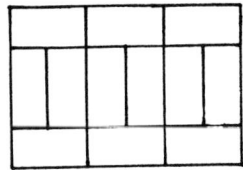

Die Kartons mit den Abmessungen 40 cm × 20 cm seien nun als vorgegeben be-

trachtet. Als innere Maße haben sie nur 38,5 cm × 19 cm. Wie viele Milchtüten
können in einen solchen Karton gepackt werden ? Auf der kürzeren Seite sind
es 2 oder 3 Tüten. Diese hätten eine Grundkante von 9,3 cm bzw. 6,3 cm. (Bei
einer Tüte mit 19 cm Breite würde der Karton sehr flach, bei 4 Tüten mit 4,6 cm
Breite wären diese sehr schmal.) An der längeren Seite könnten 4, 5 oder 6 Tüten
gepackt werden. Das ergibt Breiten von 9,4 cm, 7,5 cm bzw. 6,3 cm. Kombiniert
man die in Frage kommenden Möglichkeiten, dann erhält man die in der folgenden
Tabelle zusammengestellten Tütengrundflächen. Dabei sind auch die jeweiligen
Höhen und der jeweils resultierende Materialverbrauch angegeben.

Grundfläche	Volumen	Höhe	Materialverbrauch
6,3 cm × 6,3 cm	983 ml	24,8 cm	850,2 cm^2
6,3 cm × 7,5 cm	983 ml	20,8 cm	815,1 cm^2
6,3 cm × 9,4 cm	983 ml	16,6 cm	788,9 cm^2
9,4 cm × 7,5 cm	983 ml	13,9 cm	795,8 cm^2
9,4 cm × 9,4 cm	983 ml	11,1 cm	848,6 cm^2

Im Rahmen dieser durch die Transportbedingungen geprägten endlichen Extremwertaufgabe ist die gebräuchliche H-Milch-Tüte (oder Safttüte) also optimal im
Materialverbrauch.

Lösungen ausgewählter Aufgaben

I Gleichungen und Ungleichungen

I.1 5. b) β) Die vereinfachte Gleichung lautet

$$\frac{1000}{78}(q^3 + q^2) = \frac{11}{4}q^3 + \frac{35}{4}q^2 + \frac{21}{2}q + 8 \quad \text{oder}$$

$$10,070512q^3 + 4,070512q^2 = 10,5q - 8 = 0.$$

Einsetzen von 1,13365 verifiziert diesen Wert als eine Lösung. Der effektive Zinssatz beträgt also $13,37\%$.

I.3 8. c) Die Preise der Sonderangebote ergeben das Gleichungssystem

$$
\begin{array}{rcrcrcrcl}
2x_1 & + & 3x_2 & + & 2x_3 & + & x_4 & = & 21 \\
2x_1 & + & 2x_2 & + & x_3 & + & 2x_4 & = & 19 \\
4x_1 & + & x_2 & + & 3x_3 & + & 2x_4 & = & 32 \\
6x_1 & + & 4x_2 & + & 5x_3 & + & 3x_4 & = & 71 \quad (R)
\end{array}
$$

In der vierten Gleichung wurde für den gesuchten Rechnungsbetrag des vierten Kunden die Variable R in Klammern vermerkt. Bringt man mit diesem das Gleichungssystem auf Staffelgestalt, so entsteht

$$
\begin{array}{rcrcrcrcl}
2x_1 & + & 3x_2 & + & 2x_3 & + & x_4 & = & 21 \\
 & & -x_2 & - & x_3 & + & x_4 & = & -2 \\
 & & & & 4x_3 & - & 5x_4 & = & 0 \\
 & & & & & & 0x_4 & = & R - 53.
\end{array}
$$

Für $R = 71$ ist das Gleichungssystem unlösbar. Es ist lösbar für $R = 53$, wenn also der vierte Rechnungsbetrag 53 DM lautet. Damit ergibt sich die Lösung

$$x_4 = s, \quad x_3 = \frac{5}{4}s, \quad x_2 = 2 - \frac{1}{4}s, \quad x_1 = \frac{15}{2} - \frac{11}{8}s \quad (\text{mit } s \in \mathbb{R}).$$

Nur für $s = 4$ erhält man Stückpreise aus $\mathbb{N}$, nämlich

$$x_4 = 4, \quad x_3 = 5, \quad x_2 = 1, \quad x_1 = 2.$$

I.3 21. Die Nebenbedingungen lauten:
(1) $0 \le x, y \le 1$
(2) $15x + 60y \ge 30$
(3) $50x + 15y \ge 25$
(4) $3x + 9y \ge 4$
Dabei soll der Wert der Zielfunktion

$$K(x,y) = 6x + 4y$$

minimal werden. Es entsteht das in der nebenstehenden Abbildung verstärkt umrandete Planungsvieleck.

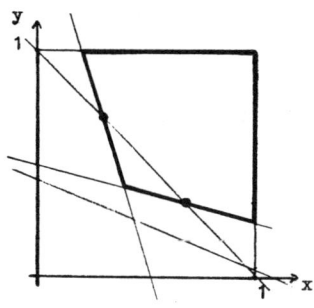

Das besondere an dieser Optimierungsaufgabe ist, daß zusätzlich $x + y = 1$ gelten muß. Somit kommen nur die beiden dick markierten Punkte als optimale Lösungen in Betracht. Die Punkte bestimmt man als Schnittpunkte von $x + y = 1$ mit den (2) bzw. (3) entsprechenden Geraden. Der rechte Punkt $(\frac{2}{7}|\frac{5}{7})$ liefert die günstigste Farbmischung: $K(\frac{2}{7}|\frac{5}{7}) = \frac{32}{7} = 4\frac{4}{7}$.

I. 4 21. Ersetzt man in der Gleichung

$$x_0^n = -a_{n-1}x_0^{n-1} - a_{n-2}x_0^{n-2} - \cdots - a_1 x_0 - a_0$$

jeden der Koeffizienten a_i durch $a^* = \max(|a_0|, |a_1|, \cdots, |a_{n-1}|)$, dann folgt als Ungleichung

$$|x_0|^n \leq a^*(|x_0|^{n-1} + |x_0|^{n-2} + \cdots + |x_0| + 1).$$

Sei nun $|x_0| > 1$. Der Klammerausdruck läßt sich im Sinne der geometrischen Reihe (siehe Seite 78) umformen, und man erhält

$$|x_0|^n \leq a^* \frac{|x_0|^n - 1}{|x_0| - 1} \leq a^* \frac{|x_0|^n}{|x_0| - 1}.$$

Die vereinfachte Ungleichung

$$1 \leq \frac{a^*}{|x_0| - 1}$$

liefert nach Multiplikation mit $|x_0| - 1$ (hier wird $|x_0| > 1$ benötigt):

$$|x_0| - 1 \leq a^* \quad \text{oder} \quad |x_0| \leq 1 + a^*.$$

I. 5 12. a) Für das in der Abbildung (S. 64) gekennzeichnete Dreieck lassen sich die Höhe und die halbe Grundseitenlänge in Abhängigkeit von x beschreiben als $r \cos \frac{x}{2}$ bzw. $r \sin \frac{x}{2}$ (siehe auch die Abbildung auf S. 102). Damit gilt für den Inhalt des die Füllhöhe bestimmenden Kreissegments

$$\frac{1}{2}xr^2 - \frac{1}{2}2r \sin \frac{x}{2} r \cos \frac{x}{2} = \frac{1}{2}r^2(x - \sin x).$$

(Benutzt wurde $2 \sin \frac{x}{2} \cos \frac{x}{2} = \sin x$.) Für das Füllvolumen erhält man somit ($h = 2$)

$$V = \frac{1}{2}r^2(x - \sin x)h = r^2(x - \sin x).$$

Einsetzen von $r = \frac{1}{2}$ und $V = 1$ liefert

$$1 = \frac{1}{4}(x - \sin x) \quad \text{oder} \quad x - \sin x - 4 = 0.$$

b) Das Newton-Verfahren ergibt hier die Iterationsvorschrift

$$x_{n+1} = x_n - \frac{x_n - \sin x - 4}{1 - \cos x_n}$$

und damit die Werte

$$x_0 = 3; \quad x_1 = 3,5734293; \quad x_2 = 3,577638; \quad x_3 = 3,57764\,.$$

Das ergibt als Wert für die Füllhöhe:

$$h = r - r\cos\frac{x}{2} = \frac{1}{2} - \frac{1}{2}\cdot(-0,2163005) = 0,6081502$$

I. 5 13. Gesucht sind die Nullstellen der Funktion

$$f(\alpha) = 5\tan\alpha - \frac{0,545}{\cos^2\alpha} - 4$$

mit $f'(\alpha) = \dfrac{5}{\cos^2\alpha} - \dfrac{1,09\sin\alpha}{\cos^3\alpha}$ erhält man die Newton-Iteration

$$\alpha_{n+1} = \alpha_n - \frac{5\tan\alpha_n - \dfrac{0,545}{\cos^2\alpha_n} - 4}{\dfrac{5}{\cos^2\alpha_n} - \dfrac{1,09\sin\alpha_n}{\cos^3\alpha_n}} = \alpha_n - \frac{5\sin\alpha_n\cos\alpha_n - 0,545 - 4\cos^2\alpha_n}{5 - 1,09\tan\alpha_n}\,.$$

Diese ergibt ausgehend von $\alpha_1 = 0,5$ (entspricht $28,7°$)
$\alpha_2 = 0,845567658$; $\alpha_3 = 0,7986165695$; $\alpha_4 = 0,7968143915$ (entspricht $45,7°$)
und ausgehend von $\overline{\alpha_1} = 1,5$ (entspricht $85,9°$)
$\overline{\alpha_2} = 1,479536762$; $\overline{\alpha_3} = 1,461528329$; $\overline{\alpha_4} = 1,451283355$; $\overline{\alpha_5} = 1,448837624$
(entspricht $83,0°$).
Die Nullstellen lassen sich in diesem Falle auch ohne Näherungsverfahren bestimmen. Mit $\frac{1}{\cos^2\alpha} = \tan^2\alpha + 1$ entsteht eine quadratische Gleichung für $\tan\alpha$:

$$5\tan\alpha - 0,545\tan^2\alpha - 4,45 = 0$$

oder mit $x = \tan\alpha$

$$x^2 - 9,1743x + 8,3394 = 0\,.$$

Das ergibt

$$x_{1,2} = 4,58715 \pm \sqrt{12,702545}$$

und damit $x_1 = \tan\alpha_1 = 1,0231$; $x_2 = \tan\alpha_2 = 8,1512$; also $\alpha_1 = 0,7968$ und $\alpha_2 = 1,4487$.

II Die reellen Zahlen

II. 1 8. b) Betrachtet wird der Schnittpunkt B' der Diagonalen AD und EC. Die Seite ED liegt parallel zur Diagonalen AC. Es folgt also mit Hilfe des Strahlensatzes $\frac{AC}{DE} = \frac{AB'}{DB'}$. Nun gilt im gleichseitigen Fünfeck $\overline{AC} = \overline{AD}$ und $\overline{DE} = \overline{AB'}$ (siehe Aufgabe 7). Damit folgt $\frac{AD}{AB'} = \frac{AB'}{DB'}$. B' teilt also die Diagonale AD im goldenen Schnitt.

Benutzt man noch $\overline{AD} = \overline{AB'} + \overline{DB'}$, so entsteht

$$\frac{\overline{AB'} + \overline{DB'}}{\overline{AB'}} = \frac{\overline{AB'}}{\overline{DB'}} \quad \text{oder} \quad 1 + \frac{\overline{DB'}}{\overline{AB'}} = \frac{\overline{AB'}}{\overline{DB'}}.$$

Setzt man x für das Teilungsverhältnis $\frac{\overline{AB'}}{\overline{DB'}}$, so erhält man die für Φ charakteristische quadratische Gleichung (vgl. S.52)

$$1 + \frac{1}{x} = x \quad \text{oder} \quad x^2 - x - 1 = 0.$$

c) Ausgehend von der Seite a des regulären Fünfecks ist zunächst die Diagonale der Länge $\frac{1}{2}(\sqrt{5}+1)a$ zu konstruieren. Dabei entsteht die Länge $\frac{1}{2}\sqrt{5}a$ im rechtwinkligen Dreieck mit den Katheten a und $\frac{a}{2}$ als Hypotenuse. Mit den Seiten der Länge a und Φa läßt sich das durchgezogene Dreieck konstruieren und dann auch das regelmäßige Fünfeck.

II.1 10. Das länglichere Format oben entspricht dem Seitenverhältnis des goldenen Schnitts ($\frac{1}{2}(\sqrt{5}+1) \approx 1,6$), das untere dem Seitenverhältnis der DIN-Formate ($\sqrt{2} \approx 1,4$). Viele sprechen dem unteren Rechteck eher zu. Das Gewohnte wird häufig als das Passende empfunden. Das Gewohnte ist bei den Rechteck-Formaten bestimmt durch die technisch bedingte DIN-Norm.

II.2 6. Für $x = 223$ und $y = 242$ erhält man $xS = 6585,3907$ bzw. $yS = 6585,3524$, also eine Differenz von $0,0383$. $6585,3524$ Tage entsprechen 18 Jahren und 10 (11) Tagen.

II.3 9. Das Kapital nach n Jahren läßt sich mit dem Verzinsungsfaktor $q = 1 + \frac{p}{100}$ darstellen als

$$K_n = K_0 q^n - Rq^{n-1} - Rq^{n-2} - \cdots - Rq^2 - Rq - R = K_0 q^n - R\frac{q^n - 1}{q - 1}.$$

Hebt man jedes Jahr $r\%$ von K_0 ab, ist also $R = \frac{r}{100}K_0$, dann entsteht

$$K_n = K_0(q^n - \frac{r}{100}\frac{q^n - 1}{q - 1}) = K_0(1 - \frac{r}{100(q - 1)})q^n + K_0\frac{r}{100(q - 1)}.$$

Mit $q - 1 = \frac{p}{100}$ läßt sich dies weiter umformen zu

$$K_n = K_0(1 - \frac{r}{p})q^n + K_0\frac{r}{p}.$$

Für $r = p$, also $1 - \frac{r}{p} = 0$, bleibt das Kapital somit wie zu erwarten konstant.

Für $r < p$, also $1 - \frac{r}{p} > 0$, vermehrt sich das Kapital ständig mit q^n.

Für $r > p$, also $1 - \frac{r}{p} < 0$, wird das Kapital schließlich aufgezehrt.

Aus $K_n = 0$ oder $(\frac{r}{p} - 1)q^n = \frac{r}{p}$ läßt sich dabei bestimmen, nach wie vielen Jahren das Kapital aufgezehrt ist. Als allgemeine Bedingung für n erhält man mit Hilfe der Logarithmus-Funktion (siehe II. 7) $n = \frac{\log(\frac{r}{r-p})}{\log(1+\frac{p}{100})}$.

II. 3 12. Die Höhe der Schaukel nach $n+1$ Durchgängen läßt sich in Abhängigkeit von der Ausgangshöhe a und der der Energiezufuhr entsprechenden Höhendifferenz d beschreiben als

$$h_{n+1} = aq^n + d(1+q+q^2+\cdots+q^{n-1}) = aq^n + d\frac{1-q^n}{1-q} = (a - \frac{d}{1-q})q^n + \frac{d}{1-q}.$$

Wegen $q^n \overset{n\to\infty}{\longrightarrow} 0$ für $q = 0,9$ nähert sich h_{n+1} somit für wachsendes n dem Wert $\frac{d}{1-q}$, also $10d$.

II. 3 17. c) Gezeigt wird, daß das Folgenpaar (x_n), (y_n) eine Intervallschachtelung für $\sqrt{ab}$ bildet: Zunächst erhält man durch Einsetzen $y_{n+1} = \frac{x_n y_n}{x_{n+1}}$ und damit $x_{n+1}y_{n+1} = x_n y_n = \cdots = x_1 y_1 = ab$. Ferner gilt als Ungleichung zwischen dem geometrischen und dem arithmetischen Mittel: $\sqrt{x_n y_n} \leq \frac{x_n + y_n}{2}$, denn

$$2\sqrt{x_n y_n} \leq x_n + y_n \Leftrightarrow 4x_n y_n \leq x_n^2 + 2x_n y_n + y_n^2 \Leftrightarrow 0 \leq x_n^2 - 2x_n y_n + y_n^2 \Leftrightarrow 0 \leq (x_n - y_n)^2.$$

Aus beiden Aussagen zusammen folgt $x_{n+1} = \frac{x_n + y_n}{2} \geq \sqrt{x_n y_n} = \sqrt{ab}$.

Mit $x_n \geq \sqrt{ab}$ $(n \in \mathbb{N})$ und $x_n y_n = ab$ gilt dann aber auch $y_n \leq \sqrt{ab}$ $(n \in \mathbb{N})$. Wegen $y_n \leq x_n$ und $x_{n+1} = \frac{1}{2}(x_n + y_n) \leq x_n$ hat man (x_n) als monoton fallende Folge bestätigt. Aus $x_n y_n = ab$ erhält man die steigende Monotonie von (y_n). Schließlich zeigt man mit Hilfe der folgenden Umformung, daß $(x_n - y_n)$ eine Nullfolge bildet:

$$x_{n+1} - y_{n+1} = \frac{x_n + y_n}{2} - \frac{2x_n y_n}{x_n + y_n} = \frac{(x_n - y_n)^2}{2(x_n + y_n)} = \frac{1}{2}\frac{x_n - y_n}{x_n + y_n}(x_n - y_n) < \frac{1}{2}(x_n - y_n)$$

II. 5 5. Die hier angegebenen Beispiele beziehen sich auf den Rand des Zahlenbereichs, der von einem einfachen Taschenrechner mit 8-stelliger Anzeige darstellbar ist.

Beispiele zum Assoziativgesetz:
$(0,00005 \cdot 0,004) \cdot 100 = 0$,   aber $0,000005 \cdot (0,004 \cdot 100) = 0,000002$
$(654321 \cdot 9876) \cdot 0,001 = $ Überlauf, aber $654321 \cdot (9876 \cdot 0,001) = 6462074,1$
Beispiele zum Distributivgesetz:
$(0,000005 + 0,000005) \cdot 0,01 = 0,0000001$,
aber $0,000005 \cdot 0,01 + 0,000005 \cdot 0,01 = 0$
$(654321 - 654221) \cdot 987 = 98700$,
aber $654321 \cdot 987 = $ Überlauf, ebenso $654221 \cdot 987 = $ Überlauf.

II. 5 11. Siehe [E 1], Seite 134 f

II. 7 3. c) Gesucht wird die Zeit t mit: $(\frac{1}{2})^{\frac{t}{5760}} = 0,631$ oder logarithmiert

$\frac{t}{5760} \log_{10} 0,5 = \log_{10} 0,631$. Das ergibt $t = \frac{\log_{10} 0,631}{\log_{10} 0,5} \cdot 5760 \approx 3800$ Jahre.

II. 7 11. Die gesuchte Länge l zerfällt in natürlicher Weise in eine Länge l_1 bei a und eine Länge l_2 bei b. Dabei gilt $\sin \varphi = \frac{a}{l_1}$ und $\cos \varphi = \frac{b}{l_2}$, also $l = l_1 + l_2 = \frac{a}{\sin \varphi} + \frac{b}{\cos \varphi}$.

Für $\varphi = 45°$ gilt $\sin 45° = \cos 45° = \frac{1}{\sqrt{2}}$, also $l = \sqrt{2}(a+b)$. Ist $a < b$, dann ist bei einem Winkel unter 45° nur eine kürzere passende Länge zu erwarten. Es verkleinert sich nämlich $\frac{b}{\cos \varphi}$, während sich $\frac{a}{\sin \varphi}$ vergrößert, wobei sich die Verkleinerung von $\frac{b}{\cos \varphi}$ stärker auswirkt. Für $a = 1$ und $b = 3$ und $\varphi = 40°$ z.B. erhält man nur die Länge 5,472. Die bei 45° errechnete Länge von $4\sqrt{2} = 5,657$ paßt also bei einem Winkel von 40° nicht mehr. Das Minimum läßt sich natürlich mit Mitteln der Differentialrechnung bestimmen. Für $l(\varphi) = \frac{a}{\sin \varphi} + \frac{b}{\cos \varphi}$ gilt $l'(\varphi) = -\frac{a \cos \varphi}{\sin^2 \varphi} + \frac{b \sin \varphi}{\cos^2 \varphi}$. Diese Funktion wird zu Null für $\tan \varphi = \sqrt[3]{\frac{a}{b}}$. Das ergibt bei $a = 1$ und $b = 3$ einen Winkel für die minimale Länge von $34,74°$ und $l = 5,41$.

II. 7 14. Die Abbildung zeigt: $\sin(\alpha - \beta) = \frac{s}{a}$ und $\cos \beta = \frac{d}{a}$. Damit entsteht $s = a \sin(\alpha - \beta) = \frac{d}{\cos \alpha} \sin(\alpha - \beta)$ und mit dem Additionstheorem des Sinus:

$$s = \frac{d}{\cos \beta}(\sin \alpha \cos \beta - \cos \alpha \sin \beta) = d(\sin \alpha - \frac{\cos \alpha \sin \beta}{\cos \beta})$$

$$= d \sin \alpha(1 - \frac{\sin \beta}{\sin \alpha}\frac{\cos \alpha}{\cos \beta}) = d \sin \alpha(1 - \frac{1}{n}\frac{\cos \alpha}{\cos \beta}).$$

Dabei läßt sich $\cos \beta$ noch durch n und $\sin \alpha$ ausdrücken gemäß $n^2 \cos^2 \beta = n^2(1 - \sin^2 \beta) = n^2 - \sin^2 \alpha$. Insgesamt gilt also

$$s = d \sin \alpha(1 - \frac{\cos \alpha}{\sqrt{n^2 - \sin^2 \alpha}}).$$

II. 7 15. Um den resultierenden Wechselstrom durch eine übersichtliche Vorschrift zu beschreiben, benötigt man eine Formel, welche Sinuswerte zu addieren gestattet. Es gilt: $\sin \alpha + \sin \beta = 2 \sin \frac{\alpha + \beta}{2} \cos \frac{\alpha - \beta}{2}$. Begründung:

$$\sin \alpha = \sin(\frac{\alpha + \beta}{2} + \frac{\alpha - \beta}{2}) = \sin \frac{\alpha + \beta}{2} \cos \frac{\alpha - \beta}{2} + \cos \frac{\alpha + \beta}{2} \sin \frac{\alpha - \beta}{2}$$

$$\sin \beta = \sin(\frac{\alpha + \beta}{2} - \frac{\alpha - \beta}{2}) = \sin \frac{\alpha + \beta}{2} \cos \frac{\alpha - \beta}{2} - \cos \frac{\alpha + \beta}{2} \sin \frac{\alpha - \beta}{2}$$

Addition beider Gleichungen ergibt die obige Formel. Damit folgt:

$$\sin x - \sin(x - \frac{2\pi}{3}) = \sin x + \sin(\frac{2\pi}{3} - x) = 2 \sin \frac{\pi}{3} \cos(x - \frac{\pi}{3}).$$

Mit $\sin \frac{\pi}{3} = \sin 60° = \frac{1}{2}\sqrt{3}$ (siehe Seite 100) entsteht also $U(x) = U_1(x) - U_2(x) = \sqrt{3}U_0 \cos(x - \frac{\pi}{3})$. Der Spannungsverlauf läßt sich wieder durch eine Trigonometrische Funktion beschreiben. Der Maximalwert der Spannung erhöht sich allerdings auf $\sqrt{3} \cdot 380V \approx 660V$.

III Größen und Sachrechnen

III. 1 2 Aufgrund der Trichotomie gilt $b < c$ oder $b = c$ oder $c < b$. Mit Hilfe des Monotoniegesetzes der Addition führen aber $b < c$ und $c < b$ auf einen Widerspruch zu $a + b = a + c$.

III. 1 3 Als Bedingung muß $c < b < a$ gelten. Zur Begründung: $a - b$ ist Lösung der Gleichung $b + x = a$. Wegen $b = (b - c) + c$ und dem Assoziativgesetz für vier Glieder gilt also $(b - c) + (c + x) = a$. Damit folgt $c + x = a - (b - c)$, also $c + (a - b) = a - (b - c)$. Mit Hilfe des Kommutativgesetzes erhält man die Behauptung.

III. 1 4 b) Wenn zwei verschiedene Stäbe S_1 und S_2 die gleiche Länge haben, dann gilt $S_1 \leq S_2$ und $S_2 \leq S_1$. Es folgt aber nicht $S_1 = S_2$. Die Längen sind zwar gleich. Damit gilt aber nicht die Identität der Repräsentanten.

III. 2 3 b) Der entscheidende Unterschied: Beim Parken an einer Parkuhr muß die beabsichtigte Parkzeit vorher bestimmt und bezahlt werden. Im Parkhaus wird die tatsächlich in Anspruch genommene Parkzeit hinterher bezahlt. Wenn man die an der Parkuhr bezahlte Parkzeit nicht ausnutzt, bekommt man kein Geld zurück. So sind für eine tatsächliche Parkzeit von z.B. 50 Minuten die Preise 1,50 DM, 2,00 DM aber auch 4,00 DM möglich, je nachdem welche Parkdauer man sich bei Parkbeginn vorgenommen (bezahlt) hatte. Im Glücksfall kann man sogar die Parkzeit von 50 Minuten vom Vorgänger übernehmen und hat dann gar nichts zu bezahlen. Die Zuordnung „Parkdauer $\longrightarrow$ Preis" ist keine Abbildung, einer Parkzeit lassen sich mehrere Preise zuordnen.

c) *Gebührenordnung beim Taxifahren:* Es ist ein Grundpreis G zu bezahlen, der gleichzeitig Anrecht auf eine Fahrtstrecke a_1 liefert. Für jede weitere zurückgelegte Strecke Δa ist dann der gleiche Betrag p zu zahlen. Ferner sind Wartezeiten zu bezahlen. Für jede vergangene Zeiteinheit z wird der Preis P_z berechnet. Den zur Fahrtstrecke x gehörigen Preis $f_0(x)$ (ohne Wartezeit) erhält man gemäß

$$f_0(x) = \begin{cases} G & \text{für} \quad 0 < x \leq a_1 \\ k \cdot p + G & \text{für} \quad a_1 + (k-1)\Delta a < x \leq a_1 + k\Delta a \end{cases}$$

Bei einer Wartezeit von i Zeiteinheiten berechnet sich der Preis dann als

$$f_i(x) = f_0(x) + i \cdot p_z .$$

Gebührenordnung beim Münzfernsprecher: Münzen von 0,10 DM, 0,50 DM oder 5,00 DM können eingegeben werden. Nur „unangebrochene" Münzen werden herausgegeben. Es besteht also ein gewisses Risiko, Geld zu verschenken. Die Zuordnung „Dauer des Telefongesprächs $\longrightarrow$ verbrauchter Geldbetrag" ist nicht unbedingt eine Funktion. Zu einer Zeit können nämlich verschiedene Geldbeträge gehören, je nachdem welche Münzen eingeworfen werden. Wenn das eingeworfene

Geld nicht durch ein entsprechend langes Telefongespräch verbraucht wird, lohnt es sich darüber nachzudenken, welche Münzen man in welcher Reihenfolge einwirft.

III. 3 6 Betrachtet sei eine Strecke AB und eine parallele Gerade g im Abstand der Höhe h. (Fertigen Sie sich eine Skizze an!) Gesucht ist nun ein Punkt C auf g so, daß der Gesamtweg ACB minimal wird. Damit hat man die gleiche Fragestellung wie in Beispiel 5. Wie dort gezeigt, läßt sich C bestimmen, indem man B an g spiegelt. C entsteht als Schnittpunkt der Verbindungsstrecke AB' mit der Geraden g. Aufgrund der Eigenschaften der Geradenspiegelung gilt $\overline{AC} = \overline{CB'}$ (Die Strecke AB liegt parallel zur Geraden g) und $\overline{CB'} = \overline{CB}$. Es entsteht also ein gleichschenkliges Dreieck.

III. 3 8 a) Die Durchschnittsgeschwindigkeit $\hat{v}$ läßt sich im Sinne des harmonischen Mittels bestimmen (siehe Beispiel 7). Das ergibt $\hat{v} = \dfrac{2}{\frac{1}{50} + \frac{1}{150}} = 75$ km/h.

b) Die Zeit, welche der Fahrer für die erste Hälfte der Strecke bei Tempo 50 km/h benötigt, ist $t = \dfrac{s}{2 \cdot 50}$. Das ist aber genau die Zeit, welche bei Tempo 100 km/h für die Gesamtstrecke erforderlich ist. Die zweite Hälfte der Strecke müßte der Fahrer also in 0 sec zurücklegen, was natürlich unmöglich ist.

III. 4 9 Es gilt $d = h - \sqrt{h^2 - s^2}$. Setzt man die Zahlenwerte ein, ohne die Fehlerangaben zu berücksichtigen, dann erhält man $d \doteq 0,17$ cm. Der obige Term ist allerdings verdächtig. Er enthält nämlich die Differenz zweier etwa gleich großer Zahlen h und $\sqrt{h^2 - s^2}$. Ferner ist es hier nicht ohne weiteres möglich, obere und untere Schranken für d unter Berücksichtigung der Fehler zu bestimmen. Wollte man eine untere Schranke bestimmen, müßte man in $h - \sqrt{h^2 - s^2}$ für das erste h einen möglichst kleinen Wert annehmen, für das h unter der Wurzel aber einen möglichst großen Wert. Dabei gibt es wenig Sinn, für eine Variable zwei verschiedene Werte einzusetzen. Durch Erweiterung des obigen Terms mit $h + \sqrt{h^2 - s^2}$ läßt sich die Differenz vermeiden. Man erhält $d = \dfrac{s^2}{h + \sqrt{h^2 - s^2}}$.

Einsetzen ergibt wieder $d \doteq 0,17$ cm. Dabei gestattet dieser Term einfach, untere und obere Schranken für d anzugeben:

$$\text{untere Schranke}: \quad d_u = \frac{9,5^2}{301 + \sqrt{301^2 - 9,5^2}} \quad \doteq \quad 0,150$$

$$\text{obere Schranke}: \quad d_o = \frac{10,5^2}{299 + \sqrt{299^2 - 10,5^2}} \quad \doteq \quad 0,185$$

Das Unbehagen beim zuerst errechneten Wert war also unbegründet.

III. 4 10 a) $A(r) = \pi r^2$; $A'(r) = 2\pi r$; $\Delta A \approx 2\pi \cdot 2 \cdot 0,05 \, \text{cm}^2 \doteq 0,63 \, \text{cm}^2$.
b) $V(r) = \frac{4}{3}\pi r^3$; $V'(r) = 4\pi r^2$; $\Delta V \approx 4\pi \cdot 4 \cdot 0,05 \, \text{cm}^3 \doteq 2,5 \, \text{cm}^3$
c) $V(h) = \frac{\pi}{3}(6h^2 - h^3)$; $V'(h) = \frac{\pi}{3}(12h - 3h^2) = \pi(4h - h^2)$;
$\Delta V \approx \pi(4 \cdot 1,2 - 1,44) \cdot 0,01 \, \text{m}^3 \doteq 0,11 \, \text{m}^3 = 110$ Liter
d) $v(h) = \sqrt{1962}\sqrt{h}$; $v'(h) = \sqrt{1962} \cdot \frac{1}{2\sqrt{h}}$; $\Delta v \approx \frac{\sqrt{1962}}{2 \cdot \sqrt{28,8}} \cdot 0,05 \, \text{cm} \cdot \text{s}^{-1} \doteq 0,2 \, \text{cm} \cdot \text{s}^{-1}$

IV Kombinatorik

IV. 1 10. a) α) $2 \cdot 19 \cdot 9 \cdot 10^3 = 342\,000$ β) $2 \cdot 199 \cdot 9 \cdot 10^{n-1}$

Bei dieser Lösung werden alle Zahlen als 4- bzw. n-stellig betrachtet. Kürzere Ziffernfolgen denkt man nach rechts mit Nullen aufgefüllt. Die Zahl 3,1 z.B. wird als 3,100 dargestellt. Gegen diese Interpretation lassen sich durchaus Bedenken anmelden. Die Angaben 3,1 m und 3,100 m bedeuten ja nicht das gleiche, sie unterscheiden sich in der behaupteten Genauigkeit. Will man 3,1 und 3,100 als verschieden ansehen, muß man zwischen Endnullen und Leerstellen am Ende einer Ziffernfolge unterscheiden. Bei dieser Interpretation hat man im Fall β)

$$2 \cdot 9(1 + 10 + \ldots + 10^{n-1}) \cdot 199 = 2 \cdot 9 \frac{10^n - 1}{9} \cdot 199 = 2 \cdot (10^n - 1)199$$

Möglichkeiten. (Gegen diese Interpretation spricht allerdings, daß der Taschenrechner bei seinen Ergebnissen Endnullen in der Regel nicht angibt.)

b) *Fall 1*: Die Anfangsziffer z_1 ist von Null verschieden. In diesem Falle ergeben die $n - 1$ möglichen Kommastellungen verschiedene Zahlen. Man erhält also $2 \cdot 9 \cdot 10^{n-2} \cdot (n - 1)$ verschiedene Möglichkeiten dieser Sorte.

Fall 2: Die Anfangsziffer ist gleich Null. Hier erhält man gegenüber Fall 1 neue Zahlen nur, wenn das Komma nach der Anfangsnull gesetzt wird. Beispiele für $n = 8$: 01,23456 entspricht 1,234560 oder 00,00300 entspricht 0,003000. Man erhält also $2(10^{n-2} - 1)$ von Null verschiedene Zahlen. Insgesamt

$$2 \cdot 9 \cdot 10^{n-2}(n - 1) + 2 \cdot 10^{n-2} - 2 = 2 \cdot 10^{n-2}(9n - 8) - 2 \text{ Zahlen} \neq 0 \,.$$

IV. 2 19. $64 + 32 + 16 + 8 + 4 + 2 + 1 = 1 + 2 + 2^2 + 2^3 + 2^4 + 2^5 + 2^6 = \dfrac{2^7 - 1}{2 - 1} = 2^7 - 1 = 127$

IV. 2 22. b) Die Anzahl der Abbildungen von der Menge K der 8 Kegel in die Menge W der 3 Würfe beträgt 3^8. Gefragt ist hier aber nur die Anzahl der Abbildungen, bei der in jedem Wurf mindestens ein Kegel fallen muß, also der surjektiven Abbildungen von K nach W. Nicht gezählt werden sollen die Abbildungen von K in eine der 2-Teilmengen von W, nämlich in {1. Wurf, 2. Wurf}, {1. Wurf, 3. Wurf} oder {2. Wurf, 3.Wurf}. Die Anzahl dieser Abbildungen ist $3 \cdot 2^8$. Dabei werden die Abbildungen von K in die 3 einelementigen Teilmengen von W allerding jeweils doppelt gezählt. Insgesamt gibt es also $3^8 - 3 \cdot 2^8 + 3 = 5796$ Möglichkeiten.

IV. 2 27. a) $\binom{5}{2} = 10$ (Jedes Zeichen ist bestimmt durch die beiden breiten Elemente.) b) Start 04604940984 Stop

      (Strichcodes ohne Start und Stop)

IV. 4 8. Gedanke bei a): Aus jeder der vier Farben wird eine Karte entnommen, hinzugenommen werden zwei Karten aus den verbleibenden 28. Diese Formel ist falsch, da Konfigurationen mehrfach gezählt werden. Das Ergebnis Karobube, Herzdame, Kreuzkönig, Pikas, Karodame, Herzbube z.B. kann entstehen, indem man die ersten vier Karten aus den verschiedenen Farben nimmt und die beiden letzten dazu, aber auch, indem man die letzten vier Karten aus den verschiedenen Farben nimmt und die beiden ersten dazu.

Gedanke bei b): Von den $\binom{32}{6}$ Möglichkeiten, 6 der 32 Karten auszuwählen, werden die Möglichkeiten abgezogen, bei denen nur aus 3 Farben, also aus 24 Karten, ausgewählt wird. Die Überlegungen sind unvollständig, wie die Gedanken zu c) zeigen.

Formel c) ist richtig: Von allen Möglichkeiten, 6 der 32 Karten auszuwählen, werden die abgezogen, bei denen nicht aus allen 4 Farben Karten vorkommen. Dabei gibt es

(∗) $\binom{4}{1}\binom{24}{6}$ Möglichkeiten, eine der vier Farben auszuwählen und von den übrigen 24 Karten 6 zu entnehmen;

(∗∗) $\binom{4}{2}\binom{16}{6}$ Möglichkeiten, zwei der vier Farben auszuwählen und von den 16 übrigen Karten 6 zu entnehmen;

(∗∗∗) $\binom{4}{3}\binom{8}{6}$ Möglichkeiten, drei der vier Farben auszuwählen und von den acht übrigen Karten 6 zu entnehmen.

Bei den Möglichkeiten in (∗) werden die Auswahlen aus zwei Farben doppelt gezählt, die Auswahlen aus einer Farbe sogar dreifach.

Bei den Möglichkeiten in (∗∗) werden die Auswahlen aus einer Farbe dreifach ($\binom{3}{2} = 3$) gezählt. Der dritte Summand in der eckigen Klammer ist also erforderlich, weil sonst die Auswahlen aus einer Farbe nicht mehr berücksichtigt wären.

IV. 4 11. Pokern mit einem Skatspiel: One Pair: $\binom{8}{4}\binom{4}{3}\binom{4}{1}^3\binom{4}{2} = 107\,520$; Two Pairs: $\binom{8}{3}\binom{3}{2}\binom{4}{2}^2\binom{4}{1} = 24\,192$; Three of a Kind: $\binom{8}{3}\binom{3}{2}\binom{4}{1}^2\binom{4}{3} = 10\,752$; Straight: $8(4^5-4) = 8160$; Full House: $\binom{8}{2}\binom{2}{1}\binom{4}{3}\binom{4}{2} = 1344$; Four of a Kind: $\binom{8}{1}\binom{28}{1} = 224$; Flush: $4(\binom{8}{5} - 8) = 192$; Straight Flush: $8 \cdot 4 = 32$

V Statistik und Wahrscheinlichkeitsrechnung

V. 1 7. Wir zeigen zunächst, daß die Funktion f stückweise linear ist. Für Werte x und $x + \Delta x$ aus einem Intervall $[x_k; x_{k+1}]$ gilt nämlich:

$$
\begin{aligned}
f(x + \Delta x) &= \sum_{i=1}^{n} h_i|x + \Delta x - x_i| \\
&= \sum_{i=1}^{k} h_i(x + \Delta x - x_i) + \sum_{i=k+1}^{n} h_i(x_i - x - \Delta x) \\
&= \sum_{i=1}^{k} h_i(x - x_i) + \Delta x \sum_{i=1}^{k} h_i + \sum_{i=k+1}^{n} h_i(x_i - x) - \Delta x \sum_{i=k+1}^{n} h_i \\
&= \sum_{i=1}^{n} h_i|x - x_i| + \Delta x(h_1 + h_2 + \ldots + h_k - (h_{k+1} + \ldots + h_n))
\end{aligned}
$$

$$= f(x) + \Delta x (h_1 + h_2 + \ldots + h_k - (h_{k+1} + h_{k+2} + \ldots + h_n)).$$

Daraus folgt

f fällt monoton, falls $\quad h_1 + h_2 + \ldots + h_k \;<\; h_{k+1} + h_{k+2} + \ldots + h_n$

f wächst monoton, falls $\quad h_1 + h_2 + \ldots + h_k \;>\; h_{k+1} + h_{k+2} + \ldots + h_n$

f ist konstant, falls $\quad h_1 + h_2 + \ldots + h_k \;=\; h_{k+1} + h_{k+2} + \ldots + h_n.$

Damit können zwei Fälle entstehen:

1. *Fall*: Es gibt einen Meßwert x_k so, daß f links von x_k fällt und rechts von x_k steigt (wie es die nebenstehende Abbildung zeigt.) Dann besitzt f an dieser Stelle ein absolutes Minimum. Da die Funktion f links von x_k fällt, gilt

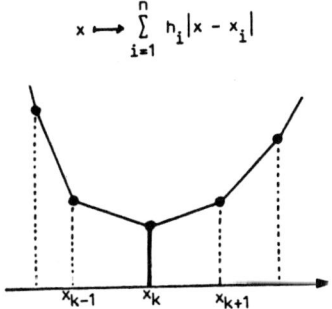

$$h_1 + h_2 + \ldots + h_{k-1} < h_k + h_{k+1} + \ldots + h_n,$$

da sie rechts von x_k wächst, gilt

$$h_1 + h_2 + \ldots + h_k > h_{k+1} + h_{k+2} + \ldots h_n.$$

Wegen $\sum\limits_{i=1}^{n} h_i = 1$ muß dann $\sum\limits_{i=k}^{n} h_i \geq \frac{1}{2}$

und $\sum\limits_{i=1}^{k} h_i \geq \frac{1}{2}$ erfüllt sein. Also ist x_k der Zentralwert Z.

2. *Fall*: Es gibt benachbarte Werte x_k, x_{k+1} so, daß f im Intervall $[x_k; x_{k+1}]$ konstant ist. Das bedeutet $\sum\limits_{i=1}^{k} h_i = \sum\limits_{i=k+1}^{n} h_i = \frac{1}{2}$.

Dann ist f in diesem Intervall aber auch minimal (siehe nebenstehende Abbildung). Da für alle Werte z im Intervall $[x_k; x_{k+1}]$ die Ungleichungen $\sum\limits_{x_i \leq z} h_i \geq \frac{1}{2}; \; \sum\limits_{x \geq z} h_i \geq \frac{1}{2}$

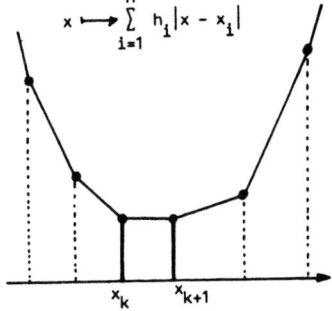

gelten, sind sie alle im Sinne der Definition Zentralwerte.

V. 3 3 Es gilt: $9 = 1+2+6 = 1+3+5 = 1+4+4 = 2+2+5 = 2+3+4 = 3+3+3$ und $10 = 1+3+6 = 1+4+5 = 2+2+6 = 2+3+5 = 2+4+4 = 3+3+4$. Es gibt für beide Zahlen also gleich viele Summendarstellungen. Nun lassen sich Summen mit drei verschiedenen Summanden mit 3 Würfeln auf 6 verschiedene Arten realisieren (3-Tupel), Summen mit 2 verschiedenen Zahlen auf 3 Arten und Summen wie $3 + 3 + 3$ nur auf eine Art. Damit folgt: $P(\text{Summe } 9) = \frac{25}{219}$, aber $P(\text{Summe } 10) = \frac{27}{216}$.

V. 4 3. Die Wahrscheinlichkeit, daß n zufällig anwesende Personen alle an anderen Tagen des Jahres Geburtstag haben, beträgt $\left(\frac{364}{365}\right)^n$; die Wahrscheinlichkeit für das Gegenereignis, daß mindestens eine am gleichen Tag des Jahres Geburtstag hat, ist also $1 - \left(\frac{364}{365}\right)^n$. Es gilt $\left(\frac{364}{365}\right)^{252} = 0,500895$; $\left(\frac{364}{365}\right)^{253} = 0,499523$. Es müssen somit außer mir 253 Personen zusammenkommen.

V. 4 10. a) Der obere Zweig ist unterbrochen mit der Wahrscheinlichkeit $1 - (1 - 0,1)(1 - 0,15) = 1 - 0,9 \cdot 0,85 = 0,235$. Das System versagt, wenn alle drei Zweige unterbrochen sind. Die Wahrscheinlichkeit dafür beträgt

$$(1 - 0,9 \cdot 0,85)(1 - 0,7)(1 - 0,8 \cdot 0,85) = 0,235 \cdot 0,3 \cdot 0,32 = 4,794\%.$$

b) Beim oberen System läßt sich die Wahrscheinlichkeit für das Versagen eines der Äste berechnen als $1 - (1 - p)^n$. Das oben abgebildete System versagt also mit der Wahrscheinlichkeit $P_o = (1 - (1 - p)^n)^2$. Beim unteren System läßt sich die Wahrscheinlichkeit für das *Nicht*versagen eines der hintereinandergeschalteten Elemente berechnen als $1 - p^2$, also die Wahrscheinlichkeit für das Nichtversagen des ganzen Systems als $(1 - p^2)^n$. Damit beträgt die Wahrscheinlichkeit für das Versagen des unten abgebildeten Systems $P_u = 1 - (1 - p^2)^n$.

Für $0 < p \leq 1$ gilt $P_o > P_u$; das oben abgebildete System versagt also eher. Begründung: $(1 - (1 - p)^n)^2 > 1 - (1 - p^2)^n \iff -2(1 - p)^n + (1 - p)^{2n} > -(1-p)^n(1+p)^n \iff 2 < (1-p)^n + (1+p)^n$. Diese Ungleichung gilt aber, da alle negativen Summanden in der Darstellung von $(1 - p)^n$ im Sinne der binomischen Formel durch entsprechende positive Summanden in der Darstellung von $(1 + p)^n$ aufgehoben werden.

V. 4 11 Zunächst eine Präzisierung: Es wird begründet, daß die Revisionsstrategie die Gewinnchance erhöht. Damit ist gemeint, daß bei einer großen Zahl von Durchführungen des Ratespiels bei den Spielern, welche die Revisionsstrategie verfolgen, ein größerer Anteil mit einem glücklichen Ausgang rechnen kann als bei jenen, welche keine Revision ihrer ersten Wahl vornehmen. Da jeder Spieler in der Regel nur einmal in eine solche Situation gestellt wird, entsteht durch die Aufgabenstellung der Eindruck, es ginge um eine spezielle Situation. Über eine einzelne, isolierte Situation kann aber mit Mitteln der Wahrscheinlichkeitsrechnung nichts ausgesagt werden.

Begründung: Wenn zufällig eine der drei Türen ausgewählt wird, findet man dahinter mit der Wahrscheinlichkeit $\frac{1}{3}$ den Hauptgewinn; mit der Wahrscheinlichkeit $\frac{2}{3}$ trifft man auf einen Trostpreis. Diese Wahrscheinlichkeiten ändern sich nicht, wenn keine Revision der ersten Wahl vorgenommen wird. Geschieht eine Revision der ersten Wahl, wird man in den $\frac{2}{3}$ aller Fälle, in denen man zunächst eine falsche Tür gewählt hatte, auf den Hauptgewinn treffen. Nur in dem einen Drittel aller Fälle, in denen man zunächst die richtige Tür erwischt hatte, steht man am Ende vor dem Trostpreis. Es gilt also $P(+|R) = \frac{2}{3}$; $P(+|\overline{R}) = \frac{1}{3}$ ($\overline{R}$ bedeutet „keine Revision").

Hier wird eine intuitive Begründung gegeben. Ein Wahrscheinlichkeitsbaum, wie er sonst gerade bei bedingten Wahrscheinlichkeiten häufig hilfreich ist, bietet hier m.E. keine tiefere Einsicht.

V. 6 10 Wenn eine Packung den Lieferbedingungen entspricht, enthält sie höchstens 2 defekte Ventile. Wird diese im Kontrollverfahren abgelehnt, waren bei 5 entnommenen Ventilen 2 unbrauchbar, sie muß also 2 defekte Ventile enthalten. Für eine Packung, welche den Lieferbedingungen entspricht und dennoch abgelehnt wird, gilt im Sinne der hypergeometrischen Verteilung (Aufgabe 9) mit $N = 20$, $M = 2$ und $n = 5$:

$$P(X = 2) = \frac{\binom{2}{2}\binom{18}{3}}{\binom{20}{5}} = \frac{1}{19} = 0,0526\,.$$

Literatur

Ade, u. Schell, H.: Numerische Mathematik, Klett, Stuttgart 1975.

Batschelet, E. Einführung in die Mathematik für Biologen, Springer-Verlag, Heidelberg 1980.

Blankenagel, J.: Numerische Mathematik im Rahmen der Schulmathematik, BI Wissenschaftsverlag, Mannheim 1985.

Engel, A.: Stochastik, Klett, Stuttgart 1987.

Fehringer, K.: Näherungsrechnen, Gleichungen, Ungleichungen, Volk und Wissen, Berlin (Ost) 1978.

Glaser, H. u.a.: SIGMA, Grundkurs Stochastik, Klett, Stuttgart 1982.

Glaser, H. u.a.: SIGMA, Grundkurs Analysis, Klett, Stuttgart 1983.

Griesel, H.: Die Neue Mathematik für Lehrer und Studenten, Band 2, Schroedel, Hannover 1973.

Kirsch, A.: Elementare Zahlen- und Größenbereiche, Vandenhoeck & Ruprecht, Göttingen 1970.

Lind, H. / Scheid, H.: Abiturwissen Stochastik, Klett, Stuttgart 1986.

Scheid, H. / Endl, K.: Mathematik für Lehramtskandidaten, Band IV: Analysis, Akademische Verlagsgesellschaft, Wiesbaden 1977.

Scheid, H.: Abiturwissen Analysis, Klett, Stuttgart 1983.

Scheid, H.: Wahrscheinlichkeitsrechnung, BI Wissenschaftsverlag, Mannheim 1992.

Schmidt, W.: Mathematikaufgaben, Anwendungen aus der modernen Technik und Arbeitswelt, Klett, Stuttgart 1984.

Schupp, H.: Optimieren: Extremwertbestimmung im Mathematikunterricht, BI Wissenschaftsverlag, Mannheim, 1992.

Schwartze, H.: Elementarmathematik aus didaktischer Sicht, Band 1: Arithmetik und Algebra, Kamp, Bochum 1980.

Tischel, G.: Angewandte Mathematik, Diesterweg, Frankfurt (Main) 1980.

Namensverzeichnis

Sachregister

Quellenangaben zu einigen Abbildungen

aus MathematikLehren, Heft 37:

"natürliche Parabeln" (S. 124) von
Dr. W. Fregien, Höfelstraße 16, 30880 Laatzen, Tel. 0511/822983

"Parabolantenne" (S.124) von
Prof. W. Andres, Ebellstraße 39, 30625 Hannover, Tel. 0511/ 556672

"Müngstener Brücke" (S.125) von
Prof. Dr. I. Weidig, Im Steingebiß 47, 76829 Landau / Pfalz

aus der Westdeutschen Zeitung vom 3.1.1994
"Silvesterfeuerwerk" (S. 123) von O. Grimm (Pressefotograf)
(Hier bemühe ich mich um das Original.)

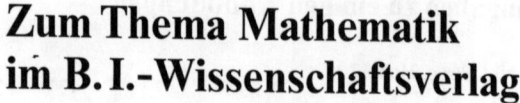

Zum Thema Mathematik
im B. I.-Wissenschaftsverlag

Reimer, M.
Constructive Theory of Multivariate Functions with an Application to Tomography
Das Werk behandelt Fragen der Interpolation und Approximation multivariater Funktionen durch Polynome, v. a. über der Sphäre, der Vollkugel und dem Simplex.
286 Seiten. 1990. Kartoniert.

Rottmann, K.
Mathematische Formelsammlung
Formeln zu Arithmetik, Algebra, Geometrie, Koordinatensystemen, Speziellen Funktionen, Reihen, Differential- und Integralrechnung.
176 Seiten. 4., korrigierte Auflage 1991 (HTB 13).

Scheid, H.
Zahlentheorie
Grundlegende Einführung in die Elementare Zahlentheorie und Teile der Analytischen und der Additiven Zahlentheorie unter Berücksichtigung der Aspekte der praktischen Anwendung.
Prof. Dr. Harald Scheid, Universität Wuppertal.
504 Seiten. 1991. Gebunden.

Scholz, E. (Hrsg.)
Geschichte der Algebra
(Lehrbücher und Monographien zur Didaktik der Mathematik, Band 16)
Gegenstand dieses Bandes ist die Entwicklung algebraischen Denkens von der Antike bis zu den Anfängen moderner struktureller Algebra. 520 Seiten. 1990. Gebunden.

Schröder, E. M.
Vorlesungen über Geometrie
Band 1: Möbiussche, elliptische und hyperbolische Ebenen
178 Seiten. 1991. Kartoniert.
Band 2: Affine und projektive Geometrie
133 Seiten. 1991. Kartoniert.
Band 3: Metrische Geometrie
Eine systematische Einführung in die Geometrie für Studenten mit Kenntnissen in Linearer Algebra. 186 Seiten. 1992. Kartoniert.

Steeb, W.-H.
Algorithms and Computation with Turbo-Pascal
Darstellung von mathematischen und physikalischen Algorithmen mit zugehörigen Turbo-Pascal-Programmen.
174 Seiten. 1992. Kartoniert.

Wissenschaftsverlag
Mannheim · Leipzig · Wien · Zürich

Lehrbücher und Monographien zur Didaktik der Mathematik:

Band 3:
Riemer, W.
**Neue Ideen
zur Stochastik**
Mit Hilfe neuer heuristischer
Modelle gelangt man unter Um-
gehung sinnleerer Formalismen
zum Kern zentraler stochasti-
scher Themenbereiche.
156 Seiten. 1985

Band 4:
Knoche, N./H. Wippermann
**Vorlesungen zur
Methodik und Didaktik
der Analysis**
Unterschiedliche Zugänge zu
den grundlegenden Begriffen
der Analysis werden vorgestellt
und im Vergleich wertend
diskutiert.
350 Seiten. 1986

Band 6:
Scheid, H.
**Stochastik in der
Kollegstufe**
Fachwissenschaftliche und
didaktische Hintergründe der
Stochastik und ihre Bezüge zur
Analysis; auf die Einsatz-
möglichkeiten programmierbarer
Rechner wird eingegangen.
250 Seiten. 1986

Band 7:
Padberg, F.
Didaktik der Arithmetik
Eine praxisnahe Darstellung der
Arithmetik der ersten vier Schul-
jahre. Im Vordergrund stehen
die von Schülern benutzten
Lösungsstrategien sowie typische
Schülerfehler.
253 Seiten. 1986

B·I·

Wissenschaftsverlag
Mannheim · Leipzig · Wien · Zürich

Lehrbücher und Monographien zur Didaktik der Mathematik:

Band 8:
Lüneburg, H.
Kleine Fibel der Arithmetik
Der Autor zeigt exemplarisch an einfachen Algorithmen, wie man das neue Stilmittel »strukturiertes Programmieren« zur Beschreibung von Algorithmen nutzen kann.
101 Seiten. 1987.

Band 9:
Holland, G.
Geometrie in der Sekundarstufe. Didaktische und methodische Fragen
Eine praxisbezogene Darstellung, die unter dem Aspekt der Realisierung von Prozeßzielen, Problemlösen und Begriffsbilden den Computer erschließt.
211 Seiten. 1988.

Band 10:
Borovcnik, M.
Stochastik im Wechselspiel von Intuitionen und Mathematik
Überzeugende Darstellung des Zusammenspiels von Intuitionen und mathematischen Begriffen. Im Zentrum: stochastisches Denken und stochastische Methoden.
465 Seiten. 1992.

Band 11:
Padberg, F.
Didaktik der Bruchrechnung. Gemeine Brüche – Dezimalbrüche
Eine praxisnahe Darstellung der Bruchrechnung (der gemeinen wie auch der Dezimalbrüche). Mit verschiedenen Einführungswegen, typischen Fehlerquellen und Gegenmaßnahmen.
221 Seiten. 1989.

Band 12:
Schupp, H.
Kegelschnitte
Historische und didaktische Analyse dieses klassischen und zentralen Gebietes der Elementarmathematik mit zahlreichen Anregungen für eine zeitgemäße Behandlung im Unterricht beider Sekundarstufen.
245 Seiten. 1988.

B·I·
Wissenschaftsverlag
Mannheim · Leipzig · Wien · Zürich

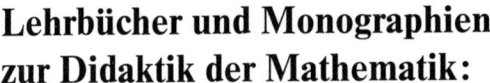

Lehrbücher und Monographien zur Didaktik der Mathematik:

Band 13:
Knoche, N.
Modelle der empirischen Pädagogik
Dieser Band beschäftigt sich mit dem klassischen Testmodell, dem Modell der Faktorenanalyse und den linearen Strukturgleichungsmodellen.
320 Seiten. 1990. Kartoniert.

Band 14:
Lind, D.
Probabilistische Modelle in der empirischen Pädagogik
Eine Einführung in die Meßtheorie und die Anwendung binominaler und multinominaler Testmodelle.
Etwa 300 Seiten. 1991. Kartoniert.

Band 15:
Pfahl, M.
Numerische Mathematik in der gymnasialen Oberstufe
Dieses Buch beschreibt Curriculum-elemente der numerischen Mathe-mathik, die in bestehende Lehrpläne integriert werden können.
248 Seiten. 1990. Kartoniert.

Band 16:
Scholz, E. (Hrsg.)
Geschichte der Algebra
Gegenstand dieses Bandes ist die Entwicklung algebraischen Denkens von der Antike bis zu den Anfängen moderner strukureller Algebra.
516 Seiten. 1990. Gebunden.

Band 17:
Struve, H.
Grundlagen einer Geometriedidaktik
Didaktische Probleme, die das Ver-ständnis bestimmter geometrischer Begriffe betreffen, werden auf formaler Ebene diskutiert.
272 Seiten. 1990. Kartoniert.

Band 18:
Riemer, W.
Stochastische Probleme aus elementarer Sicht
Praxisnahe Darstellung ideenreicher Lösungsansätze zu Problemen des Stochastikunterrichts.
192 Seiten. 1991. Kartoniert.

Band 19:
Baptist, P.
Die Entwicklung der neueren Dreiecksgeometrie
Historische Entwicklung und vielfältige Aspekte für Schule und Lehrerausbildung.
312 Seiten. 1992. Kartoniert.

B·I·

Wissenschaftsverlag
Mannheim · Leipzig · Wien · Zürich

Lehrbücher und Monographien zur Didaktik der Mathematik:

Entsprechend dem zunehmenden Interesse an didaktischen Fragestellungen ist die Zahl der Zeitschriften zur Didaktik der Mathematik inzwischen stark angewachsen. Diese Entwicklung ist grundsätzlich zu begrüßen. Für den Studenten wie für den in der Praxis stehenden Lehrer und Dozenten ist es dadurch aber auch schwieriger geworden, einen Überblick über alle relevanten Aspekte der Originalliteratur zu erwerben bzw. zu behalten.
Hier soll die neue Schriftenreihe „Lehrbücher und Monographien zur Didaktik der Mathematik" Information und Orientierung ermöglichen. Die einzelnen Bände wenden sich nicht nur an den Spezialisten. Sie sollen dem interessierten Leser, auch wenn er nicht über Kenntnisse der Originalliteratur verfügt, Informationen über alle aktuelle und relevante Fragestellungen und über deren Diskussionsstand vermitteln und ihn in die Lage versetzen, diese Diskussion wertend zu analysieren.

Band 1:
Fischer, R./G. Malle
Mensch und Mathematik.
Eine Einführung in
didaktisches Denken und
Handeln
Unter Mitarbeit von Doz.
Dr. Heinrich Bürger
Hinweise für einen Unterricht, der neben der Vermittlung wichtiger Kenntnisse und Fertigkeiten auch einen Beitrag zur Entwicklung eines reflektierten Verhältnisses zur Mathematik leisten will.
367 Seiten. 1985.

Band 2:
Blankenagel, J.
Numerische Mathematik
im Rahmen der
Schulmathematik.
Ansätze zu einer Didaktik
Vieles, was heute den Computer im Unterricht wichtig erscheinen läßt, kann auch von der Numerischen Mathematik aus erschlossen werden.
192 Seiten. 1985.

B·I·

Wissenschaftsverlag
Mannheim · Leipzig · Wien · Zürich